Wärmelehre und Chemie

für Kokerei- und Grubenbeamte

Von

Dr. H. Winter

Leiter des berggewerkschaftlichen Laboratoriums
und Lehrer an der Bergschule zu Bochum

Mit 104 Textabbildungen

Berlin

Verlag von Julius Springer

1922

ISBN-13: 978-3-642-98135-7   e-ISBN-13: 978-3-642-98946-9
DOI: 10.1007/978-3-642-98946-9

Vorwort.

Die Bewerber um Kokerei-Assistentenstellen haben in überwiegender Zahl auf Maschinenbau- und Hüttenschulen zumal in maschinentechnischer und elektrischer Beziehung eine gründliche Ausbildung erfahren; bei der Eigenart der chemischen Vorgänge, die mit der trockenen Destillation der Kohle und Gewinnung der sogenannten Nebenprodukte verknüpft sind, und den vielseitigen Aufgaben der genannten Schulen ist das hinsichtlich der Kokereichemie weniger der Fall. Dieser Umstand, der in Sitzungen, Einzelbesprechungen und bei Vorträgen aus diesem Gebiete wiederholt zur Sprache gekommen ist, legte mir den Gedanken nahe, das für den Kokereiassistenten im wesentlichen Wissenswerte aus dem Gebiete der Chemie zusammenzustellen, wobei auch der hohen Bedeutung der Wärmewirtschaft entsprechend die Wärmelehre Berücksichtigung finde.

Zeche und Kokerei sind in den meisten Fällen so eng miteinander verbunden, daß das Buch auch dem technischen Grubenbeamten, der sich mit der neuzeitlichen Verkokung der von ihm geförderten Kohle beschäftigen will, als Wegweiser dienen kann.

Für die liebenswürdige Unterstützung, die mein Vorhaben durch Überlassung von Klischees und Zeichnungen gefunden hat, spreche ich den nachbenannten Firmen meinen besten Dank aus:

F. J. Collin, Dortmund,

Drägerwerk, Lübeck,

Gebr. Hinselmann, Essen,

Heinrich Koppers, Essen,

Junkers & Co., Dessau,

Robert Müller, Glasbläserei, Essen,

Dr. Otto & Co., Dahlhausen a. R.

Schirmer, Richter & Co., Leipzig-Connewitz,

Carl Still, Recklinghausen,

Union, Apparatebau, G. m. b. H., Karlsruhe i. B.

Einige Abbildungen sind aus:

H. Wölbling, Lehrbuch der analystischen Chemie, 1911 ⎫
L. Schmitt, Die flüssigen Brennstoffe, 1919   ⎬ Julius Springer
S. Jakobi, Technische Chemie, 1920   ⎭

entlehnt, während ein großer Teil der „Physik und Chemie", Leitfaden für Bergschulen (Berlin 1920, Julius Springer), des Verfassers entstammt.

Auch dem Springerschen Verlage spreche ich für die gute Ausstattung des Buches meinen verbindlichsten Dank aus.

Bochum, den 1. August 1922.

H. Winter.

Inhaltsverzeichnis.

B. Metalle.

Allgemeine Eigenschaften der Nichtmetalle und Metalle.

Organische Chemie.

A. Kohlenwasserstoffe mit offener Kette.

Einleitung.

Die Abschwelung oder Verkokung der Kohle hat vor allem den Zweck, dem Eisenhüttenmann einen brauchbaren Brenn- und Reduktionsstoff zur Erschmelzung und Veredelung des Eisens zu liefern. Im Ruhrgebiet liegt der Beginn dieser nach und nach zu einer außerordentlichen Bedeutung gelangten Industrie gegen Ende des 18. Jahrhunderts. Aber erst mit der wachsenden Zahl unserer Eisenhütten und dem steigenden Mangel an Holzkohle erlangte die trockene Destillation der Steinkohle wirtschaftlichen Wert.

Das Verfahren zur Gewinnung von Koks war zunächst sehr einfach; Stückkohlen der Fettkohlenpartie wurden ähnlich der Darstellung der Holzkohle zu Meilern geschichtet und mit Feinkohle und Erde bedeckt, worauf der Meiler unten angezündet wurde. Da der Luftabschluß dabei nur sehr unvollkommen blieb, war der Koks oft minderwertig und seine Ausbeute nur gering.

In den dreißiger Jahren des 19. Jahrhunderts ging man dazu über, die Kohle in gemauerten halboffenen oder geschlossenen Öfen zu entschwelen. In den Schaumburger Koksöfen und Bienenkorböfen wurden die Kohlen durch teilweise Verbrennung verkokt, wobei man nur etwa 50—60% Koksausbeute erhielt. Diese Öfen besaßen vielfach wie diejenigen von *Smet*, *Laumonier* und *Frommont* horizontale Wandheizkanäle, während die Ofenkonstruktion von *François-Rexroth* senkrechte Züge vorsah, welche noch heute zur Anwendung gelangen.

In Frankreich wurden 1856 von *Knab* die ersten geschlossenen Öfen mit Gewinnung der Nebenprodukte, Ammoniak und Teer, gebaut, die anfangs durch Feuerzüge unter der Ofensohle, später nach *Carvès* auch durch Seitenkanäle beheizt wurden.

Die *Coppée-Öfen*, die als Vorbilder der heutigen Koksöfen angesprochen werden dürfen, erschienen um das Jahr 1860. Diese sowie die Öfen von *Coppée-Otto*, *Collin* und *Dr. v. Bauer* gingen als Flammöfen, d. h. die in den Ofenkammern erzeugten Gase traten durch Öffnungen im Deckgewölbe in einen der vorgesehenen Sammelkanäle und von da teils in die Wandheizkanäle, teils in einen Überschußkanal, so daß sie noch zur Kesselheizung, Kraftgaserzeugung usw. Verwendung fanden. Auf vielen Anlagen jedoch ließ man das Überschußgas einfach aus den Essen herausbrennen.

Koksöfen mit Gewinnung der Nebenprodukte baute *Hüssener* 1818 in Gelsenkirchen nach dem Vorbild der Carvés-Öfen. Die Firma *Dr. Otto & Co.* in Dahlhausen nahm diese Neuerung auf und baute

Versuchsöfen, mit deren Hilfe die günstigsten Bedingungen für die Verkokung mit Nebengewinnung ermittelt werden sollten. Diese Ofenbaufirma hat sich um die Einführung und den Ausbau der „Destillationskokerei" besonders verdient gemacht, zumal erbrachte die Anwendung der *Siemensschen Regeneratoren* zum Vorwärmen der Verbrennungsluft, wie es *Gustav Hoffmann* auf den Schlesischen Kohlen- und Kokswerken mit günstigem Ergebnis versucht hatte, einen durchschlagenden Erfolg. An dem weiteren Ausbau der Destillationskokerei sind vor allem auch die Firmen *Fr. Brunck, F. J. Collin, Heinrich Koppers, Gebr. Hinselmann* und *Carl Still* beteiligt. Der Ersatz der Schamottesteine als Baumaterial der Öfen durch Silikasteine dürfte einen neuen Markstein in der Geschichte der Kokerei darstellen, hofft man doch dadurch die Garungszeit des Koks von 24—30 Stunden auf 18—20 herunterzubringen.

I. Wärmelehre.

Je nach den Empfindungen, die wir bei Berührung oder schon in der Nähe eines Körpers spüren, nennen wir ihn kalt — lau — warm. Unser Gefühl wird daher durch vorhergehende Eindrücke beeinflußt, so daß wir denselben Keller im Sommer für kalt, im Winter für warm halten. Lauwarmes Wasser kommt uns kalt vor, wenn wir die Hand vorher in heißes Wasser halten, es erscheint uns warm, wenn unsere Hand zuvor kaltes Wasser berührt hat. Auf unser Gefühl können wir uns hinsichtlich der Wärme nicht sehr verlassen, wir müssen uns frei davon machen. Man benutzt die Ausdehnung der Körper durch die Wärme, wenn es sich um die Feststellung geringer Temperaturunterschiede und um Messung des Wärmegrades handelt.

Die Wärme bewirkt, daß sich alle festen, flüssigen und gasförmigen Körper ausdehnen. Dabei findet eine Schwächung der Kohäsion derart statt, daß der feste Körper bei weiterer Wärmezufuhr nicht mehr im festen Zustand beharren kann, er schmilzt. Schließlich geht bei weiterer Erwärmung die Zusammenhangskraft ganz verloren, der Körper geht in den gasförmigen Zustand über.

1. Temperatur. Wärmemessung. Thermometer. Pyrometer.

Die Industrie bedarf zur Erzeugung ihrer Waren meist hoher Temperaturen; durch die Verbrennung des Koksgases erreichen die Heizkammern der Koksöfen Wärmegrade von $1100-1200^0$. Mit Hilfe der Aluminothermie (S. 79) lassen sich mühelos und schnell Temperaturen von $2500-3000^0$, mit Lichtbogenwiderstandsöfen solche von 3000^0 herstellen. Im elektrischen Flammbogen weist der Krater der $+$ Kohle Temperaturen von 3900^0 auf, welche sogar auf 6000^0 gesteigert werden können, wenn die Flamme unter 20 Atm. Druck erzeugt wird.

Durch Kältemischungen gelangt man zu weit unter dem Gefrierpunkt des Wassers liegenden Temperaturen und durch plötzliches Ausströmenlassen von vorher verdichteten Gasen zu den niedrigsten, überhaupt darstellbaren Wärmegraden (-271^0).

Zur Messung niedriger Wärmegrade dienen hauptsächlich Flüssigkeitsthermometer; sie bestehen aus engen, überall gleich weiten Glasröhren mit einem angeschmolzenen, kugeligen oder zylindrischen Behälter. Dieser und ein Teil der Röhre sind mit einer Flüssigkeit gefüllt und darauf die Röhre zugeschmolzen. Durch längeres Eintauchen der Thermometerröhre in schmelzendes Eis und in die Dämpfe siedenden Wassers erhält man die beiden Eichpunkte.

Der Abstand der beiden Eichpunkte wird nach

Celsius (1742) in 100 Grade,
Réaumur (1730) in 80 Grade geteilt.

Bei wissenschaftlichen Untersuchungen und Abhandlungen benutzt man die Einteilung des Thermometers nach Celsius, was auch im weiteren Verlauf dieser Ausführungen geschehen ist.

Die Gradeinteilung wird über die Eichpunkte hinaus fortgesetzt (Abb. 1), indem man die Grade unter Null mit dem Vorzeichen — versieht.

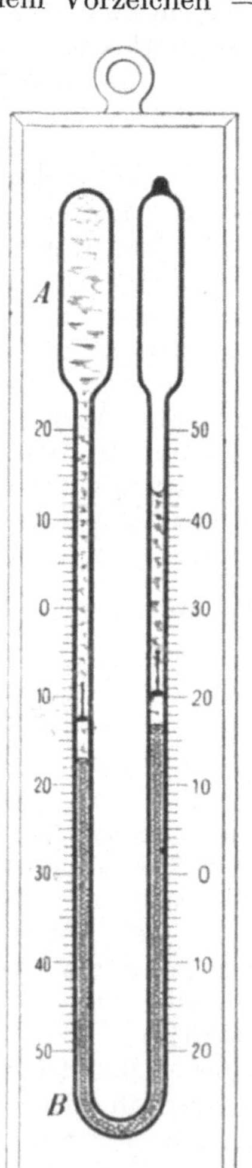

Bei den meisten Thermometern ist der freie Raum über der Flüssigkeit luftleer, damit sie bei höherer Temperatur nicht etwa durch den Sauerstoff der Luft angegriffen wird.

Da Quecksilber durch die Wärme sehr gleichmäßig ausgedehntwird, ist es zur Herstellung von Thermometern besonders geeignet; mit Quecksilberthermometern kann man Temperaturen zwischen — 35⁰ bis 350⁰ messen. Wird der Raum über dem Quecksilber mit Stickstoff oder Kohlensäure gefüllt, so wird das Sieden desselben verhindert, so daß das Meßgebiet bis etwa 575⁰ reicht.

Quarzglasthermometer können bis 750⁰ benutzt werden; sie besitzen ebenfalls über dem Quecksilber eine Füllung von Stickstoff unter einem Druck von 20 Atm.

Maximum- und Minimumthermometer geben die höchste und niedrigste Temperatur eines Tages, einer Woche usw. an. Das Gefäß A (Abb. 2) und ein Teil der Röhre ist mit Alkohol, der gebogene Teil B mit Quecksilber gefüllt, über welchem sich noch ein Faden Alkohol befindet. In beiden Schenkeln ist über dem Quecksilber ein leichtfedernder Stahlstift angebracht, der mit dem Quecksilberfaden gehoben wird und bei seinem Zurückgehen hängenbleibt Der rechte Stift zeigt so das Maximum, der linke das Minimum der Temperatur an. Nach

Abb. 1.   Abb. 2.

Ablesen der Wärmegrade werden die Stifte durch einen Magneten wieder mit dem Quecksilber in Berührung gebracht.

Bei dem **Fieberthermometer** bewirkt man durch eine Einschnürung in der Röhre, daß der Quecksilberfaden in seinem unteren Teile abreißt, so daß das obere Ende des Fadens der Körpertemperatur entsprechend stehenbleibt.

Beim Messen von Wärmegraden wird das Thermometer grundsätzlich nur an der Öse angefaßt; es muß trocken sein, auch hat man darauf zu achten, daß der Quecksilberfaden in der Kapillare nicht gerissen ist. Sollte das doch der Fall

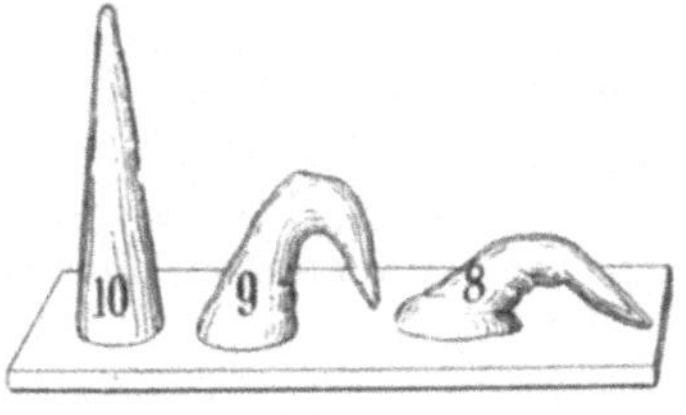

Abb. 3.

sein, so faßt man das Thermometer an seiner Öse, die Kugel nach oben gerichtet, und schwenkt es mit kurzem, kräftigem Ruck nach unten. Dadurch vereinigt sich der gerissene Faden wieder. Das Thermometer nimmt die Temperatur der zu messenden Flüssigkeit bald an; bei den Gasen, z. B. beim Messen der Grubentemperatur, läßt man zweckmäßig das Thermometer 10 Minuten an der Firste hängen. Das Ablesen muß schnell erfolgen, wobei das Thermometer möglichst weit vom Gesicht und von der Lampe entfernt gehalten wird.

Mit Hilfe von **Schmelzpyrometern** aus Metalllegierungen und Tonmischungen kann man Temperaturen von $600-2000^0$ einigermaßen genau bestimmen. Die sogenannten Segerkegel z. B. sind aus Kalk, Ton und Quarz zusammengesetzt und zu schlanken, dreiseitigen Pyramiden geformt. Sie sind je nach ihrer Zusammenstellung bzw. Erweichungspunkt numeriert; man nimmt dabei als Ofentemperatur die Schmelztemperatur desjenigen Kegels an, welcher gerade erweicht und umsinkt. Die in Abb. 3 dargestellten Segerkegel entsprechen den Temperaturen Nr. 8 = 1250^0, Nr. 9 = 1280^0, Nr. 10 = 1300^0.

Dauernde Messungen, z. B. der Temperatur eines Koks-, Härteofens, von Abgasen, lassen sich leicht und genau mit thermoelektrischen Pyrometern ausführen. Das Thermoelement von Le Chatelier (Abb. 4) besteht aus einem

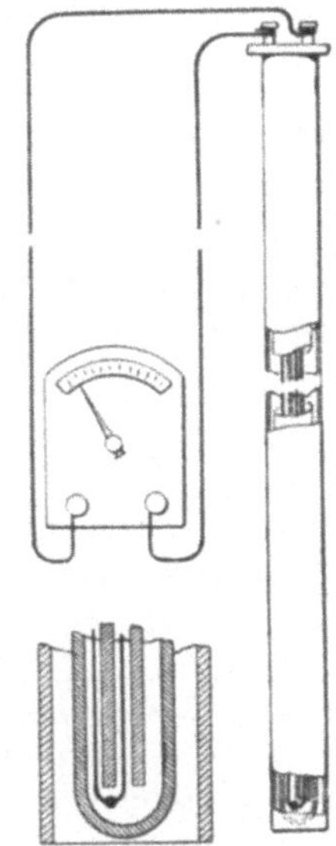

Abb. 4.

Platin- und Platinrhodiumdraht, die an dem einen Ende zusammengeschweißt sind, während die freien Enden mit einem empfindlichen Galvanometer, welches außer der Millivolteinteilung auch eine Temperaturskala besitzt, verbunden sind. Die Lötstelle des Thermoelementes wird in einem Schutzrohr z. B. in den Koksofen eingebaut. Mit dem Temperaturunterschiede des Pyrometers wächst die elektromotorische Kraft. Die Messung der höchsten erreichbaren Temperaturen geschieht mit optischen Pyrometern.

Alkohol (Weingeist, Spiritus) gefriert bei Abkühlung nicht leicht, sondern wird nur dickflüssig. Alkoholthermometer sind daher für niedrige Temperaturen, — 110 bis + 75° gut verwertbar. Da Alkohol bei steigender Temperatur eine größer werdende Ausdehnung zeigt, rücken die Teilstriche nach oben immer mehr auseinander. Nimmt man Pentan, einen flüssigen Kohlenwasserstoff, statt Alkohol zur Füllung, so reicht das Meßgebiet bis etwa — 190°. Noch tiefere Kältegrade werden wiederum mit thermoelektrischen Pyrometern (Gold — Silber) gemessen.

2. Ausdehnung der festen Körper.

Die Ausdehnung fester Körper durch die Wärme ist gering, am stärksten dehnen sich die Metalle aus. Die Metallkugel (Abb. 5) paßt genau in den Ring, wenn beide gleiche Temperatur haben. Wird die Kugel erhitzt, so bleibt sie auf dem Ringe liegen und fällt erst nach Ausgleichung der Temperatur hindurch.

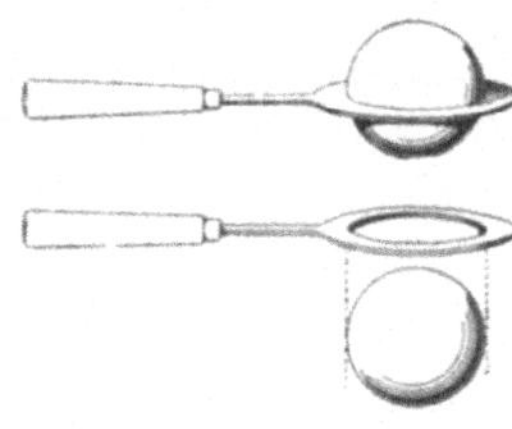

Abb. 5.

Ein und derselbe Körper dehnt sich beim Erwärmen von Grad zu Grad sehr regelmäßig aus, verschiedene Körper zeigen dagegen verschieden starke Ausdehnung. Die Zahl, welche angibt, um wieviel seiner Länge ein 1 m langer Körper sich beim Erwärmen von 0° auf 1° ausdehnt, heißt Längenausdehnungskoeffizient und wird mit a bezeichnet. Er beträgt beim

Zink $\alpha = 0{,}000029$,
Eisen $\alpha = 0{,}000012$,
Glas $\alpha = 0{,}000008$.

Der Längenausdehnungskoeffizient von Metallen kann mit Hilfe des durch Abb. 6 dargestellten Apparates bestimmt werden. Metallstangen werden in dem Ölbade so gelagert, daß sie den kurzen Arm des Hebels gerade berühren; dazu dient die Schraube links. Der mit dem langen Hebelarm verbundene Zeiger steht jetzt auf dem Nullpunkt der Skala.

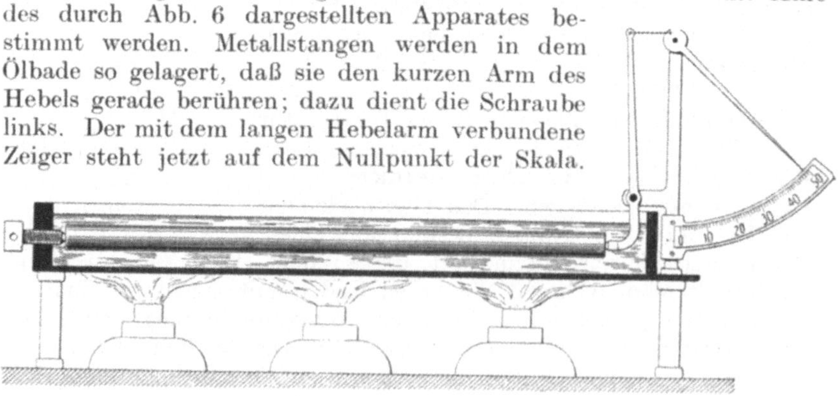

Abb. 6.

Beim Erwärmen des Ölbades dehnen sich die Stangen aus, stoßen gegen den kurzen Hebelarm, so daß der Zeiger sich aufwärts bewegt und die Ausdehnung in vergrößertem Maße anzeigt.

Ist L_o, die Länge eines Stabes bei 0^0, bekannt, so kann seine Länge bei den höheren Temperaturen L_t berechnet werden.

$$L_t = L_o + L_o \cdot \alpha \cdot t = L_o \, (1 + \alpha t) \, .$$

Aufgabe: Um wieviel verlängert sich eine Zinkstange von 5 m Länge (0^0) bei der Erwärmung um 60^0, und welche Länge besitzt sie dann?

a) $5 \times 0{,}000\,029 \times 60 = 0{,}0087$ m
b) $5 + 0{,}0087 \qquad = 5{,}0087$ m

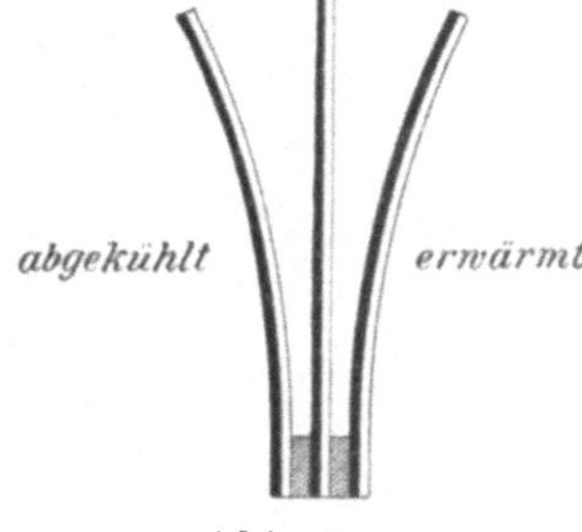

Abb. 7.

Soll die Flächenausdehnung einer Platte berechnet werden, so muß der Ausdehnungskoeffizient zweimal angewandt werden. Es ist dann

$$F_t = F_o + F_o \cdot 2 \cdot \alpha \cdot t = F_o \, (1 + 2\alpha t) \, .$$

Aufgabe: Eine rechtwinklige Platte von Eisen hat bei 0^0 eine Fläche von 30 qdm. Wie groß ist sie bei einer Erwärmung auf 80^0?

$$30 \, (1 + 2 \times 0{,}000\,012 \times 80) = 30{,}0576 \text{ qdm.}$$

Handelt es sich um die Ausdehnung nach allen Richtungen (kubische Ausdehnung), so muß der Koeffizient dreimal angewandt werden.

$$V_t = V_o + V_o + 3\alpha t = V_o \, (1 + 3\alpha t) \, .$$

Aufgabe: Ein gläserner Ballon hat bei 0^0 das Volumen 0,998 Liter wie groß ist sein Volumen bei 80^0?

$$0{,}998 \, (1 + 3 \cdot 0{,}000\,008 \cdot 80) = 0{,}99\,992 \text{ l.}$$

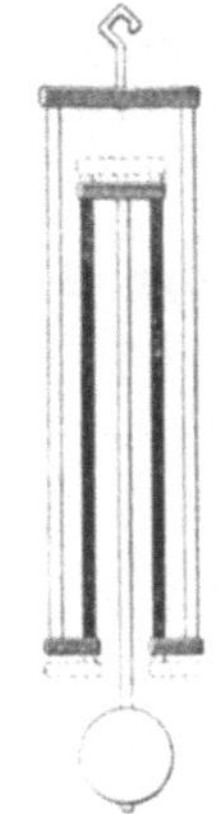
Abb. 8.

Anwendungen. Beim Verlegen von Eisenbahnschienen, Trägern und Dampfkesseln läßt man hinreichenden Spielraum; derselbe muß auch bei Rost, Ringen und Platte des Herdes, Bügeleisen usw. berücksichtigt werden. Die eisernen Träger der Brücke werden auf Rollen gelagert, die einzelnen Platten eines Metalldaches falzartig befestigt. Der Schmied legt den eisernen Reifen glühend um das Rad. In der Kokerei wird der Ausdehnung des Mauerwerks auf verschiedene Art und Weise Rechnung getragen. Die Seitenenden der Ofenbatterie sind mit mächtigen Stirnpfeilern versehen, welche durch starke, über die Öfen sich hinziehende Anker verbunden sind und dadurch die Anlage standsicher machen. Die Öfen selbst sind in ihrer Längsrichtung durch Eisenstangen· gesichert, welche mit den senkrechten, eisernen Grundschwellen der Öfen verankert werden. Dehnungsfugen zwischen Stirnpfeilern und Öfen gewähren dem Mauerwerk eine gewisse Beweglichkeit. Silikasteine besitzen ein starkes Ausdehnungsvermögen. Beim Anheizen der Öfen rechnet man mit 1 bis 1,5 % Ausdehnung, während diese bei Schamottenöfen nur etwa 0,5 % ausmacht. Beim Anheizen eines aus Silikasteinen bestehenden

Koksofens muß man demnach mit der größten Vorsicht verfahren, um Beschädigungen der Ofenwände zu vermeiden.

Zur Ausgleichung der Längenausdehnungen, die durch die Temperaturschwankungen in Dampfrohrleitungen hervorgerufen werden, dienen Kompensationsrohre und Stopfbüchsen.

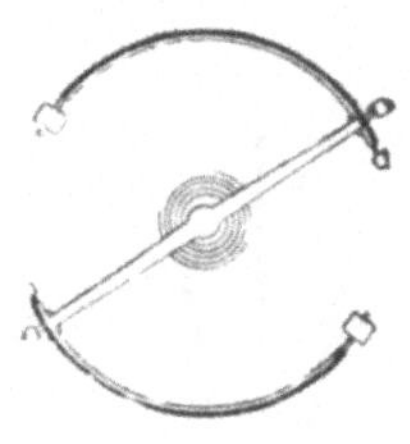

Abb. 9.

Lötet man zwei Metalle mit verschiedenen Ausdehnungskoeffizienten, z. B. Zink und Eisen zusammen, so entsteht ein Ausgleichungsstreifen. In Abb. 7 stellt der schwarze Streifen das Zink, der weiße das Eisen dar. Beim Erwärmen bildet Zink den äußeren, größeren, beim Abkühlen den kleineren, inneren Bogen, da sein Ausdehnungskoeffizient viel größer als der des Eisens ist.

Die durch die Wärme erfolgende Ausdehnung der Pendelstange einer Uhr stört ihren gleichmäßigen Gang — im Sommer zu langsam, im Winter zu schnell. Um den Gang regelmäßig zu gestalten, setzt man ein Rostpendel aus zwei sich verschieden stark ausdehnenden Metallen, z. B. Zink und Eisen zusammen, so daß seine Länge unverändert bleibt (Abb. 8). In der Unruhe der Taschenuhr sitzen an den radialen Streifen (Abb. 9) zwei Metallbögen, welche aus Kompensationsstreifen bestehen; das sich am stärksten ausdehnende Metall liegt außen. Die Ausdehnung der radialen Arme durch die Wärme wird dadurch ausgeglichen, daß sich die Bögen nach innen krümmen. Die Schwingungsdauer der Unruhe bleibt auf diese Weise gleich.

Auch in dem Kompensationsbügel der Läutewerksicherheitsvorrichtung (Abb. 10) liegt das am stärksten sich ausdehnende Metall

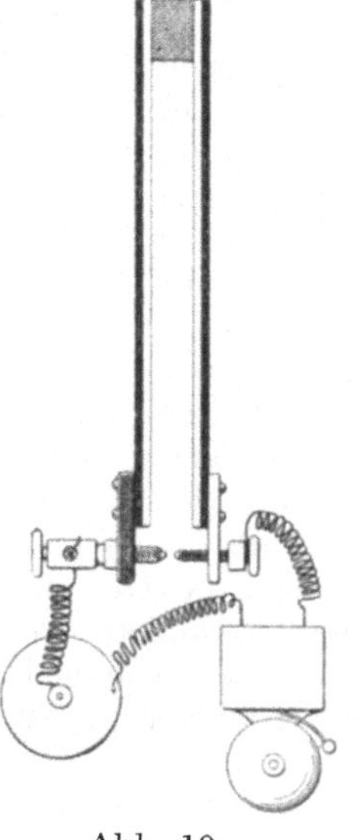

Abb. 10.

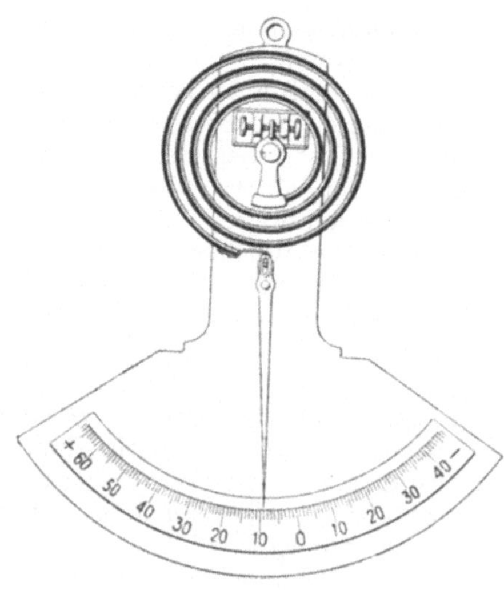

Abb. 11.

außen, so daß sich die freien Schenkel beim Erwärmen nähern. Die Schraube ermöglicht hier ein so empfindliches Einstellen des Bügels, daß schon bei einer geringen Temperatursteigerung ein Berühren der freien Schenkel stattfindet. Dadurch wird der Stromkreis einer angeschlossenen Klingelanlage geschlossen, und die Alarmglocke ertönt; eine solche Vorrichtung kann z. B. zur Beaufsichtigung von Lagerräumen benutzt werden, in welchen leicht entzündliche Stoffe aufbewahrt werden. Die Wirkungsweise des in Abb. 11 dargestellten Metallthermometers ist nach dem Gesagten ohne weiteres verständlich; es wird durch Vergleich mit einem Quecksilberthermometer geeicht, doch sind seine Angaben wenig zuverlässig.

Durch den selbsttätigen Gashahn des Brenners (Abb. 12), der durch den Kompensationsbügel nur festgehalten wird, solange das Gas brennt, wird das Ausströmen desselben beim Erlöschen der Flamme verhindert.

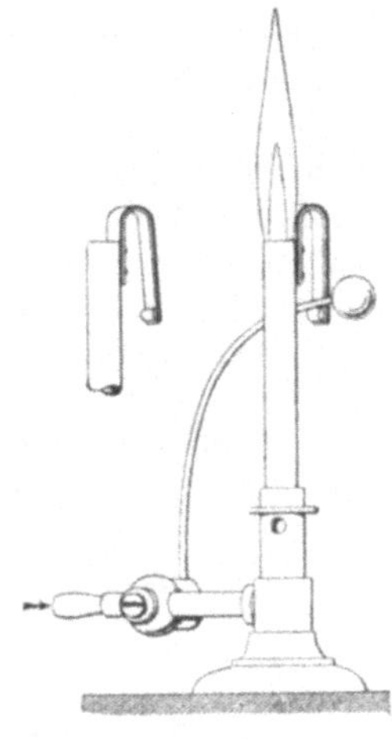

Abb. 12.

3. Ausdehnung der flüssigen Körper.

Die Flüssigkeiten mit Ausnahme von Quecksilber dehnen sich beim Erwärmen unregelmäßig aus. Da sie keine bestimmte Gestalt besitzen, so ist ihr Ausdehnungskoeffizient α der kubische; er wächst mit steigender Temperatur. Die Ausdehnung des Wassers beim Erwärmen läßt sich durch den einfachen, in Abb. 13 veranschaulichten Versuch beweisen.

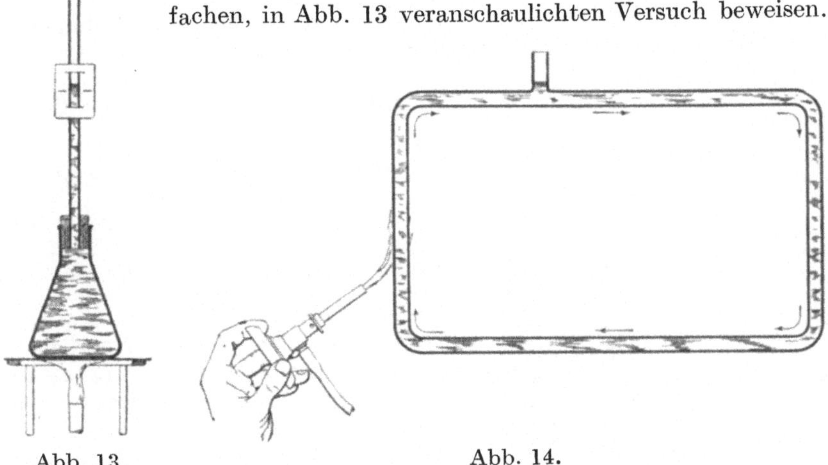

Abb. 13.

Abb. 14.

Wasser hat bei 4⁰ seine größte Dichte, welche als Vergleichseinheit der Schwere dient. In der Nähe von 4⁰ ist der Ausdehnungskoeffizient des Wassers gleich, so daß das Wasser sich sowohl beim Erwärmen auf 8⁰ als auch beim Abkühlen auf 0⁰ um gleiche Beträge ausdehnt. Wasser nimmt daher in einem Gefäß mit engem Hals bei 8⁰ dieselbe Höhe wie bei 0⁰ ein.

Das Abkühlen größerer Wassermengen geschieht an der Oberfläche, wobei das Wasser schwerer wird. Das kälter und schwerer gewordene Wasser sinkt nach unten und bewirkt einen Ausgleich der Wärme durch Strömung, bis die Temperatur überall 4⁰ beträgt. Bei weiterer Abkühlung hört die Strömung auf, da jetzt das Wasser immer leichter wird und daher an der Oberfläche bleibt. Im Verein mit der Ausdehnung beim Erstarren ist dieses Verhalten des Wassers für den Haushalt der Natur von großer Bedeutung.

Die in Flüssigkeiten infolge ungleicher Erwärmung entstehenden Strömungen kann man mit Hilfe des durch Abb. 14 dargestellten Versuches leicht nachweisen; die Warmwasserheizung beruht darauf.

Aufgabe: Eine Menge Quecksilber hat bei 0⁰ ein Volumen von 5 ccm; welches Volumen hat sie bei 80⁰, wenn $\alpha = 0{,}00018$ ist?
$$= 5\,(1 + 0{,}00018 \cdot 80) = 5{,}072 \text{ ccm.}$$

4. Ausdehnung der gasförmigen Körper.

Daß die Luft sich beim Erwärmen ausdehnt, zeigt der Versuch Abb. 15. Für die gasförmigen Körper gilt das Gesetz von *Gay-Lussac* (1802): Alle Gase dehnen sich bei der Erwärmung für jeden Grad Celsius um je $\dfrac{1}{273}$ ihres Volumens bei 0⁰ aus $\cdot \left(\dfrac{1}{273} = 0{,}003\,665 \right)$.

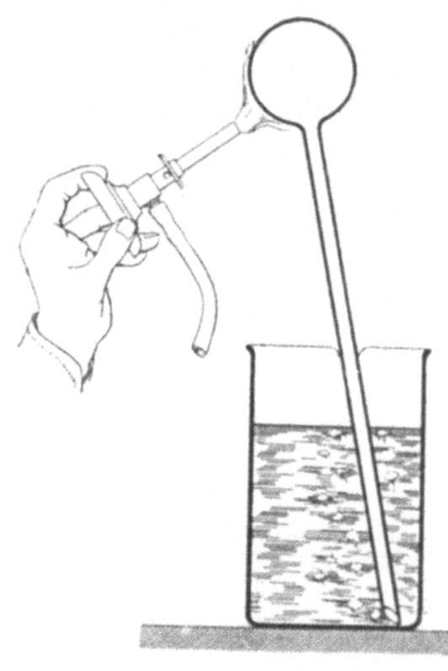

$$V_t = V_o\,(1 + \alpha t) = V_o \left(1 + \frac{1}{273}\,t \right).$$

Hat ein Gas bei 0⁰ das Volumen 1, so wird dieses bei

$$273^0 \qquad = 1 + \frac{273}{273} = 2$$

$$546^0 \qquad = 1 + \frac{546}{273} = 3.$$

Beim Abkühlen auf -273^0 würde das Volumen $1 - \dfrac{273}{273} = 0$,

d. h. der Gaszustand hat schon vorher der flüssigen oder festen Formart Platz gemacht. Man bezeichnet -273^0 als absoluten Nullpunkt der Temperatur und nimmt an, daß dieses die Temperatur des Weltalls sei. Die niedrigste bis jetzt erreichte Temperatur beträgt -271^0.

Abb. 15.

Zur Vereinfachung physikalischer Berechnungen benutzt man vielfach die absolute Temperatur, nach welcher z. B. das Eis bei 273⁰ schmilzt und das Wasser bei 373⁰ kocht.

Anwendungen. Die durch die Ausdehnung der Gase durch Erwärmen hervorgerufene Strömung benutzt man zur Erzeugung von Zug in Öfen, Schornsteinen, Luftkühlern, Lampenzylindern und Wetterschächten.

Luftthermometer, Abb. 16. Die Glaskugel wird bei 0⁰ mit 273 Raumteilen Luft oder eines anderen Gases gefüllt, was sich mit Hilfe des Hahnes und des Quecksilbers im U-förmigen Teile des Apparates leicht ausführen läßt. Das Quecksilber steht dann auf dem Nullstriche der Teilung, welche von Grad zu Grad $= \dfrac{1}{273}$ des Volumens der Kugel ist. Beim Erwärmen dehnt sich die Luft aus und schiebt die Quecksilbersäule nach unten. Ein solches Luftthermometer gestattet wegen der ganz gleichmäßigen Ausdehnung der Gase ein genaues Messen und bei Anwendung eines Gefäßes aus feuerfestem Ton oder Platin an Stelle von Glas einen sehr großen Temperaturbereich.

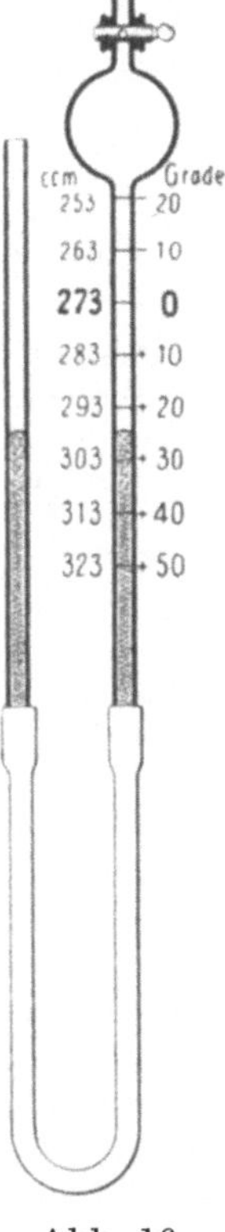

Aufgabe: Eine Luftmasse hat bei 0⁰ ein Volumen von 4,659 cbm; wie groß ist ihr Volumen bei 20⁰, wenn der Druck gleichbleibt?

$$= 4{,}659 \left(1 + \frac{1}{273} \cdot 20\right) = 5{,}00 \text{ cbm.}$$

5. Wärmemenge. Spezifische Wärme.

Wir haben uns bisher nur mit den Temperaturen als solchen befaßt, ohne zu fragen, wodurch Wärmegrad und Erhöhung des Wärmegrades hervorgerufen werden. Mischt man

$$\begin{array}{r} 250 \text{ g Wasser von } 100⁰ \\ \text{mit } \underline{250 \text{ g Wasser von } 20⁰,} \\ \text{so erhält man } 500 \text{ g Wasser von } 60⁰. \end{array}$$

Die Temperatur von 60⁰ liegt genau in der Mitte von 20⁰ und 100⁰; es haben also 250 g Wasser von 100⁰ genau dieselbe Wärmemenge abgegeben, welche von den 250 g Wasser von 20⁰ aufgenommen sind. Mischt man aber

$$\begin{array}{r} 250 \text{ g Öl von } 100⁰ \\ \underline{250 \text{ g Wasser von } 20⁰,} \\ \text{so erhält man } 500 \text{ g Öl} + \text{Wasser von } 50⁰. \end{array}$$

Abb. 16.

Die 250 g Öl haben also die gleiche Wärmemenge beim Abkühlen um 50⁰ abgegeben, die den 250 g Wasser zum Erwärmen um 30⁰ zugeführt wurden. Das Öl hat 50⁰ verlieren müssen, um das Wasser in seiner Temperatur um 30⁰ zu erhöhen.

Die Wärmemenge, welche man einem Stoffe zuführen muß, um ihn in seiner Temperatur um 1⁰ zu erhöhen, nennt man seine spezifische Wärme. Die spezifische Wärme des Wassers ist gleich 1 gewählt; man nennt sie eine Wärmeeinheit (WE) oder Kalorie (Kal).

250 g Wasser brauchen zum Erwärmen um $30^0 = 0,25 \times 30 = 7,5$ Kal.

250 g Öl geben beim Abkühlen auf 50^0 ab . . . . 7,5 Kal.

$$1 \text{ kg Öl bedarf zum Erwärmen um } 1^0 = \frac{7,5}{0,25 \times 50} = 0,6 \text{ Kal.}$$

Die spez. Wärme des Öls (Paraffinöl) ist demnach $= 0,6$. Vorrichtungen zum Messen von Wärmemengen und zur Bestimmung von spezifischen Wärmen nennt man Kalorimeter.

Aufgabe: 250 g Eisen von 100^0 wurden im Kalorimeter mit 250 g Wasser von 19^0 gemischt; die Endtemperatur des Wassers betrug 27^0. Wie groß ist die spezifische Wärme des Eisens?

$$\frac{(27-19)\ 0,25}{73 \times 0,25} = 0,11.$$

Folgende Zahlentafel enthält die spezifischen Wärmen einiger Stoffe:

Feste Körper	spez. W.	Flüssige Körper	spez. W.	Gasförmige Körper	spez. W.
Eis	0,50	Wasser	1,00	Wasserstoff	3,45
Holzkohle	0,36	Paraffinöl	0,60	Grubengas	0,59
Gaskohle	0,31	Alkohol	0,60	Wasserdampf	0,46
Gesteine	0,22	Petroleum	0,51	Stickstoff	0,25
Koks	0,16	Benzol	0,40	Luft	0,24
Eisen	0,11	Quecksilber	0,03	Sauerstoff	0,22
Zink	0,10	—	—	Kohlensäure	0,20
Kupfer	0,09	—	—	—	—
Blei	0,03	—	—	—	—

Aus der hohen spezifischen Wärme des Wassers erklärt es sich, daß Länder unweit des Meeres kühle Sommer und milde Winter (Seeklima) besitzen. Da die spezifische Wärme des Sandes (0,22) nur gering ist, so nimmt sandiger Boden schnell hohe und tiefe Temperaturen an. Deshalb verdorren und erfrieren die auf ihm wachsenden Pflanzen leichter als auf feuchtem Boden.

Bei allen Wärmeberechnungen über Dampfanlagen, Wärmeinhalt von Gasen usw. muß die spezifische Wärme berücksichtigt werden; sie nimmt mit steigender Temperatur zumal bei den gasförmigen Stoffen zu.

Für feuerungstechnische Berechnungen gibt die folgende Zahlentafel die mittleren spezifischen Wärmen bei konstantem Druck bei t^0, bezogen auf 1 kg und auf 1 cbm Gas, nach *B. Neumann* an:

Temperatur	Kohlensäure, schweflige Säure		Wasserdampf		Sauerstoff		Stickstoff, Kohlenoxyd		Luft		Wasserstoff	
	1 kg	1 cbm	1 kg	1 cbm	1 kg	1 cbm	1 kg	1 cbm	1 kg	1 cbm	1 kg	1 cbm
0^0	0,202	0,397	0,462	0,372	0,218	0,312	0,249	0,312	0,241	0,312	3,445	0,309
500^0	0,238	0,467	0,473	0,380	0,225	0,322	0,257	0,322	0,249	0,322	3,556	0,320
1000^0	0,260	0,511	0,495	0,398	0,232	0,332	0,266	0,332	0,256	0,332	3,668	0,330
1500^0	0,273	0,536	0,527	0,424	0,239	0,342	0,274	0,342	0,264	0,342	3,780	0,340
2000^0	0,283	0,556	0,578	0,465	0,246	0,352	0,282	0,352	0,272	0,352	3,891	0,350
2500^0	0,290	0,570	0,642	0,516	0,253	0,362	0,290	0,362	0,280	0,362	4,003	0,360
3000^0	0,296	0,581	0,713	0,573	0,260	0,372	0,299	0,372	0,288	0,372	4,115	0,370

Die mittleren spezifischen Wärmen von einigen anderen Gasen zwischen 0—200⁰ für 1 kg und 1 cbm sind folgende:

	für 1 kg	für 1 cbm
Methan	0,593	0,424
Äthylen	0,404	0,505
Azetylen	0,370	0,430
Benzoldampf	0,375	1,261

Ein Körper ist wärmer als ein anderer, wenn er an diesen bei Berührung Wärme abgibt; das geschieht so lange, bis beide Körper dieselbe Temperatur haben. Die Temperatur ist also eine Kraft, welche das Strömen von Wärme bewirkt, wie der Unterschied des Wasserstandes zweier Gefäße das Fließen des Wassers verursacht, wenn die Gefäße miteinander verbunden werden.

Aufgabe: Wie groß ist der Wärmeinhalt eines Rauchgases, welches aus 10 % Kohlensäure, 10 % Sauerstoff und 80 % Stickstoff besteht, bei 1000⁰ für 500 cbm?

$$= 1000 \times 500 \,(0,1 \times 0,511 + 0,1 \times 0,332 + 0,8 \times 0,332) = 174\,950 \text{ WE.}$$

6. Schmelzpunkt und Schmelzwärme.

Wird Eis mit einer Temperatur unter 0⁰ in einem Gefäß erwärmt, so steigt seine Temperatur gleichmäßig bis auf 0⁰ und bleibt bei weiterer Wärmezufuhr zunächst unverändert. Neben Eis von 0⁰ haben wir Wasser von 0⁰. Diese Temperatur, bei welcher der Übergang des festen Körpers in die flüssige Formart stattfindet, nennt man Schmelzpunkt.

Bei weiterem Erwärmen zeigt das in dem Eiswasser stehende Thermometer unentwegt 0⁰, bis das ganze Eis geschmolzen ist, um dann wieder zu steigen. Es genügt also nicht, Eis bis zum Schmelzpunkt zu erwärmen, wenn man es schmelzen will. Vielmehr muß noch Wärme zugeführt werden, die keine Temperaturerhöhung bewirkt, weil sie dazu gebraucht wird, um aus Eis von 0⁰ Wasser von 0⁰ zu bilden; diese Wärme nennt man Schmelzwärme.

Die Schmelzwärme des Eises beträgt 80 Kalorien, d. h. um 1 kg Eis von 0⁰ in 1 kg Wasser von 0⁰ überzuführen, haben wir 80 Kalorien nötig.

Beim Abkühlen von Wasser beobachtet man, daß das Thermometer bei 0⁰ stehenbleibt (Gefrierpunkt), bis das Wasser von 0⁰ in Eis von 0⁰ umgewandelt ist, um dann weiter zu sinken. Die 80 Kalorien, welche zum Schmelzen von 1 kg Eis von 0⁰ erforderlich waren, werden beim Gefrieren des Wassers wieder frei; der Gefrierpunkt fällt mit dem Schmelzpunkt zusammen.

Die meisten Stoffe haben einen bestimmten Schmelzpunkt und eine bestimmte Schmelzwärme, z. B. (s. Zusammenstellung S. 14).

Beim Schmelzen findet fast immer eine Volumenzunahme, beim Gefrieren eine Zusammenziehung statt. Wasser bildet eine Ausnahme, indem es sich beim Gefrieren mit großer Gewalt ausdehnt, so daß mit Wasser gefüllte Bomben gesprengt werden — Frostschäden im Winter.

Hat sich Wasser bis zur Eisbildung abgekühlt, so muß diese an der Oberfläche desselben stattfinden, da Eis um $^1/_{11}$ leichter als Wasser ist.

Stoff	Schmelzpunkt	Schmelzwärme
Platin	1800^0	27
Kupfer	1084^0	43
Aluminium . .	625^0	239
Zink	419^0	28
Blei	327^0	5,4
Zinn	232^0	14
Schwefel . . .	115^0	9,4
Naphthalin . .	79^0	—
Phosphor . . .	44^0	5
Eis	0^0	80
Quecksilber. .	-39^0	2,8
Alkohol . . .	-100^0	—

Unter dem Eise nimmt die Temperatur allmählich zu, bis sie auf dem Grunde mit 4^0 die größte Dichte des Wassers erreicht (Abb. 17). Daher können die Fische unter dem Eise eine Zeitlang leben.

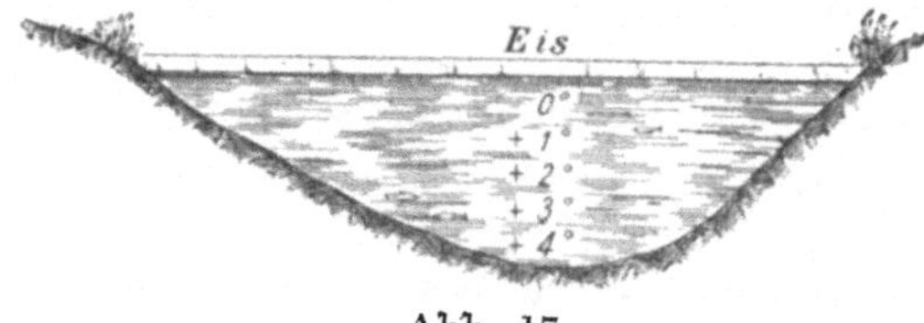

Abb. 17.

In fließendem Wasser kann sich auch auf dem Grunde Eis bilden, da die Temperatur infolge der Strömung ausgeglichen wird und auf den Gefrierpunkt heruntergeht. Mit Vorliebe bildet sich Grundeis an Steinen, die beim Wachsen des Eises so viel Auftrieb erhalten, daß sie an die Oberfläche gelangen.

Beim Gefrieren der Seen, Teiche und Flüsse von Grund aus würde die Sommerwärme zum Schmelzen des Eises nicht ausreichen, und wir hätten in unserer Gegend Polarklima. Der Schmelzpunkt des Eises wird durch Druck erniedrigt; das trägt mit dazu bei, daß die Gletscher unter der gewaltigen Last desselben in Bewegung geraten.

Vermeidet man Erschütterungen des Gefäßes, so kann man Wasser weit unter -10^0 abkühlen, ohne daß es gefriert. Das „unterkühlte" Wasser gefriert aber, sobald das Gefäß bewegt wird; dabei steigt die Temperatur auf 0^0.

Auch im Wasser aufgelöste Salze erniedrigen den Gefrierpunkt des Wassers, z. B. Kochsalz bis -23^0; deshalb schmilzt das Eis, wenn es mit Salz bestreut wird. Die zum Lösen des Salzes nötige Wärme wird dem Wasser entzogen; hierauf beruhen die Kältemischungen.

2 Teile Schnee und 1 Teil Chlorkalzium geben eine Kältemischung von -50^0. Das Meerwasser gefriert immer unter 0^0 und Chlormagnesiumlösung erst bei -32^0, weshalb sie als „Kälteträger" beim Gefrierverfahren des Schachtabteufens dient.

7. Siedepunkt und Verdampfungswärme.

Erwärmt man Wasser, so steigt seine Temperatur gleichmäßig bis 100^0; hier hat es seinen Siedepunkt erreicht, es kocht. Die Temperatur ändert sich aber auch bei stärkerem Erhitzen nicht, da alle Wärme verbraucht wird, um Wasser von 100^0 in Dampf von 100^0 zu verwandeln. Diese Wärme nennt man Verdampfungswärme.

Um 1 kg Wasser von 100^0 in Dampf von 100^0 überzuführen, hat man 537 Kalorien nötig; die Verdampfungswärme des Wassers ist gleich 537 Kal. Verflüssigen wir Wasserdampf, so werden aus 1 kg Wasserdampf von 100^0 beim Übergang in Wasser von 100^0 diese 537 Kalorien wieder frei.

Zur Bestimmung der Verdampfungswärme des Wassers wird dieses in einem Destillierkolben zum Kochen erhitzt (Abb. 18) und der übergehende Dampf in abgewogenes Wasser geleitet, dessen Temperatur vorher ermittelt worden ist. Nach einiger Zeit wird der Versuch unterbrochen und die Temperatur und Gewichtszunahme des Wassers gemessen.

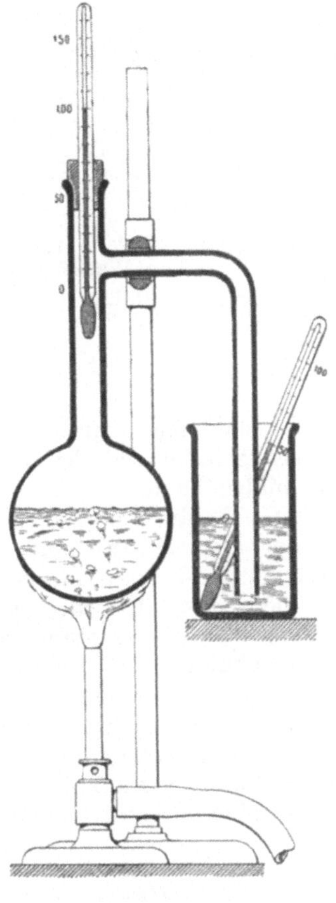

Abb. 18.

$$\begin{aligned} &250 \text{ g Wasser von } 11^0 \\ + \ &19 \text{ g Wasserdampf von } 100^0 \text{ ergaben} \\ \hline &269 \text{ g Wasser von } 55^0. \end{aligned}$$

Um 250 g Wasser von 11^0 auf 55^0 zu erwärmen, waren $0{,}25 \times 44 = 11$ Kalorien nötig, welche durch Verdichtung von 19 g Wasserdampf und Abkühlung von 100^0 auf 55^0, also um 45^0, geliefert wurden. Die vom Dampfe abgegebene Wärmemenge beträgt, wenn x die gesuchte Verdampfungswärme des Wassers ist:

$$0{,}019\,x + 0{,}019 \times 45 = 11$$

$$x = \frac{11 - 0{,}019 \times 45}{0{,}019} = 534 \text{ Kalorien.}$$

Wasser, welches durch längeres Kochen von der in ihm gelösten Luft befreit ist, erleidet leicht Siedeverzug, d. h. kann über 100^0 erhitzt werden, ohne daß es kocht. Die Dampfbildung wird also zunächst verzögert, verläuft dann aber so stürmisch, daß sie zu Dampfkesselexplosionen führen kann. Stoffe, welche in einer Flüssigkeit gelöst sind, z. B. Kochsalz, erhöhen den Siedepunkt.

Wie das Wasser hat auch jede andere Flüssigkeit ihren bestimmten Siedepunkt und ihre bestimmte Verdampfungswärme, z. B. (siehe Zusammenstellung auf Seite 16).

Die hohe Verflüssigungswärme des Wasserdampfes wird in Dampfheizungen verwendet.

Stoff	Siedepunkt	Verdampfungs-wärme in Kal.
Schwefel	440°	362
Quecksilber. . . .	357°	68
Terpentinöl. . . .	160°	70
Toluol	110°	85
Wasser.	100°	537
Benzol	80°	94
Alkohol	78°	206
Äther	35°	90
Ammoniak	− 33°	330
Sauerstoff	− 182°	61

Aufgabe: Welche Wärmemenge ist erforderlich, um $\frac{1}{2}$ kg Eis von − 10° in Wasserdampf von 120° überzuführen?

$$= 0{,}5 \,([10 \times 0{,}50] + 80 + 100 + 537 + [20 \times 0{,}46]) = 365{,}6 \text{ Kal.}$$

8. Verdampfen.

Verdampfen nennt man den Übergang einer Flüssigkeit in den gasförmigen Zustand, der sich durch Verdunsten und Sieden der Flüssigkeit bilden kann.

Das **Verdunsten** ist ein freiwilliges Verdampfen der Flüssigkeit an der Oberfläche und kann bei jeder Temperatur erfolgen. Die zum Verdunsten nötige Wärme wird der Umgegend entzogen, so daß sie abgekühlt wird. Die bei der Verdunstung verflüssigter Gase, z. B. Ammoniak, entstehende Kälte wird zur Erzeugung von Eis und zum Abkühlen von Chlormagnesiumlösungen (Kälteträger) benutzt. Auch das Trocknen der Wäsche usw. beruht auf der Verdunstung.

Besonders leicht verdunsten Flüssigkeiten mit niedrigem Siedepunkt, z. B. Benzin; über verdunstendem Benzin befindet sich Luft, die mit Benzindampf gemischt ist. Da Benzin brennbar ist, können durch seine Verdunstung leicht explosible Gemische entstehen.

Luftdruck = Dampfdruck mm Quecksilber Atm.	Siedepunkt des Wassers
4,6	0°
17,4	20°
55,0	40°
149,2	60°
355,5	80°
526,0	90°
760,0 mm = 1 Atm.	100°
2	121°
3	134°
4	144°
5	152°
10	180°

Beim Kochen oder Sieden findet die Dampfbildung nicht nur auf der Oberfläche, sondern auch aus dem Inneren der Flüssigkeit statt. Unmittelbar über einer siedenden Flüssigkeit befindet sich nur ihr

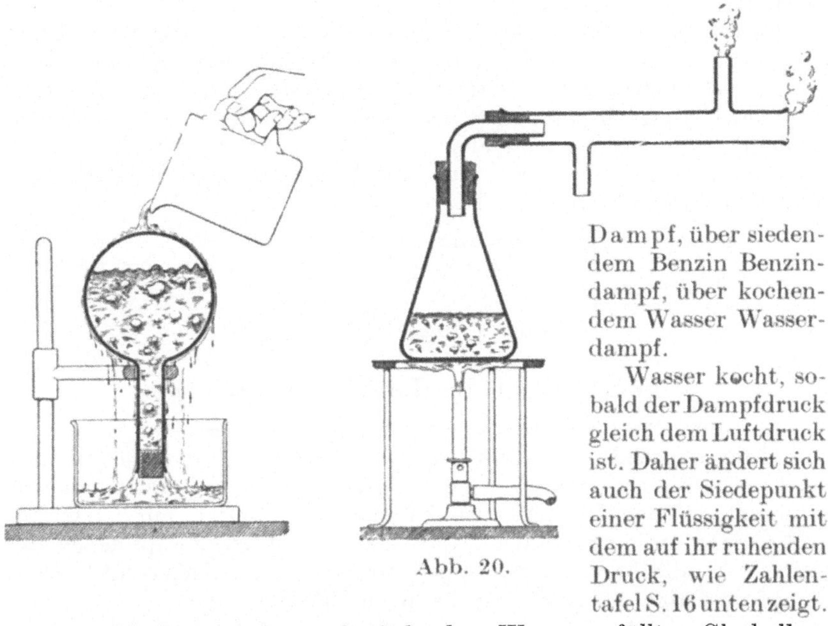

Abb. 20.

Dampf, über siedendem Benzin Benzindampf, über kochendem Wasser Wasserdampf.

Wasser kocht, sobald der Dampfdruck gleich dem Luftdruck ist. Daher ändert sich auch der Siedepunkt einer Flüssigkeit mit dem auf ihr ruhenden Druck, wie Zahlentafel S. 16 unten zeigt.

Verschließt man einen mit siedendem Wasser gefüllten Glaskolben durch einen Gummistöpsel und kehrt ihn um, so dauert das Sieden noch einige Zeit an; hört es auf, so kann es durch Kühlen des Kolbens von neuem hervorgerufen werden (Abb. 19).

Vakuumdestillation. Man benutzt das Sieden unter vermindertem Druck und niedrigerer Temperatur zum Einengen von Flüssigkeiten, die sich bei höherer Temperatur zersetzen. In den Vakuumapparaten wird der Zuckersaft der Zuckerrüben eingedampft, weil er bei 100^0 braun wird. Mit Hilfe der Destillation unter vermindertem Druck erfolgt in der Teerfabrik das Übergehen der einzelnen Produkte bei niedrigerer Temperatur, auch wird eine Zersetzung, d. h. Verkokung des Peches, dadurch vermieden.

Daß Wasserdampf spezifisch viel leichter als Luft ist, geht aus dem in Abb. 20 dargestellten Versuch hervor; der Wasserdampf tritt nur aus den nach oben gerichteten Öffnungen,

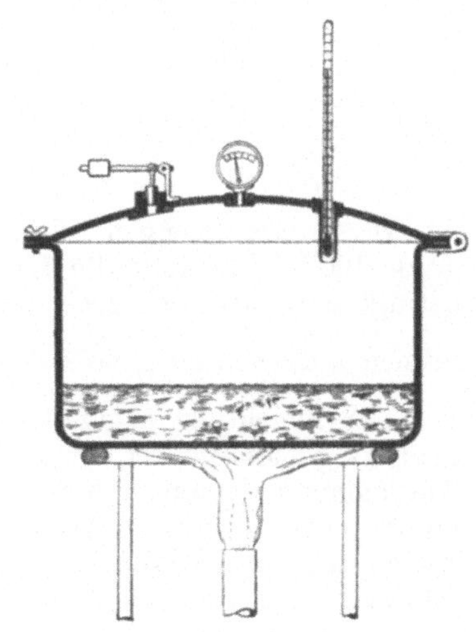

Abb. 21.

nicht aus dem nach unten zeigenden und näher liegenden Rohr. Wasserdampf nimmt einen 1700 mal größeren Raum als das Wasser ein, aus welchem er gebildet ist; er ist farblos und durchsichtig wie Luft.

Infolge der Abnahme des Luftdruckes auf hohen Bergen siedet das Wasser dort nicht bei 100^0, sondern schon früher, auf dem Montblanc (4800 m; 420 mm) bei 84^0. Daher ist es mit den gewöhnlichen Kochtöpfen nicht möglich, manche Speisen gar zu kochen. Durch künstliche Erhöhung des Druckes wird auch der Siedepunkt des Wassers erhöht. Dazu braucht das Siedegefäß nur verschlossen zu werden — Papinscher Topf (Abb. 21).

> Aufgabe: Bei einer Höhenmessung mit Hilfe des Thermometers hat man gefunden, daß das Wasser in der Ebene bei 100^0, auf dem Berge bei 97^0 siedet. Wieviel Meter ist der Berg höher als die Ebene?
>
> $= 0,3 \ (760 - 526) \times 10,5 = 737 \ \mathrm{m}.$

9. Feuchtigkeit der Luft. Niederschläge.

Von der Oberfläche der Gewässer und des Eises gelangt Wasserdampf fortwährend in die Luft, so daß diese immer mehr oder weniger feucht ist. Die Luft nimmt bei einer bestimmten Temperatur nur eine bestimmte Menge Wasserdampf in sich auf, welche mit steigender Temperatur zunimmt. Hat die Luft diejenige Wasserdampfmenge aufgenommen, die ihr nach der Temperatur zukommt, so ist sie mit Wasserdampf gesättigt. 1 cbm Luft kann enthalten:

bei -20^0	1,0 g	Wasserdampf
„ -10^0	2,2 g	„
„ 0^0	4,7 g	„
„ 5^0	6,5 g	„
„ 10^0	9,1 g	„
„ 15^0	12,7 g	„
„ 20^0	16,9 g	„
„ 25^0	22,5 g	„
„ 30^0	29,8 g	„
„ 35^0	39,3 g	„
„ 40^0	50,9 g	„

Diese Grammengen Wasserdampf entsprechen dem Sättigungsgrade 100 %. Enthält die Luft bei -10^0 nur 1,1 g Wasserdampf, so beträgt der Sättigungsgrad 50 %, hat sie bei 20^0 6,3 g Wasserdampf in sich aufgenommen, so enthält sie $\dfrac{100 \times 6,3}{16,9} = 37\,\%$.

Der Feuchtigkeitsgehalt der Luft wird mit Hilfe eines Psychrometers gemessen, d. i. ein Halter mit zwei genau übereinstimmenden Thermometern, von welchen das eine an der Quecksilberkugel mit einem feuchten Musselinlappen umhüllt ist. Die beiden Thermometer zeigen denselben Stand, wenn die Luft mit Feuchtigkeit gesättigt ist; ist dieses nicht der Fall, so verdunstet das Wasser des feuchten Thermometers um so schneller, je weniger Wasserdampf die Luft enthält. Durch das Verdunsten des Wassers wird dem feuchten Thermometer soviel Wärme entzogen, daß es bis zu dem Wärmegrade sinkt, bei welchem die Luft gesättigt ist — Taupunkt.

In der Grube bedient man sich des Schleuderthermometers. Das trockene Thermometer wird an einem Faden befestigt so lange im Kreise herumgeschleudert, bis seine Temperatur sich nicht mehr ändert.

Nach Anlegen eines feuchten Musselinlappens wird das Verfahren wiederholt, man erhält so die Temperatur des nassen Thermometers.

Aus dem Unterschied des trockenen und nassen Thermometers und der folgenden Zahlentafel kann man den Feuchtigkeitsgehalt der Luft leicht bestimmen.

Das trockne Thermometer zeigt	Das nasse Thermometer zeigt weniger									
	0^0	1^0	2^0	3^0	4^0	5^0	6^0	8^0	10^0	12^0
0^0	100	81	63	46	28	12	—	—	—	—
5^0	100	86	72	58	45	32	19	—	—	—
10^0	100	88	76	65	54	44	34	14	—	—
15^0	100	90	80	70	61	52	44	28	12	—
20^0	100	91	83	74	66	59	51	37	24	12
25^0	100	92	84	77	70	63	57	44	33	22
30^0	100	93	86	79	73	67	61	49	39	30
35^0	100	94	87	81	75	70	64	53	44	36
40^0	100	94	88	83	77	72	67	57	48	40

Beispiele:

Trockenes Thermometer	40^0	30^0	20^0	10^0
Feuchtes Thermometer	36^0	20^0	12^0	4^0
Unterschied.	4^0	10^0	8^0	6^0
Sättigungsgrad	77 %	39 %	37 %	34 %

Die **Haarhygrometer** beruhen darauf, daß sich ein von Fett gereinigtes Frauenhaar beim Trocknen verkürzt, beim Feuchtwerden verlängert. Das Haar wird mit dem einen Ende oben am Apparat (Abb. 22) befestigt, während das andere Ende um die Achse eines drehbaren Zeigers gelegt ist; durch ein kleines Gewicht wird der Faden gespannt. Das Hygrometer wird geeicht und muß von Zeit zu Zeit nachgeprüft werden.

Darmsaiten drehen sich infolge von Feuchtigkeitsaufnahme und -abgabe; die darauf beruhenden Apparate nennt man Hygroskope (Wetterhäuschen).

Der Feuchtigkeitsgehalt der Grubenluft ist meist hoch, so daß das Holz schneller fault, und das Eisen leichter rostet als über Tage. Auch Arbeitsfreudigkeit und Wohlbefinden des Menschen hängen von dem Feuchtigkeitsgehalt der Luft ab. Ist die Grubenluft mit Wasserdampf gesättigt, so erleidet der Bergmann Einbuße an seiner Arbeitskraft, da die Abkühlung fortfällt, welche der verdunstende Schweiß sonst hervorruft. In der trockenen Luft vor dem Puddelofen und Glashafen kann der Mensch viel höhere Wärmegrade als in der Grube vertragen, da der Schweiß leicht verdunstet.

Niederschläge. Kühlt sich mit Wasserdampf gesättigte Luft ab, so scheidet sich flüssiges Wasser aus. In ihrer feinsten Verteilung bilden die Wassertröpfchen nahe der Erde den Nebel, in höheren Luftschichten die Wolken, während Wasserdampf farblos und durchsichtig wie Luft ist. Durch Vereinigung der Wassertröpfchen zu Tropfen entsteht Regen, dessen tägliche bzw. jährliche Menge an einem Ort mit Hilfe des Regenmessers bestimmt wird (Bochum 1919 720 mm). Statt des Regens bildet sich Schnee oder Hagel, wenn die Temperatur der Luft unter 0^0 ist.

Die verhältnismäßig warmen und feuchten Süd- und Westwinde kühlen sich in unseren Gegenden durch Vermischen mit der kälteren Luft und an der kalten Erde ab und scheiden den Überschuß des Wasserdampfes als Regen ab. Enthielten sie z. B. bei 25^0 und einem Sättigungsgrad von 88,8 % in

$$1 \text{ cbm } \frac{100 \times 20}{22,5} = 20 \text{ Gramm Wasser-}$$

dampf, so fallen beim Abkühlen auf 15^0 $20 - 12,7 = 7,3$ g Wasser pro Kubikmeter als Regen aus. So vollzieht sich auch das Beschlagen der Fenster und Türen und das Regnen im Ausziehschacht.

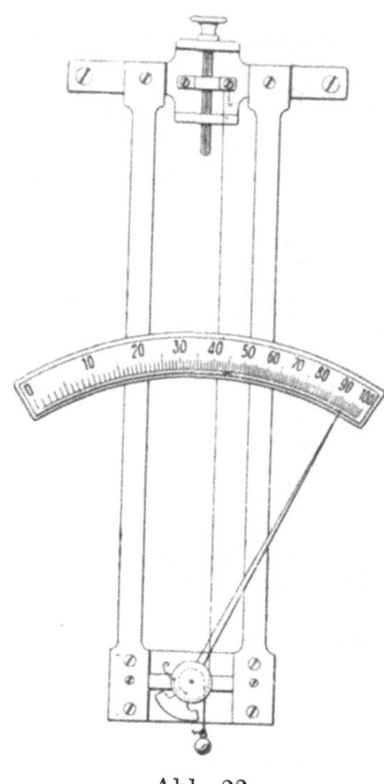

Abb. 22.

Infolge der nächtlichen Wärmeausstrahlung gegen den wolkenlosen Himmel kühlt sich die Erde gegen Morgen bis unter den Taupunkt ab, und Gegenstände, welche die Wärme gut ausstrahlen und sich rasch abkühlen (Pflanzenteile), bedecken sich mit Tau; es entsteht Reif, wenn die Abkühlung der Gegenstände bis unter 0^0 erfolgt ist.

Bei bedecktem Himmel kann Tau- und Reifbildung nicht eintreten, da die Wolken die Wärme zurückstrahlen. Durch künstliche Rauchbildung wird das Eintreten von Reif, z. B. in Weinbergen, verhindert.

10. Taupunkte des Kokereigases.

Wie die Luft vermögen auch andere Gase Dämpfe von Wasser und anderen Flüssigkeiten aufzunehmen. Kühlt man z. B. wasserdampfhaltiges Kokereigas ab, so wird bei seinem Taupunkt für Wasserdampf soviel Wasser abgeschieden, wie das Sättigungsvermögen des Gases bei der betreffenden Temperatur übersteigt. Liegt der Taupunkt eines Kokereigases für Wasser z. B. bei 80^0, so ist dasselbe unterhalb dieser Temperatur also mit Wasserdampf gesättigt.

Das Gas verläßt die Steigrohre der Ofenkammern mit einer höheren Temperatur als derjenigen der höchstsiedenden Bestandteile des Teers (Anthrazenöl), d. h. dieselben sind dampfförmig im Gase enthalten. Die Lage der Taupunkte für Anthrazen-, Schwer-, Mittel- und Leichtöl (S. 103) hängt von den Siedepunkten und von den Mengen derselben im Gase ab. Für die hochsiedenden Bestandteile nimmt *W. Feld.* ungefähr 200^0, für die unterhalb 300^0 siedenden etwa $150-160^0$ und für die Leichtöle Temperaturen unterhalb 100^0 als Taupunkt an.

Aus der Kenntnis dieser Verhältnisse kann der Gastechniker beurteilen, ob und wieweit eine vollständige Abscheidung sämtlicher Teerbestandteile bei dieser oder jener Temperatur möglich ist.

Durch Kühlung allein gelingt es nicht, den Teer vollständig aus dem Gase zu entfernen, da ein Teil des Teerdampfes sich nicht in Tropfen, sondern als Teernebel, d. h. in Form von sehr feinen Tröpfchen, verdichtet; diese schweben im Gase, werden von ihm mitgeführt und lassen sich nur schwer zu Tropfen zusammenballen, so daß ihre Ausscheidung nicht leicht ist.

Bei dem indirekten Verfahren der Ammoniakgewinnung gelingt die Beseitigung des Teers durch starke Kühlung, Stoßwirkung des Gases, oftmaligen Richtungswechsel und Zentrifugieren des Gasstromes usw. (Teerscheider und -wäscher).

Bei dem direkten Verfahren dient ein Teerstrahlgebläse zur Zerstäubung von Teer oberhalb des Taupunktes für Wasser zum Auswaschen des Teernebels, oder dieser wird mit Hilfe einer Teerschleuder verdichtet.

11. Sättigungsspannung (Tension) des Wasserdampfes.

Bringt man in den Vakuumraum eines Barometers eine kleine Menge Wasser, so verwandelt sie sich teilweise in Dampf; die Quecksilbersäule sinkt um einen bestimmten Betrag, da der Wasserdampf Spannkraft besitzt. Bei beständiger Temperatur bleibt auch der Stand des Quecksilbers unverändert, da die Menge des Wasserdampfes und somit sein Druck den höchsten Betrag erreicht hat, welchen er bei dieser Temperatur erlangen kann. Man nennt den Druck, welchen der gesättigte Wasserdampf ausübt, Sättigungsspannung oder Tension des Wasserdampfes.

Umgibt man das so vorgerichtete Barometerrohr mit einem Glasmantel und leitet Wasserdampf von 100^0 durch denselben, so sinkt das Quecksilber bis auf die Höhe des Quecksilbers im Gefäß. Die Spannkraft des Dampfes ist jetzt gleich dem Luftdruck. Der Druck einer Gasmischung ist immer gleich der Summe der Drucke der einzelnen Gase. Wird zu 1 l Luft, die sich in einem Gefäß unter dem Druck von 1 Atm. befindet, noch 1 l Kohlensäure gebracht, so ist der Druck im Gefäß gleich 2 Atm. Da die Luft immer Wasserdampf enthält, so setzt sich der Luftdruck zusammen aus dem Drucke der trockenen Luft und dem des Wasserdampfes.

Der auf der Oberfläche von Wasser in einem Gefäß lastende Druck ist abhängig von dem Druck des über der Oberfläche befindlichen, trocken gedachten Gases und dem des aufsteigenden Wasserdampfes. Mit steigender Temperatur wird der Druck der trockenen Luft immer geringer, da der Druck des Wasserdampfes immer größer wird, bis letzterer den Druck der Luft vollständig überwindet; das Wasser kocht.

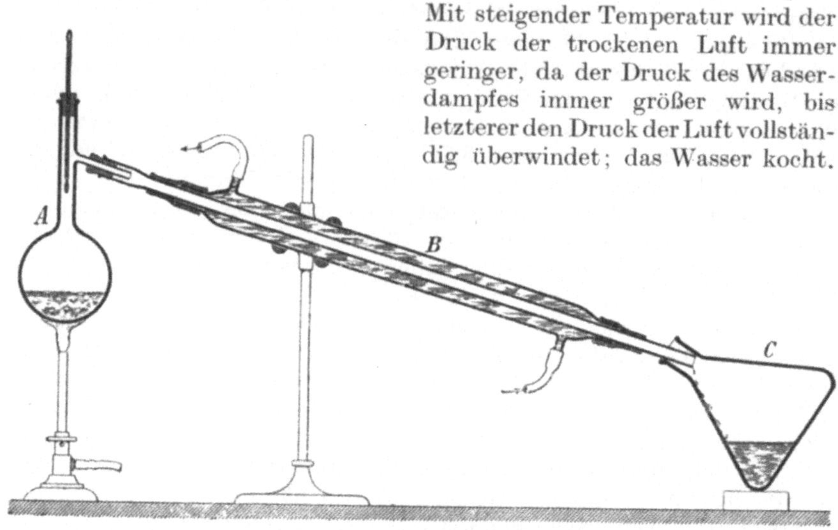

Abb. 23.

Die auf S. 16 gegebenen Zahlen der Beziehungen zwischen Luftdruck und Siedepunkt des Wassers stellen auch die Sättigungsspannungen des Wasserdampfes dar; die Angabe z. B., daß das Wasser bei einem Druck von 55,0 mm bei 40° siedet, bedeutet mit anderen Worten bei 40° beträgt die Sättigungsspannung 55,0 mm.

Erhitzt man gesättigten Dampf weiter, so wird er „überhitzt"; er ist nun ein Gas und folgt den Gasgesetzen (S. 44).

12. Verflüssigung der Dämpfe. Destillation.

Durch Abkühlung werden alle Dämpfe wieder in den flüssigen Zustand übergeführt, wobei die aufgenommene Verdampfungswärme frei wird. Verdampft man eine Flüssigkeit und leitet die durch einen Kühler verdichteten Dämpfe in ein anderes Gefäß, so nennt man den ganzen Vorgang **Destillation** (Abb. 23).

Während die Dämpfe der in dem Kolben A siedenden Flüssigkeit den Kühler B (Liebig 1830) von oben nach unten durchströmen und dabei verdichtet werden, fließt das Kühlwasser von unten nach oben (Gegenstromprinzip) und wird um so wärmer, je langsamer es steigt. In der chemischen Industrie wird diese Wärme vielfach zum Vorwärmen von Flüssigkeiten, zumal von solchen benutzt, die destilliert werden sollen.

So werden bei der Benzolgewinnung die Dämpfe von Leichtöl und Wasser aus der Destillierkolonne durch den oberen Teil eines Röhrenkühlers geschickt, dessen Kühlflüssigkeit gesättigtes Waschöl (Mittelöl) ist, welches dadurch auf 70—80° vorgewärmt wird.

Mit Hilfe der Destillation trennt man Flüssigkeiten von darin gelösten festen, nicht verdampfbaren Stoffen oder aber eine leicht verdampfbare Flüssigkeit von einer anderen mit höherem Siedepunkt. So trennt man das Wasser von den darin aufgelösten Salzen und erhält dadurch das reine, destillierte Wasser.

Alkohol siedet bei 78°; aus einem Gemisch von Wasser und Alkohol destilliert vorzugsweise zunächst Alkohol. Durch wiederholtes Destillieren, wobei man das zuerst übergehende Destillat für sich auffängt, kann man den Alkohol fast wasserfrei erhalten. Ein solches Verfahren nennt man fraktionierte Destillation. In der Technik der Spiritusbereitung wendet man dabei Kühler an, welche nur die Dämpfe der Flüssigkeit mit dem niedrigeren Siedepunkt (Alkohol) durchströmen lassen, während die Dämpfe der höher siedenden Flüssigkeit (Wasser) verdichtet werden und zurückfließen. Auf diese Weise trennt man in den Nebenproduktenanlagen der Kokereien die Destillate des Teers, Leichtöl, Mittelöl, Schweröl usw.

Durch fraktionierte Destillation trennt man auch aus flüssiger Luft den Sauerstoff vom Stickstoff, da dieser einen tieferen Siedepunkt als ersterer hat.

Durch Erhöhung des Druckes erhöht sich der Siedepunkt einer Flüssigkeit; daher ist es möglich, Wasserdämpfe von 100° statt durch Abkühlen auch durch Anwendung eines Druckes von über 1 Atm. zu verflüssigen.

Der Siedepunkt einer Flüssigkeit wird durch mechanisch beigemengte Stoffe (Schwebestoffe) nicht verändert. Diese bleiben beim Gießen der Flüssigkeit durch Filter aus Papier, Tuch, Sand, Kies, Koks usw. zurück, während die klare Flüssigkeit durch die Poren desselben fließt.

Soll eine Flüssigkeit längere Zeit kochen, so muß man verhindern, daß sie verdampft; das geschieht mit Hilfe eines **Rückflußkühlers,** den man in seiner einfachsten Form durch einen senkrecht auf das Siedegefäß gesetzten Liebigschen Kühler erhält. Die Dämpfe der Flüssigkeit z. B. von Benzol werden im Kühler verdichtet und fließen in das Siedegefäß zurück. Enthält das Siedegefäß Ammoniakwasser, so wird der Wasserdampf durch den Rückflußkühler beim Erhitzen immer wieder verdichtet, während das Ammoniak mit wenig Wasserdampf übergeht. Die Darstellung von verdichtetem Ammoniakwasser beruht darauf.

Die bei der Spiritusfabrikation und Benzoldestillation gebrauchten **Dephlegmatoren** sind ebenfalls mit Wasser bespülte Rückflußkühler, in welchen eine fortwährende Verdichtung stattfindet, während die niedergeschlagenen Kondensate immer wieder aufgekocht werden.

13. Luftkühler.

Viel gebraucht wurden früher in der Kondensation der Kokereien **Ringluftkühler** (Abb. 24), welche aus zwei konzentrisch ineinandergesetzten Zylindern aus Eisenblech bestehen, deren Zwischenraum 100—150 mm beträgt. Das Gas wird gewöhnlich oben durch einen gußeisernen Stutzen am äußeren Zylinder eingeführt und verläßt den Kühler durch den unteren Stutzen. Fast in gleicher Höhe mit ihm befinden sich ein Rohr zum Teerablauf und ein verschlossenes Putzloch. Der innere Zylinder ist beiderseits offen, so daß die Luft, welche durch die Lücken des ringförmigen Fundamentes zuströmt, hindurchstreichen kann. Die schornsteinartige Wirkung des Hohlraumes kann durch Einsetzen von mit Boden und Deckel des Kühlers verbundenen Röhren, die ebenfalls an beiden Seiten offen sind, verstärkt werden. Zur Erhöhung der Kühlwirkung an heißen Tagen werden diese Innenrohre auch wohl an den Innenwandungen mit Wasser berieselt.

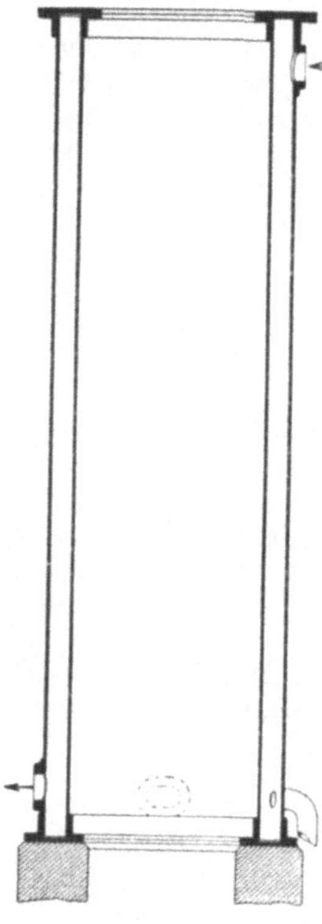

Abb. 24.

Aufgabe: Wie groß ist die Kühlfläche eines Luftkühlers von 15 m Höhe, dessen Mantel die lichte Weite von $d = 2$ m und dessen 4 Innenrohre den Durchmesser $d_1 = 0,5$ m haben?

$$= \pi \cdot d \cdot h + 4 \times \pi \cdot d_1 \cdot h + 2 \left(\frac{d^2 \cdot \pi}{4} - \frac{d_1^2 \cdot \pi}{4} \cdot 4 \right)$$

$$= 3,14 \times 2 \times 15 + 4 \times 3,14 \times 0,5 \times 15$$

$$+ 2 \left(\frac{2^2 \times 3,14}{4} - 0,5^2 \times 3,14 \right) = 193,11 \text{ qm.}$$

Statt solcher Luftkühler findet man hier und da **Luftkühlschlangen,** die z. B. bei einer Länge von 100 m und einem Durchmesser von 0,6 m ... $3,14 \times 0,6 \times 100 = $ ca. 188 qm Kühlfläche besitzen.

Die Anwendung von **Wasserkühlrinnen** zum Kühlen des Gases ist selten. Sie bestehen aus einer Rinne von U-förmigem Querschnitt, deren Schenkel z. B. 1 m voneinander entfernt sind und die in einer Höhe von 0,5 m durch einen Boden in zwei getrennte Abteilungen gegliedert sind. In dem unteren geschlossenen Rohr bewegt sich das Gas, während in der oberen, mit der Luft in Verbindung stehenden Rinne das Kühlwasser fließt. Bei einer Länge von 50 m beträgt die Kühlfläche der Vorrichtung: $3,14 \times 0,5 \times 50 + 50 \times 1 = 128,5$ qm.

14. Wasserkühler.

Der **Röhrenwasserkühler** (Abb. 25). Die einfachste Form dieser Vorrichtungen ist ein aus Eisenblech angefertigter, oben offener Behälter von einer Höhe bis zu 15 m. Er hat einen doppelten Boden von 0,5—0,6 m Zwischenraum und 1 m vom oberen Rande einen Deckel, der mit der oberen Bodenwand durch eine große Zahl schmiedeeiserner Röhren von 10 mm Durchmesser in Verbindung steht. Der Raum über dem Deckel ist häufig durch eine Vertikalscheidewand, die auch bis etwa 100 mm über dem oberen Boden reicht, in zwei Abteilungen geteilt. Durch diese Anordnung ist eine zwangläufige Führung sowohl des Kühlwassers wie des Gases ermöglicht. Das Kühlwasser tritt in eine der beiden Abteilungen des Deckels ein, fällt durch die vertikalen Röhren in den Bodenraum hinab und steigt in der anderen Rohrabteilung wieder hoch, um dann den übrigen Kühlern zuzufließen. Die Temperatur des Kühlwassers wird dabei um etwa 20—40° erhöht, so daß es zur Abkühlung auf die Tagestemperatur auf das Kühlgerüst gepumpt werden muß, bevor es seinen Kreislauf von neuem beginnt. Das Gas tritt in den Gaskühler oben ein, aber in die (durch die Vertikalwand gebildete) Abteilung, welche dem eintretenden Kühlwasser entgegengesetzt ist. Das Gas umspült nach unten fallend die Wasserröhren, steigt in der anderen Abteilung wieder hoch und tritt oben seitlich wieder aus. Bei diesem Verfahren kommt also das erwärmte Gas mit dem erwärmten Kühlwasser, das am meisten abgekühlte Gas mit dem kältesten Kühlwasser in Berührung, was sich gut bewährt hat. Durch Anwendung von 3—4 Wasserkühlern kann man die Temperatur des Gases von 60° vor Eintritt in den ersten Kühler auf 20° herunterbringen. Infolgedessen scheiden sich Teer und vor allem Ammoniakwasser aus dem Gase ab und gehen (wie bei den Luftkühlern) durch die Tauchtöpfe in die Scheidegrube.

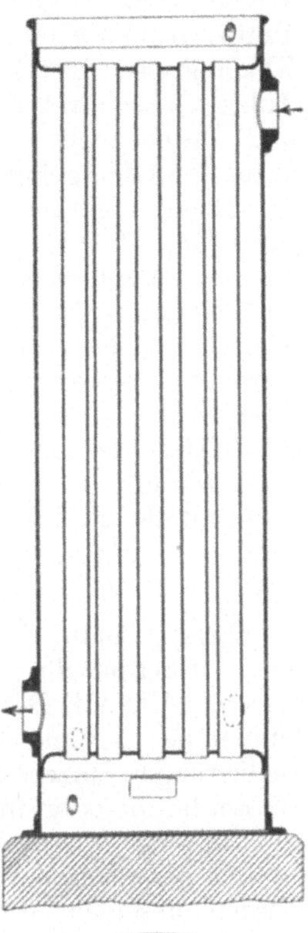

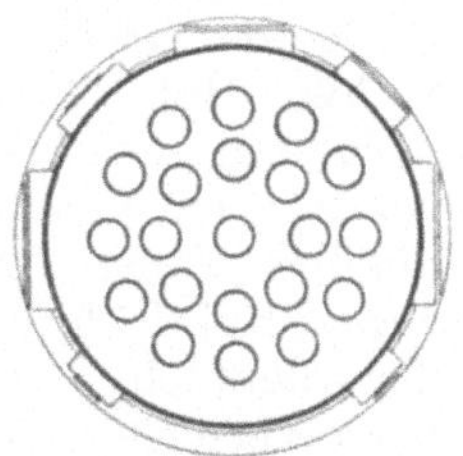

Abb. 25.

Aufgabe: Wie groß ist die Kühlfläche eines Röhrenwasserkühlers von 7,5 m Höhe, 2,18 m Breite und 1,56 m Länge, welcher 140 Röhren von 5,75 m Länge und 0,108 m äußeren Durchmesser besitzen?

$$= 140 \cdot \pi \cdot d \cdot h + 2\left(2,18 \times 1,56 - 140\,\frac{\pi \cdot d^2}{4}\right)$$

$$= 140 \times 3,14 \times 0,108 \times 5,75 + 2\left(3,4 - 140\,\frac{3,14 \times 0,108^2}{4}\right) = 277,23\ \text{qm}.$$

15. Wasserdampfdestillation.

Viele mit Wasser nicht mischbare, flüssige und feste, organische Verbindungen, wie ätherische Öle, Teeröle und Naphthalin, besitzen die Eigentümlichkeit, daß sie bei Gegenwart anderer Dämpfe, z. B. von Wasser, sich bei einer erheblich unterhalb ihres Siedepunktes liegenden Temperatur verflüchtigen. So bewirkt der Wasserdampfgehalt des Kokereigases, daß die Abscheidung des Naphthalins zumal auf älteren Anlagen der direkten Ammoniakgewinnung Schwierigkeiten bereitet, und Öle bei nicht genügender Kühlung des Gases in die Brennerrohre unter den Öfen gelangen, wobei sie leicht Verstopfungen bewirken.

Diese Eigenschaft des Wasserdampfes benutzt man in der organischen Chemie, um mit Hilfe der Wasserdampfdestillation Substanzen zu reinigen oder zu trennen. Bei der Teerdestillation gehen die Leichtöle mit dem Wasserdampf über, schwimmen auf dem verdichteten Wasser, so daß sie von ihm nach den verschiedenen spez. Gewichten getrennt werden können. In der Benzolfabrik dient „indirekter" Wasserdampf, den man durch die Heizschlange strömen läßt, zum Heizen der Destillierblase, während „direkter", in das Öl geleiteter Wasserdampf das leichte Überdestillieren auch der höher siedenden Bestandteile bewirkt.

16. Trockene Destillation.

Erhitzt man Wasser, Alkohol, Benzol und andere Flüssigkeiten und verdichtet ihre Dämpfe durch Kühler, so erhält man wiederum Wasser, Alkohol, Benzol usw., ohne daß eine Zersetzung damit verbunden ist. Viele Stoffe, z. B. Glyzerin, lassen sich unter diesen Bedingungen unzersetzt nicht destillieren, sind aber mit gespanntem Wasserdampf oder im luftverdünnten Raum unverändert flüchtig.

Im Gegensatz zur Destillation bezeichnet man das Erhitzen fester organischer Stoffe unter Luftabschluß als trockene Destillation; dabei werden dieselben zersetzt.

Bei der trockenen Destillation von Stoffen wie Zucker, Stärke, Zellulose, Holz, Torf, Braunkohle, Steinkohle und Fett, zerfallen die Moleküle in der Hitze zum Teil in Atome; aus diesen bilden sich ganz neue Körper, welche von vornherein nicht in den Ausgangsstoffen enthalten waren. Dieser Vorgang ist also auf Umlagerung der Atome bei höheren Temperaturen zurückzuführen, wobei eine außerordentlich große Zahl neuer Körper entsteht. Der Grund der großen Verschiedenheit der so entstandenen organischen Körper liegt in der verschiedenen Bindungsmöglichkeit der einzelnen Atome, zumal des Kohlenstoffes (S.87), unter sich.

17. Verflüssigung der Gase.

Man kann die Gase als ungesättigte Dämpfe ansehen, sie können also durch Abkühlung und Drückerhöhung verflüssigt werden, so Kohlensäure bei -10^0 durch 27 Atm., bei 0^0 durch 36 Atm., bei 10^0 durch 46 Atm.

Es gibt aber für jedes Gas eine bestimmte Temperatur, oberhalb welcher es auch bei Anwendung des stärksten Druckes nicht in die flüssige Formart übergeht. Diese Temperatur heißt kritische Temperatur und der bei ihr zur Verflüssigung nötige Druck kritischer Druck. Die kritischen Daten einiger Gase sind:

Stickstoff	-146^0	35 Atm.
Luft	-140^0	39 ,,
Kohlenoxyd	-140^0	36 ,,
Sauerstoff	-118^0	50 ,,
Grubengas	-95^0	50 ,,
Kohlensäure	31^0	76 ,,
Ammoniak	130^0	114 ,,
Wasser	365^0	200 ,,

Die **Verflüssigung der Luft** in größeren Mengen gelang Linde in München (1895) mit Hilfe des Gegenstromapparates (Abb. 26). Dieser Apparat setzt sich zusammen aus dem

1. Kompressor, der die Luft auf einen hohen Druck zusammenpreßt,
2. Kühler, der die Kompressionswärme an Wasser abgibt,
3. Gegenstromapparat, in dessen inneres Rohr die zusammengepreßte Luft bei geöffnetem Ventil t_1 strömt, während t_2 geschlossen ist. Wird dieses geöffnet, so strömt die zusammen gepreßte Luft in das Sammelgefäß, welches unter dem Druck von 1 Atm. steht, und dehnt sich dabei aus, wodurch sie sich bedeutend abkühlt.

Erniedrigt sich der Druck um 1 Atm., so nimmt die Temperatur um $\frac{1}{4}^0$ ab, bei 200 Atm. demnach um 50^0. Weiter abgekühlt kehrt der Luftstrom durch das äußere Rohr des Gegenstromapparates zum Kompressor zurück und überträgt seine Kälte auf die inzwischen neu zugeströmte, hochgespannte Luft des inneren Rohres.

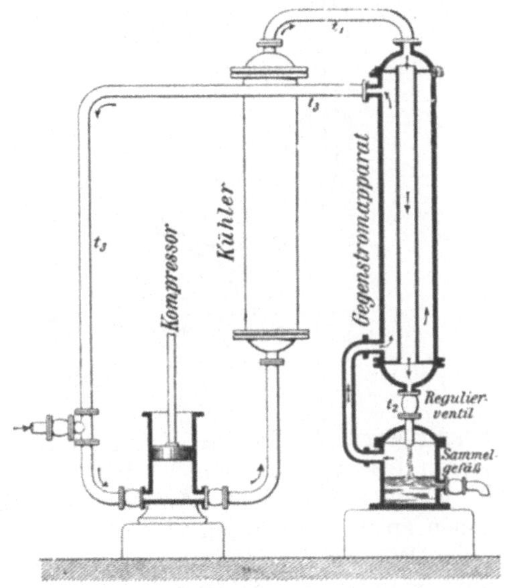

Abb. 26.

Der Kompressor drückt die abgekühlte Luft wieder zusammen; der Kreislauf beginnt von neuem, wodurch die Luft soweit abgekühlt wird, daß sie sich schließlich bei -191^0 unter dem Druck von 1 Atm, verflüssigt und im Sammelgefäß ansammelt. Aus diesem

wird die flüssige Luft in doppelwandige Gefäße abgelassen, deren
Zwischenraum luftleer gepumpt ist, um Wärmeleitung zu verhindern
Abb. 27 *a* und *b* gibt zwei Tauchgefäße für Patronen zur Herstellung von Flüssigeluftsprengstoffen (S. 74) wieder. Auch werden
ihre inneren Wandungen versilbert, damit alle Wärmestrahlen zurückgeworfen werden. In solchen Dewarschen Gefäßen hält sich
flüssige Luft mehrere Tage und kann sogar mit der Eisenbahn ver-

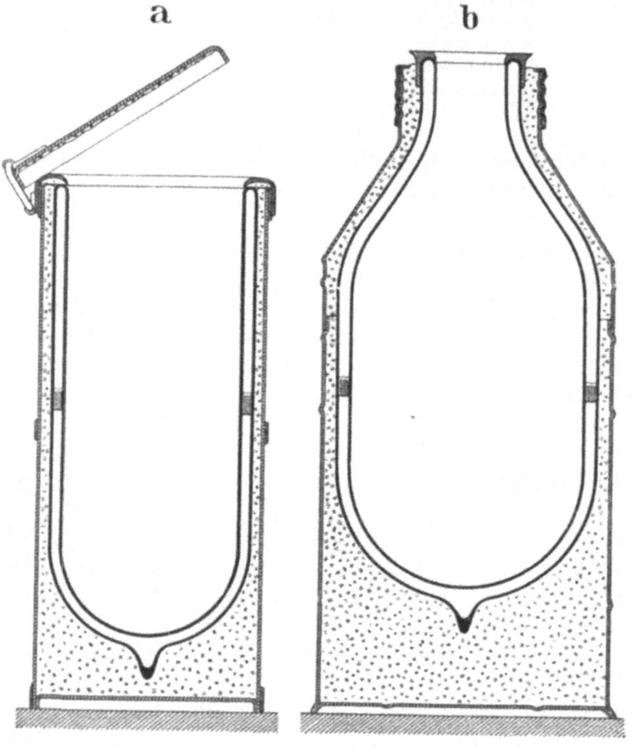

Abb. 27.

schickt werden. Da die flüssige Luft darin immer siedet, so dürfen
sie nur lose verschlossen werden.

Verflüssigte Gase (Ammoniak, schweflige Säure, Kohlensäure)
dienen zur Kälteerzeugung. Entzieht man die zur ihrer Verdampfung,
nötige Wärme dem Wasser, so erstarrt es zu Eis; auf ähnliche Weise
kühlt man auch die Chlormagnesiumlösung, den Kälteträger des Ge-
frierverfahrens beim Schachtabteufen, auf $- 22^0$ ab.

Unter der Glocke einer Luftpumpe läßt sich der Siedepunkt der
flüssigen Luft auf $- 225^0$ erniedrigen; mit ihrer Hilfe kann auch der
Wasserstoff so weit abgekühlt werden, daß er nun unter Druck flüssig
wird. Der flüssige Wasserstoff erlangt unter erniedrigtem Druck eine
Temperatur von $- 260^0$.

18. Wärmeleitung und Wärmestrahlung.

Wärmeübergang von einem wärmeren auf einen kälteren Körper findet durch Wärmeleitung und Wärmestrahlung statt.

Hält man das Ende eines Eisenstabes in eine Flamme, so wird auch das andere Ende durch Leitung warm. Bringt man gleichzeitig mit der einen Hand eine Kupferstange, mit der anderen eine Holzkohlenstange in die Flamme, so wird erstere bald so heiß, daß sie fortgelegt werden muß, während man von einer Erhitzung der letzteren noch nichts bemerkt. Das Vermögen der Wärmeleitung ist also den verschiedenen Körpern in verschiedenem Maße eigen.

Die besten Wärmeleiter sind die Metalle, und unter diesen das Silber. Bezeichnet man die Leitfähigkeit des Silbers = 100, so ergibt sich für Kupfer = 89, Messing = 15,3, Eisen = 12,5, Eis = 0,22, Marmor = 0,15, Glas = 0,15, Wasser = 0,14, Schafwolle = 0,02, Luft = 0,0056. Eis, Glas, Holz, Kohle, Wolle, Wasser und Luft sind schlechte Wärmeleiter.

Ein Zimmer wird mit einem eisernen Ofen schnell warm, nach dem Erlöschen des Feuers aber schnell kalt; mit dem Kachelofen wird es erst allmählich warm, behält aber seine Wärme viel länger.

Zu den schlechten Leitern der Wärme gehören vor allem Wasser und Luft, wenn sie an der Bewegung gehindert sind. Werden sie erwärmt, so tritt eine Strömung ein, welche die Teilchen des Wassers und der Luft schneller miteinander in Berührung bringt und den Wärmeübergang beschleunigt. Dagegen kann man z. B. die Oberfläche des Wassers in einem Probierröhrchen zum Kochen erhitzen, während ein durch Blei beschwertes, auf dem Boden liegendes Stück Eis nicht merklich schmilzt.

Silikasteine leiten die Wärme weit besser als Schamotte; die mittlere Leitfähigkeit zwischen 0 und 1000° betrug nach neueren Messungen bei

Silikasteinen 0,0029
Schamotte 0,0024

Über 1000° nimmt die Leitfähigkeit der Wärme zumal bei Silikasteinen noch zu, so daß sie bei Silikaöfen an der Hand eines größeren Kohlendurchsatzes gegenüber den aus Schamotte gebauten Öfen ausgenutzt werden kann.

Anwendungen. Sommer- und Winterkleidung, Holzgriffe an Pfannen und Schürhaken, Kochkisten, Stroh, Filz, Sägespäne zum Schutze der Pumpen, Kieselgurumhüllungen der Dampfleitungen, doppelte Fenster, Sicherheitslampe.

Die schützende Wirkung der Sicherheitslampe gründet sich auf folgende Versuche. Führt man von oben ein feinmaschiges Drahtnetz in eine Gasflamme, so wird sie dadurch abgeschnitten, d. h. sie brennt nur unter dem Drahtnetz (Abb. 28a). Unverbranntes Gas strömt durch die Maschen nach oben und entzündet sich, wenn diese glühend werden. Das Gas läßt sich oberhalb des Drahtnetzes anzünden, wenn man letzteres vor Öffnen des Gashahnes einige Zentimeter über die Brenneröffnung bringt (Abb. 28b).

Auch bei brennenden Flüssigkeiten, wie Terpentinöl und Spiritus, erlöscht die Flamme beim Durchgießen durch das Drahtnetz (Abb. 28c).

Die Versuche lehren, daß Flammen durch engmaschige Drahtnetze nicht durchschlagen, weil diese den darüber- bzw. darunterliegenden Teilen der Gase durch Leitung so viel Wärme entziehen, daß die Entzündungstemperatur nicht mehr erreicht wird. Die Entzündungstemperatur der Schlagwetter liegt bei 730—790°, d. h. bei Rotglut. Daher schlagen die brennenden Wetter erst durch den Korb der Grubenlampe, wenn dieser glühend wird.

Wärmeausstrahlung. Jeder Körper, der wärmer als seine Umgebung ist, strahlt Wärme aus. Die Wärmestrahlen sind unsichtbar und kalt; sie durcheilen die Luft, ohne sie merklich zu erwärmen und erscheinen erst wieder als Wärme, wenn sie von einem Körper aufgenommen werden. Man fühlt die Wärme eines geheizten Ofens schon in einiger Entfernung, empfindet sie aber nicht, wenn der Ofen von einem Ofenschirm umgeben ist. Mit steigender Temperatur nimmt die Wärmestrahlung ganz außerordentlich stark zu. Die Wärmeabgabe durch Strahlung beträgt

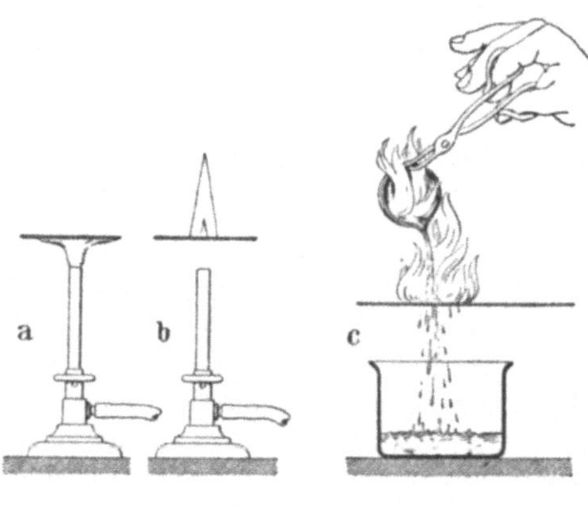

Abb. 28.

für Schamotte zwischen 100 und 200° 0,25
„ „ „ 700 „ 800° 3,75;

sie macht also bei dieser höheren Temperatur das 15fache des Wärmebetrages zwischen 100 und 200° aus.

Die verschiedenen Stoffe verhalten sich den Wärmestrahlen gegenüber ungleich. Luft und Steinsalz z. B. sind für die Wärmestrahlen durchlässig, werden aber durch sie nicht wesentlich erwärmt. Dunkle und rauhe Stoffe lassen die Wärmestrahlen nicht hindurch, sondern nehmen sie auf und werden dabei erwärmt. Helle und dicht gewalzte oder polierte Stoffe lassen die Wärmestrahlen weder hindurch noch nehmen sie dieselben auf; sie werfen sie zurück wie ein Spiegel die Lichtstrahlen. In der Regel wird nur ein Teil der Strahlen aufgenommen oder zurückgeworfen oder durchgelassen.

Die Erwärmung eines Körpers durch strahlende Wärme nimmt mit dem Quadrate der Entfernung und mit dem schräger werdenden Auftreffen der Wärmestrahlen ab. Die Erde erhält ihre Wärme durch Sonnenstrahlen, welche die Atmosphäre auf ihrem Wege kaum erwärmen. Vielmehr empfängt diese erst von der Erde Wärme, und zwar um so weniger, je höher wir sind. Deshalb nimmt die Temperatur der trockenen Luft beim Steigen um je 100 m ungefähr 1^0 ab; ist die Luft mit Wasserdampf gesättigt, so vermindert sich die Abnahme der Wärme um die Hälfte, da mit der Verdichtung des Wassers zu Nebel oder Wolken seine Verflüssigungswärme frei wird. Da die Sonnenstrahlen an den Polen sehr schräg auf die Erde fallen, gelangen sie in viel geringerer Menge als unter dem Äquator auf eine gleich große Fläche; daher nimmt die Temperatur vom Äquator zu den Polen ab. Auch im Winter fallen die Wärmestrahlen schräger auf die Erde, da die Sonne tiefer steht; deshalb ist es im Winter kälter als im Sommer, wo die Erde von der Sonne sogar noch weiter entfernt ist.

19. Wärmequellen.

Wärme wird erzeugt:

1. **Durch mechanische Arbeit, insbesondere Reibung.** Durch Druck, Schlag, Stoß, Bohren, Feilen, Sägen, Hämmern, Reiben, Brennen, Schleifen, Verdichtung von Gasen entsteht Wärme.

Feuererzeugung durch 1. Reibung zweier Holzstücke gegeneinander,

2. Schlagen mit Stahl gegen Feuerstein, Zündblättchen, Zereisen,
3. Streichen der Zündhölzer über eine rauhe Fläche,
4. Reiben der Zündbänder durch einen Stahlstift.

Wärme ist Arbeit. Durch eine Arbeit von 427 m/kg kann eine Kalorie erzeugt werden — mechanisches Wärmeäquivalent. Fällt 1 kg aus 427 m Höhe zur Erde, so wird durch den Sturz ebensoviel Wärme erzeugt, wie man braucht, um 1 kg Wasser um 1^0 zu erwärmen. Der erste Entdecker von der Äquivalenz von Arbeit und Wärme war der Heilbronner Arzt Robert Mayer 1842.

2. **Durch direkte Sonnenwärme.** Sie kann technisch nur zum Trocknen, nicht aber zum Betriebe von Dampfmaschinen angewendet werden, da bei den „Sonnenmaschinen" der Unterhalt des Spiegelmechanismus zu teuer kommt.

3. **Durch aufgespeicherte Sonnenwärme.** Die Energie der Sonnenstrahlung läßt gewaltige Mengen von Wasser verdunsten, die als Regen auf die Berge fallen und von dort zu Tale fließen. Die Fallkraft des Wassers wird durch Mühlräder ausgenutzt, die ihrerseits Elektrizität für chemische Arbeit (Kalziumkarbid, Salpetersäure) erzeugen. Auch die Kraft des Windes, der durch Temperaturveränderungen infolge der Sonnenstrahlung entsteht und Windmühlen treibt, kann zur Wärmeerzeugung in ähnlicher Weise Anwendung finden.

Die meisten chemischen Vorgänge verlaufen unter Erzeugung von Wärme. In dem Holz und Torf, in der Kohle, in den Ölen und Fetten ist die Sonnenwärme aufgespeichert, die zum Aufbau von Pflanze und Tier, aus welchen sich diese Stoffe gebildet haben, nötig war. Durch ihre Verbrennung wird die dabei aufgewendete Sonnenwärme zurückgewonnen.

II. Chemie.

20. Chemische Grundbegriffe.

Unterschied zwischen Physik und Chemie. Während die Physik sich mit den vorübergehenden Zustandsänderungen der Körper befaßt, behandelt die Chemie ihre dauernden oder stofflichen Veränderungen.

Schwefel wird durch Reiben mit Wolle elektrisch, d. h. befähigt, kleine Papierschnitzel anzuziehen. Läßt man den elektrischen Strom durch eine Glühbirne fließen, so erglüht sie. Beide Erscheinungen gehören zum Gebiete der Physik, denn sie zeigen sich nur, solange die Ursache ihrer Veränderung (Reiben bzw. Durchfließen des Stromes) dauert.

Erhitzt man dagegen den Schwefel an der Luft, so entzündet er sich und verbrennt mit blauer Flamme zu einem neuen Körper mit neuen Eigenschaften, von welchen der stechende Geruch sofort bemerkbar wird. Auch das Magnesiumband verbrennt angezündet an der Luft mit glänzendem Licht zu einem weißen Pulver. In dem Verbrennen des Schwefels und des Magnesiums haben wir es mit chemischen Vorgängen zu tun, bei welchen der Körper dauernd oder stofflich verändert wird.

In vielen Fällen bedarf es der Zufuhr von Energie (z. B. Temperatur, Licht, Druck, Elektrizität usw.), um chemische Vorgänge auszulösen. So erhält man durch bloßes Mischen von Eisenpulver und Schwefel nur ein mechanisches Gemenge, in welchem man mit dem bloßen Auge Eisen und Schwefel nebeneinander erkennt. Durch Schlämmen mit Wasser oder mit Hilfe des Magneten kann man Eisen vom Schwefel wieder vollständig trennen. Erhitzen wir aber die Mischung von Schwefel und Eisen in einem Probierröhrchen an einer Stelle, so erglüht diese plötzlich, und das Erglühen setzt sich ohne weiteres Erhitzen durch die ganze Masse fort. Nach dem Erkalten können wir in dem neuen schwarzen Körper selbst unter dem Mikroskop weder Schwefel noch Eisen erkennen, auch läßt sich der Schwefel durch die obenerwähnten Mittel nicht mehr vom Eisen befreien; es ist unter dem Einfluß des Erhitzens eine chemische Verbindung, Schwefeleisen, entstanden, die nur auf chemischem Wege wieder in Schwefel und Eisen zersetzt werden kann. Die Ursache der Kraft, welche die Vereinigung der Elemente zur Verbindungen bewirkt, nennt man chemische Verwandtschaft.

Zusammengesetzte und einfache Stoffe. Alle in der Natur vorkommenden Stoffe kann man in zusammengesetzte und einfache einteilen. Die ersteren, Verbindungen genannt, setzen sich aus einfachen Stoffen zusammen und können in diese zerlegt werden. Solche Körper, die man auf chemischem Wege nicht weiter zerlegen kann, nennt man einfache Stoffe, Grundstoffe oder Elemente.

Molekül und Atom. Die Teilbarkeit des Stoffes geht außerordentlich weit. Wird eine Flasche, welche stark riechende Stoffe, z. B.

Schwefelwasserstoffwasser enthält, nur kurze Zeit im Zimmer geöffnet, so ist sein übler Geruch bald überall wahrzunehmen; eine empfindliche Wage zeigt dagegen kaum einen Gewichtsverlust der Flasche an.

Durch Zerstoßen eines Stückchens Eis erhält man sehr kleine Körnchen, die unter dem Mikroskop wie grobe Körper erscheinen. Beim Erwärmen zerfließt ein solches Eiskörnchen zu einem Tröpfchen Wasser, welches, weiter erwärmt, in Wasserdampf übergeht. Durch diesen Vorgang ist das Eiskörnchen schon mindestens auf das 1700-fache ausgedehnt, und durch weiteres Erhitzen können wir die kleine Menge Wasserdampf noch mehr zerteilen. Schließlich aber gibt es eine Grenze, über welche hinaus eine weitere Zerteilung des Wasserdampfes ohne chemische Zersetzung nicht möglich ist. Diese kleinsten Teilchen einer Verbindung oder eines Elementes nennt man Moleküle. Die Moleküle einer Verbindung sind gleich groß und schwer und besitzen gleiche Eigenschaften.

Ein Hauptgesetz der Chemie lehrt uns, daß sich das Molekül einer Verbindung durch Vereinigung der kleinsten Teile der Elemente im Verhältnis ihrer Verbindungsgewichte bildet. Diese chemisch nicht weiter zerlegbaren kleinsten Teile eines Elementes nennt man Atome. Das Molekül Quecksilberoxyd setzt sich aus einem Atom Quecksilber und einem Atom Sauerstoff, das Molekül Sauerstoff aus den beiden gleichartigen Atomen Sauerstoff zusammen.

Die einfachen Körper (Elemente) sind demnach solche, bei denen die Moleküle aus untereinander gleichen Atomen, die zusammengesetzten Körper solche, bei denen die Moleküle aus untereinander verschiedenen Atomen bestehen. Die Atome desselben Elementes sind gleich groß und gleich schwer. Die Atome der verschiedenen Elemente besitzen aber verschiedene Eigenschaften und Gewicht. Das Verhältnis zwischen den Gewichten verschiedener Atome wird durch die Atomgewichte der Elemente ausgedrückt, wobei man das Gewicht von einem Atom Wasserstoff = 1 setzt. So ist das Gewicht eines Atomes Sauerstoff 16 mal so groß und das eines Atomes Stickstoff 14 mal so groß als das eines Atomes Wasserstoff.

Nichtmetalle:			Metalle:		
Name	Zeichen	Atomgewicht	Name	Zeichen	Atomgewicht
Wasserstoff .	H	1	Natrium . .	Na	23
Kohlenstoff .	C	12	Magnesium .	Mg	24,3
Stickstoff . .	N	14	Aluminium .	Al	27,1
Sauerstoff . .	O	16	Kalium . . .	K	39,2
Silizium . . .	Si	28,3	Kalzium . .	Ca	40
Phosphor . .	P	31	Eisen	Fe	56
Schwefel . .	S	32	Nickel . . .	Ni	58,7
Chlor	Cl	35,5	Kupfer . . .	Cu	63,6
			Zink	Zn	65,4
			Silber . . .	Ag	107,9
			Zinn	Sn	118,7
			Barium . . .	Ba	137,4
			Platin . . .	Pt	195,2
			Gold	Au	197,2
			Quecksilber .	Hg	200,6
			Blei	Pb	207,2

Im Interesse einer größeren Übersichtlichkeit und zur Ersparung von Zeit und Raum schreibt man die Elemente nicht mit ihren vollen Namen, sondern mit leicht verständlichen Zeichen. Man wählte dazu die Anfangsbuchstaben ihrer lateinischen oder griechischen Namen und fügte da, wo zwei oder mehr Elemente mit demselben Buchstaben beginnen, noch einen zweiten, kennzeichnenden Buchstaben hinzu

Die Zahl der jetzt bekannten Elemente beträgt etwa 85; die für uns wichtigsten sind mit ihren Zeichen und Atomgewichten in der Atomgewichtstabelle (siehe Seite 33 unten) zusammengestellt.

Chemische Formeln und Gleichungen. Um die qualitative und quantitative Zusammensetzung einer Verbindung anzugeben, schreibt man die Zeichen der Elemente nebeneinander und setzt die Faktoren hinzu, mit denen das Atomgewicht eines jeden zu multiplizieren ist. Die Formel HgO drückt aus, daß

1. Quecksilberoxyd aus Quecksilber und Sauerstoff besteht,
2. sich ein Atom Quecksilber mit einem Atom Sauerstoff zu einem Molekül Quecksilberoxyd verbunden hat,
3. in 216,6 Gewichtsteilen Quecksilberoxyd 200,6 Gewichtsteile Quecksilber und 16 Gewichtsteile Sauerstoff enthalten sind und

$$4. \quad \frac{200,6 \times 100}{216,6} = 92,6\% \quad \text{Quecksilber}$$

$$\frac{16 \times 100}{216,6} = 7,4\% \quad \text{Sauerstoff darin sind.}$$

Aus der Elektrolyse des Wassers folgt, daß das Molekül Wasser aus zwei Atomen Wasserstoff und einem Atom Sauerstoff zusammengesetzt ist; daher hat Wasser die Formel H_2O.

Mit Hilfe dieser Zeichen kann man auch chemische Vorgänge in Gestalt von Gleichungen schreiben, wobei die auf beiden Seiten der chemischen Gleichung stehenden Gewichte übereinstimmen müssen.

$$2H + O = H_2O; \qquad Fe + S = FeS$$
$$2 + 16 = 18; \qquad 56 + 32 = 88.$$
$$HgO = Hg + O$$
$$216,6 = 200,6 + 16.$$

Da die Elemente im Atomzustande wenig beständig sind, so vereinigen sie sich unmittelbar nach ihrem Freiwerden aus der Verbindung zu Molekülen, z. B. $2H = H_2$; $2O = O_2$.

Desgleichen werden die Moleküle der Elemente vor ihrer Vereinigung zu Verbindungen in die Atome gespalten; dazu ist chemische Energie erforderlich.

Wertigkeit der Elemente. Die Tatsache, daß ein Atom Sauerstoff sich mit zwei Atomen Wasserstoff zu Wasser vereinigt, erklärt man mit der Annahme der Wertigkeit der Elemente. Sauerstoff ist also zweiwertig, da er zwei Atome Wasserstoff bindet oder sättigt. Nimmt man die Bindungsfähigkeit des Wasserstoffs als Einheit, dann sind:

Chlor, Natrium, Kalium, Silber einwertig,

Sauerstoff, Schwefel, Magnesium, Kalzium, Barium, Nickel, Kupfer, Zink, Quecksilber, Blei zweiwertig,

Stickstoff, Phosphor, Aluminium, Eisen, Gold dreiwertig,
Kohlenstoff, Silizium, Zinn, Platin vierwertig.

Für viele der übrigen Elemente, z. B. Sauerstoff, ist ihre Wertigkeit veränderlich. So gibt es fünf Stickoxyde: N_2O_5, N_2O_3, NO_2, NO und N_2O.

Stets aber vereinigen sich die Elemente im Verhältnis ihrer Atomgewichte oder einfacher Multiplen.

Anorganische Chemie.

A. Metalloide.

21. Sauerstoff ($O = 16$.)

Vorkommen. Der Sauerstoff ist das verbreitetste Element auf der Erde, die Hälfte der Erdrinde besteht aus ihm. Im freien Zustande findet er sich in der Luft, im gebundenen Zustande im Wasser, in mineralischen und organischen Körpern.

Bei der trockenen Destillation der Steinkohle dient der in ihr enthaltene Sauerstoff teils zu Prozessen vollständiger (Wasser, Kohlensäure) und unvollkommener (Kohlenoxyd) Verbrennung, teils bewirkt er in kleinem Umfange die Bildung sauerstoffhaltiger Kohlenwasserstoffe (Alkohole, Ketone, Säuren und Phenole).

Der Sauerstoffgehalt des Kokereigases rührt von Undichtigkeiten der Öfen und Leitungen her.

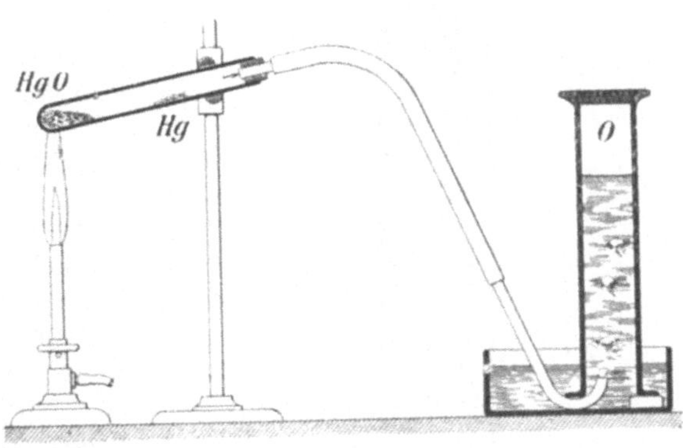

Abb. 29.

Darstellung. 1. Durch Erhitzen von rotem Quecksilberoxyd, einer Verbindung von Quecksilber mit Sauerstoff (Abb. 29). Hierbei zersetzt sich das feste Oxyd in flüssiges Quecksilber und gasförmigen Sauerstoff. $HgO = Hg + O$.

2. Durch Erhitzen von Kaliumchlorat; dieses zersetzt sich vollständig in festes Chlorkalium und Sauerstoff. $KClO_3 = KCl + 3O$.

3. Durch Elektrolyse von mit Schwefelsäure angesäuertem Wasser, welches dabei in Sauerstoff und Wasserstoff zerfällt (Abb. 30).

4. Aus flüssiger Luft; man läßt sie teilweise wieder verdampfen, wobei eine stark sauerstoffhaltige Flüssigkeit hinterbleibt, da der flüssige Stickstoff wegen seines niederen Siedepunktes schneller verdampft.

3*

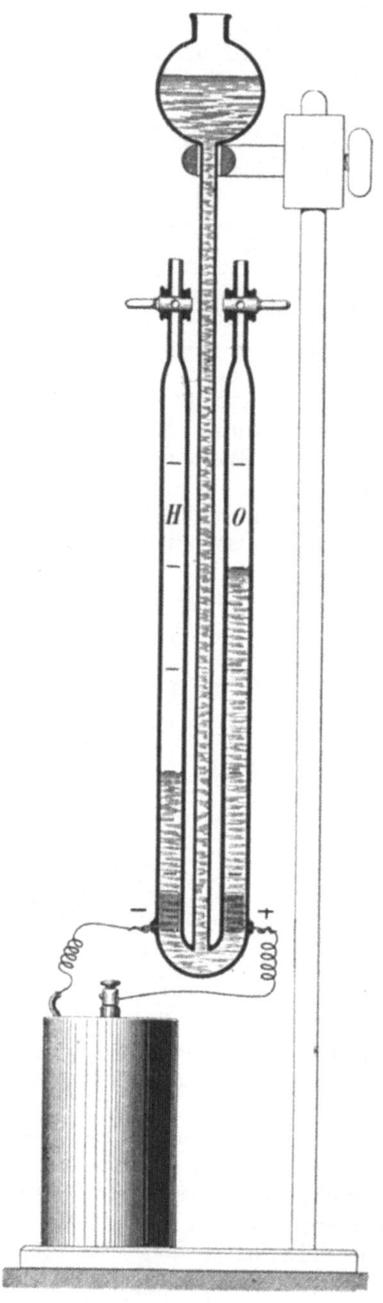

Abb. 30.

Eigenschaften. Sauerstoff ist ein farb-, geruch- und geschmackloses Gas. Seine Dichte beträgt 1,106 (Luft = 1); 1 cbm Sauerstoff wiegt 1,43 kg (0^0, 760 mm).

Der Sauerstoff vereinigt sich mit den meisten Elementen direkt; die Verbrennung brennbarer Stoffe an der Luft beruht auf ihrer Vereinigung mit Sauerstoff. In reinem Sauerstoff verbrennen alle Stoffe viel lebhafter. Ein glimmender Span und glühende Holzkohle werden in Sauerstoff sofort zu heller Flamme entfacht und brennen mit hellem Licht. Schwefel verbrennt in Sauerstoff mit schön blauer Flamme, Phosphor mit blendendweißem Licht. Sogar Eisen und andere Metalle verbrennen in ihm mit hellem Licht unter Funkensprühen.

Anwendung. Der Sauerstoff wird in stählerne Flaschen gepumpt und kommt so unter einem Druck von 100 Atm. in den Handel. Er wird zu Sauerstoffgebläsen und zur Atmung (Selbstretter, Dräger-Apparat) benutzt. Die Stahlflaschen sind zur Regelung der Gaszufuhr mit Reduzierventilen ausgerüstet. Abb. 31 zeigt eine solche Stahlflasche mit dem Flaschenventil, an dessen Seitenzapfen das Reduzierventil (Dräger) mit Hilfe einer Überwurfmutter befestigt ist. Das kleine Manometer nächst dem Flaschenventil zeigt den Druck und dadurch den Gasinhalt der Flasche an, während das größere Manometer den Druck angibt, mit welchem das Gas aus dem Reduzierventil austritt. Der gewünschte Druck wird durch die Stellvorrichtung (Regelschraube) rechts eingestellt; ihr gegenüber befindet sich noch eine Schraube, mit welcher der Gasstrom abgestellt werden kann.

Aufgabe: Wieviel Sauerstoff kann man aus 35 g Quecksilberoxyd durch Erhitzen darstellen?

$$HgO : O = 35 : x.$$

$$x = \frac{16 \times 35}{216,6} = 2,59 \text{ g}.$$

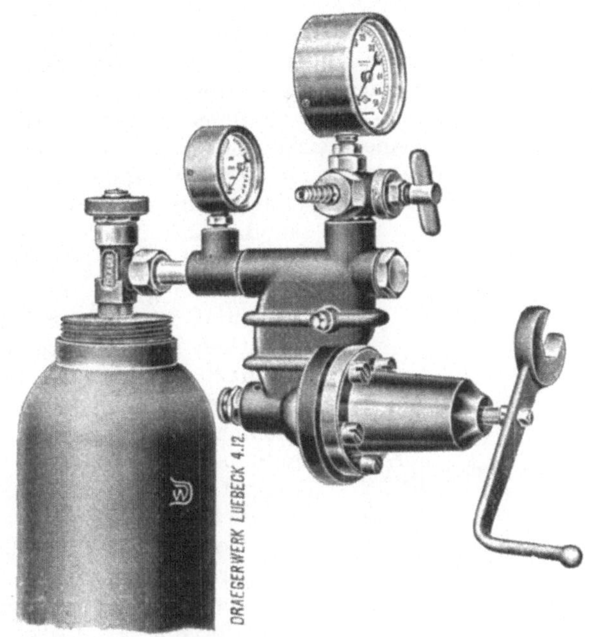

Abb. 31.

22. Verbrennung.

Die chemische Vereinigung der Körper unter Licht- und Wärmeentwicklung mit dem Sauerstoff der Luft nennt man Verbrennung. Zu einer Verbrennung ist ein brennbarer Stoff und Luft erforderlich. So verbrennen Schwefel, Magnesium und Kohlenstoff beim Erhitzen an der Luft, indem sie sich mit ihrem Sauerstoff zu Oxyden vereinigen:

$$S + 2\,O = S\,O_2 \text{ (Schwefeldioxyd)},$$
$$Mg + O = Mg\,O \text{ (Magnesiumoxyd)},$$
$$C + 2\,O = C\,O_2 \text{ (Kohlendioxyd)}.$$

Aus dem Umstand, daß diese Elemente in reinem Sauerstoff viel lebhafter verbrennen, und daß eine brennende Kerze in einem abgeschlossenen Gefäß bald erlischt, erkennen wir, daß der Sauerstoff die Verbrennung bewirkt.

Eine Kerze wird beim Verbrennen immer kleiner, bis sie schließlich fast restlos verschwindet. Die Verbrennung erscheint daher zunächst als ein Vorgang, der zu einer Vernichtung des Stoffes führt.

In Wirklichkeit aber nimmt der verbrennende Körper an Gewicht zu, und zwar um soviel, als er Sauerstoff zum Verbrennen aufnimmt. Der Nachweis der Gewichtszunahme beim Verbrennen läßt sich leicht erbringen, wenn man die gasförmigen Verbrennungsprodukte der Kerze — Wasser und Kohlensäure — in dem durch Abb. 32 veranschaulichten Versuch auffängt. Die Kerze steht auf dem Rahmen eines Lampenzylinders, dessen obere Hälfte Ätznatron enthält. Die ganze Vorrichtung befindet sich auf einer empfindlichen Wage im Gleichgewicht. Entzündet man die Kerze, so werden die gasförmigen Stoffe der Verbrennung von Ätznatron aufgenommen, wodurch dieses schwerer wird und sinkt.

Die durch Verbrennen einer gleichen Menge eines brennbaren Körpers erzeugte Wärme ist gleich groß, wenn man ihn an der Luft oder, wenn man ihn im reinen Sauerstoff verbrennt. Beim Verbrennen des Körpers an der Luft ist die Einwirkung des Sauerstoffs viel geringer, weil er durch eine große Menge Stickstoff verdünnt ist. Der Stickstoff wird natürlich beim Verbrennen erhitzt, die dazu erforderliche Wärme wird der Verbrennungswärme des verbrennenden Körpers entzogen. Deshalb ist auch die Verbrennungstemperatur in Luft viel geringer als in Sauerstoff.

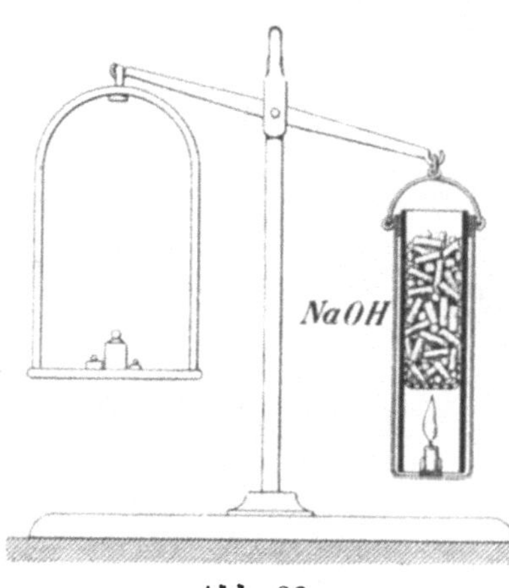

Abb. 32.

Geschieht die Vereinigung eines Körpers mit Sauerstoff nicht unter Feuererscheinung, so bezeichnen wir den Vorgang als langsame Verbrennung. Das Rosten des Eisens, das Verwesen von Pflanzen und Tieren sind langsame Verbrennungen, bei welchen dieselbe Wärmemenge wie bei der eigentlichen Verbrennung erzeugt wird, ohne daß eine merkliche Temperaturerhöhung festzustellen ist, da die Verbrennung sehr langsam vor sich geht.

Auch die Atmung ist eine Verbrennung, bei welcher die ausgesuchten Bestandteile der Nahrungsmittel durch den Sauerstoff der Luft, welche dem Blute mit Hilfe der Lunge zugeführt wird, verbrennen. Ohne Sauerstoff ist kein Atem und kein Leben möglich; er wurde daher früher Lebensluft genannt. Die Atmung der Menschen und Tiere vollzieht sich in reinem Sauerstoffgas energischer als in der Luft. Deshalb nimmt man Wiederbelebungsversuche mit reinem Sauerstoff vor.

23. Wasserstoff ($H = 1$).

Vorkommen. Wasserstoff ist in der Welt sehr verbreitet; er ist in der Umhüllung der Sonne und Fixsterne enthalten. Bläser aus Kalisalzgruben bestehen bisweilen aus fast reinem Wasserstoff, die Bläser der Kohlengruben sind frei davon. Die hier und da in Wettern von Kohlengruben nachgewiesenen geringfügigen Mengen von Wasserstoff entstammen der Einwirkung von sauren Grubenwässern auf eiserne Schienen und Lutten.

Wegen seiner großen Verwandtschaft zum Sauerstoff findet sich die Hauptmenge des auf der Erde vorkommenden Wasserstoffs im gebundenen Zustande als Wasser (Meere, Flüsse usw.). Die tierischen und pflanzlichen Stoffe besitzen Wasserstoff als wesentliche Bestandteile. Auch in vielen Mineralien ist Wasserstoff im gebundenen Zustande enthalten. Bei der Verkokung der Steinkohle wird ein Teil des

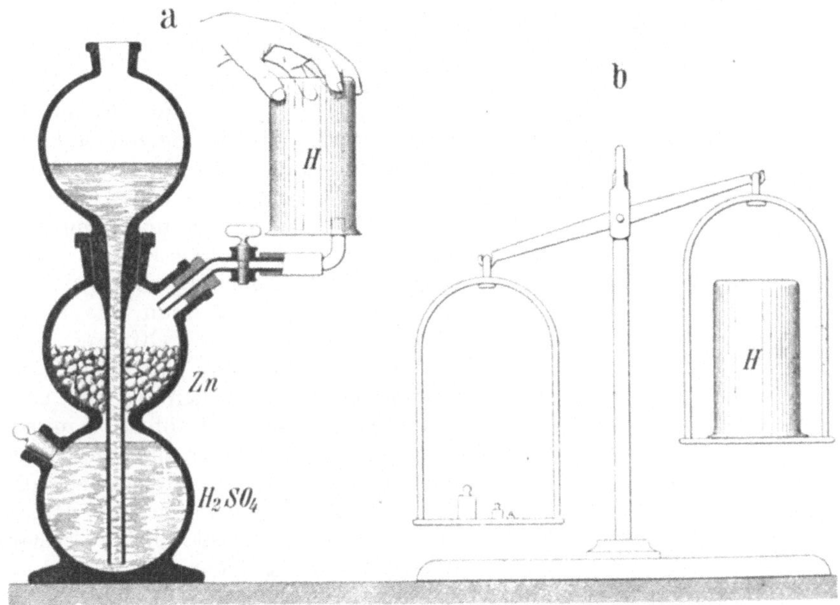

Abb. 33.

gebundenen Wasserstoffs frei, der übrige Teil bildet mit Sauerstoff, Kohlenstoff, Schwefel und Stickstoff wasserstoffhaltige Verbindungen (Wasser, Kohlenwasserstoffe, Schwefelwasserstoff, Ammoniak usw.). Mit steigender Temperatur nimmt der Gehalt an Wasserstoff im Gas zu; das hängt mit der Zersetzung von Kohlenwasserstoffen unter diesen Bedingungen zusammen.

Darstellung. 1. Durch Einwirkung von metallischem Kalium und Natrium auf Wasser wird Wasserstoff frei; die dabei erzeugte Wärme ist so groß, daß sich der Wasserstoff entzündet und mit dem Sauerstoff der Luft verbrennt.

$$K + H_2O = H + KOH \text{ (Ätzkali)},$$
$$Na + H_2O = H + NaOH \text{ (Ätznatron)}.$$

Die Einwirkung des Kalziums verläuft schon träger; viele schwere Metalle, z. B. Eisen, zersetzen Wasserdampf bei Rotglut unter Bildung von Oxyden und Wasserstoff. Auch durch Leiten von Wasserdampf über glühenden Kohlenstoff wird Wasserstoff gewonnen (S. 125).

2. Aus dem mit Schwefelsäure angesäuerten Wasser durch Elektrolyse; am negativen Pole entwickelt sich doppelt soviel Wasserstoff wie am positiven Pole Sauerstoff (Abb. 30). Mit Hilfe der Elektrolyse wird Wasserstoff technisch dargestellt.

3. Aus Säuren, d. s. Wasserstoffverbindungen, deren Wasserstoff bei der Einwirkung auf Metalle durch diese ersetzt wird. Im Kippschen Apparat (Abb. 33a) läßt sich diese Zersetzung bequem und gefahrlos vornehmen.

$$Fe + H_2\,SO_4 = H_2 + FeSO_4 \text{ (schwefelsaures Eisen),}$$
$$Zn + 2\,HCl = H_2 + ZnCl_2 \text{ (Chlorzink).}$$

Eigenschaften. Wasserstoff ist ein farb-, geruch- und geschmackloses Gas, das leichteste aller Elemente. Wasserstoff ist vierzehneinhalbmal leichter als atmosphärische Luft; seine Dichte beträgt 0,0695 (Luft = 1). 1 cbm Wasserstoff wiegt 0,0899 kg.

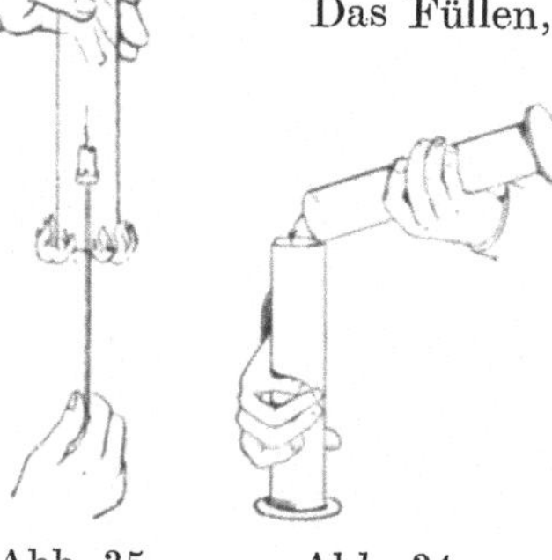

Das Füllen, Wägen (Abb. 33a und b) und Umfüllen von Gefäßen mit Wasserstoff muß wegen seiner großen Leichtigkeit derart geschehen, daß man das anzufüllende Gefäß mit der Öffnung nach unten hält (Abb. 34). Aus einem aufrechtstehenden, offenen Gefäß entweicht der Wasserstoff sofort. Ein mit Wasserstoff gefüllter Kautschukballon ist leichter als die verdrängte Luft und steigt demnach in die Höhe. Wasserstoff ist nicht giftig, vermag aber die Atmung nicht zu unterhalten.

Abb. 35.   Abb. 34.

Auch die Verbrennung unterhält der Wasserstoff nicht, obwohl er selbst brennt (Abb. 35). Die brennende Kerze erlischt in ihm, während der Wasserstoff selbst aus dem Gefäß heraus brennt. Die Wasserstoffflamme ist kaum sichtbar, schwach blau und sehr heiß.

Führt man eine Glasröhre vorsichtig über eine Wasserstoffflamme, so fängt sie an zu singen.

Wasserstoff verbrennt mit Sauerstoff zu Wasser. 1 kg Wasserstoff liefert beim Verbrennen 33900 WE.; wenn jedoch das dabei entstehende Wasser in Dampfform vorliegt, nur 28530 WE. Bei der Verbrennung verbinden sich stets zwei Raumteile Wasserstoff mit einem Raumteil Sauerstoff zu Wasser: $2\,H_2 + O_2 = 2\,H_2O$.

Entzündet man die Mischung von zwei Raumteilen Wasserstoff und einem Raumteil Sauerstoff (Knallgas), so verbrennt der Wasserstoff unter heftiger Explosion. Mit Knallgas gefüllte Seifenblasen explodieren bei Annäherung der Flamme mit scharfem Knall.

Gasexplosionen sind sehr schnell verlaufende Verbrennungen des Gemisches eines brennbaren Gases (Wasserstoff, Grubengas, Kohlenoxyd, Leuchtgas) oder des Dampfes einer brennbaren Flüssigkeit

(Benzin, Alkohol, Schwefelkohlenstoff) mit Sauerstoff oder Luft. Durch eine Zündung (Flamme, elektrischer Funke) wird die Explosion eingeleitet; sie ist am heftigsten, wenn alles brennbare Gas allen Sauerstoff verbraucht, so daß nach der Explosion weder brennbares Gas noch Sauerstoff übrig ist. Auch verläuft die Explosion der Sauerstoffwasserstoffgemische viel heftiger als die der Luftwasserstoffgemische, weil mehr Raumteile an der Explosion teilnehmen. Bei der Explosion von Luftwasserstoffgemischen dagegen muß der Luftstickstoff mit auf die hohe Explosionstemperatur erhitzt werden. Folgende Zahlentafel dient zur näheren Erläuterung:

Gemische von Raumteilen	$\dfrac{\begin{array}{c}30\,H_2\\15\,O_2\end{array}}{45}$	$\dfrac{\begin{array}{c}20\,H_2\\80\ \text{Luft}\end{array}}{100}$	$\dfrac{\begin{array}{c}30\,H_2\\70\ \text{Luft}\end{array}}{100}$	$\dfrac{\begin{array}{c}40\,H_2\\60\ \text{Luft}\end{array}}{100}$
An der Explosion nahmen teil . %	100	$\dfrac{\begin{array}{c}20\,H_2\\10\,O_2\end{array}}{30}$	$\dfrac{\begin{array}{c}30\,H_2\\15\,O_2\end{array}}{45}$	$\dfrac{\begin{array}{c}25{,}2\,H_2\\12{,}6\,O_2\end{array}}{37{,}8}$
An der Explosion nahmen nicht teil R. T.	0	$\dfrac{\begin{array}{c}6{,}8\,O_2\\63{,}2\,N_2\end{array}}{70{,}0}$	$55\,N_2$	$\dfrac{\begin{array}{c}14{,}8\,H_2\\47{,}4\,N_2\end{array}}{62{,}2}$
Zusammensetzung der Nachschwaden %	—	$\dfrac{\begin{array}{c}9{,}7\,O_2\\90{,}3\,N_2\end{array}}{100{,}0}$	$100\,N_2$	$\dfrac{\begin{array}{c}23{,}8\,H_2\\76{,}2\,N_2\end{array}}{100{,}0}$
Raumverminderung %	100	30	45	37,8

Die mit der hohen Explosionstemperatur verbundene 10—15fache Ausdehnung der Gase während der Explosion bewirkt, daß die eigentliche Explosion (erster Schlag) vom Explosionsherd hinweggerichtet ist. Da nun der erzeugte Wasserdampf unmittelbar nach der Explosion sich zu flüssigem Wasser verdichtet, tritt eine Raumverminderung und damit ein Rückschlag (zweiter Schlag) ein, der naturgemäß zum Explosionsherd zurückgeht und stärker als der erste Schlag ist, weil er sich auf den luftverdünnten Raum bezieht.

Anwendung. 1. Wasserstoff dient zur Füllung von Ballonen; man erhält die Tragkraft eines Ballons, indem man seinen Rauminhalt in Kubikmetern mit 1,29 — 0,09 = 1,2 kg multipliziert und davon das Gewicht des Ballons abzieht.

2. In dem Danielschen Hahn (Abb. 36) läßt man durch den äußeren Brenner zunächst Wasserstoff strömen und entzündet ihn; öffnet man jetzt den Sauerstoffhahn, so entsteht ein Knallgasgebläse, in welchem man Platin, Quarz, Feldspat schmelzen, Metalle zerschneiden und verschweißen kann (autogenes Schneiden und Schweißen). Ge-

brannter Kalk wird im Knallgasgebläse glühend und strahlt ein blendend
weißes Licht aus (Drummondsches Kalklicht).

   Beim **autogenen Schneiden** wird zunächst durch die Wasserstoff-
Sauerstoffflamme eine Stelle des Eisens glühend gemacht, gegen die

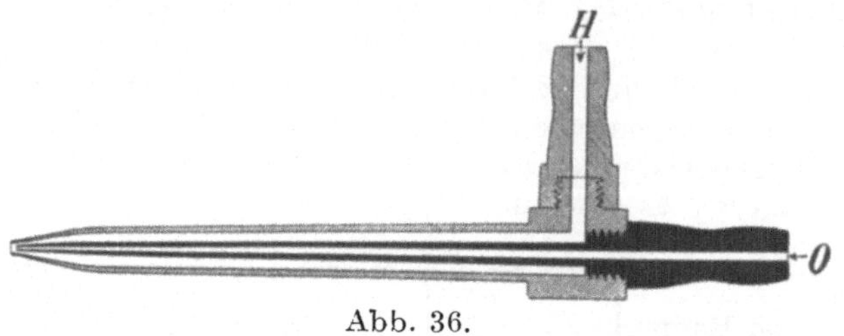

Abb. 36.

man dann Sauerstoff unter 30 Atm. Druck strömen läßt. Das Eisen
verbrennt unter diesen Bedingungen an der Oberfläche, während die
darunterliegenden Eisenteilchen infolge der hohen Verbrennungswärme des Eisens schmelzen. Durch Fortführen des Brenners auf

Abb. 37.

einer durch Körnerpunkte bezeichneten Linie läßt sich das Eisen glatt
und scharf durchschneiden (Abb. 37).

   Beim **autogenen Schweißen** werden die Schweißenden mit Hilfe
der heißen Flamme auf Schweißtemperatur erhitzt, bei Blechen bis

zu 3 mm Dicke aneinandergedrückt und durch Bestreichen mit dem Brenner verbunden. Bleche von 3—8 mm Dicke werden an den zu verschweißenden Kanten abgeschrägt und diese zu einer Nute zusammengesetzt, welche mit geschmolzenem Schweißdraht ausgefüllt wird. Abb. 38 stellt die Schweißung von 3—8 mm dicken Blechen dar.

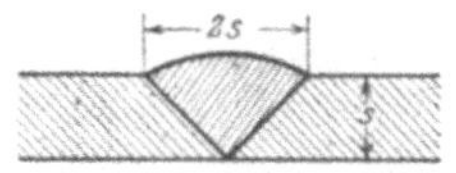
Abb. 38.

Mit Hilfe der Wasserstoff-Sauerstoffflamme erfolgt auch das Verbleien von eisernen Platten usw. sowie das Verschweißen von Blei zur Auskleidung von Sättigern der Ammoniakfabrik.

24. Diffusion der Gase.

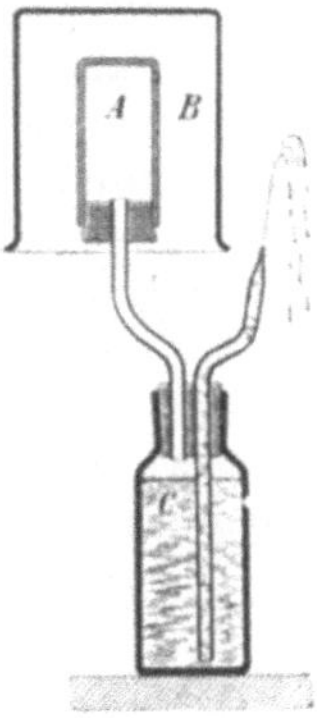

Gießt man in einem Probierröhrchen auf eine wässerige Lösung von Kupfersulfat vorsichtig Wasser, so ist zunächst die blaue Kupferlösung von dem farblosen Wasser durch eine scharfe Grenzlinie geschieden. Nach einiger Zeit kann man aber beobachten, daß die blaue Lösung sich nach oben verbreitert, während nach unten die Stärke der Farbe abnimmt. Diesen Vorgang der freiwilligen Durchmischung nennt man Diffusion; auch die Gase besitzen Diffusion. Beim Austritt aus der Kohle strömt das leichte Grubengas zunächst unter die Firste, um sich allmählich mit den sonstigen Grubenwettern zu vermischen.

Mischen sich zwei Gase von verschiedenen spezifischen Gewichten miteinander, so dringt stets das spez. leichtere Gas mit größerer Geschwindigkeit in das schwerere als umgekehrt, so daß in dem dargebotenen Raum überall das gleiche Mischungsverhältnis besteht.

Die ungleiche Diffusion der Gase läßt sich durch folgende Versuche leicht nachweisen. Eine mit Luft gefüllte poröse Tonzelle A (Abb. 39) ist durch einen Gummistopfen mit einer Spritzflasche verbunden. Läßt man Wasserstoff in das über A befindliche Becherglas B strömen, so dringt dieser schneller in den Tonzylinder, als die Luft aus ihm entweichen kann. Infolgedessen entsteht in der Tonzelle ein Überdruck, so daß das Wasser aus der Flasche spritzt. Sobald die Tonzelle nach einiger Zeit ganz mit Wasserstoff gefüllt ist, hört das Spritzen auf.

Abb. 39.

Abb. 40.

Da Grubengas viel leichter als Luft ist, hat man versucht, seine größere Diffusionsgeschwindigkeit als Schlagwetteranzeiger zu verwerten. Die Einrichtung eines solchen Apparates gibt Abb. 40 annähernd wieder. Statt der Spritzflasche ist an die Tonzelle eine elektrische Klingel mit Hilfe eines U-förmig gebogenen Glasrohres C angeschlossen. Das Glasrohr ist zum Teil mit Quecksilber gefüllt, welches in beiden Schenkeln gleich hoch steht. In dem direkt mit der Tonzelle verbundenen Schenkel ist ein Platindraht tief unten eingeschmolzen, so daß er in das Quecksilber ragt. In dem anderen Schenkel ist ebenfalls ein Platindraht eingeschmolzen, aber so hoch, daß ihn das Quecksilber nicht berührt. Elektrische Klingel und galvanisches Element sind mit den beiden Platindrähten durch Leitungen verbunden. Lassen wir Wasserstoff oder Grubengas in das Becherglas strömen, so entsteht in dem Tonzylinder ein Überdruck, welcher ein Steigen des Quecksilbers im offnen Schenkel des Glasrohrs und somit ein Schließen des Stromkreises bewirkt, so daß die Klingel ertönt.

Für die Grube haben diese Schlagwetteranzeiger keine praktische Bedeutung, da die Klingel nur ertönt, solange die Tonzelle noch Luft enthält.

Vermöge der Diffusionsvorgänge gelangen die ausgesuchten Speisesäfte durch die Darmwandungen in die Blutbahn, findet eine Entmischung von Gasen, die sich vermischt haben (Atmosphäre) nicht wieder statt.

25. Gasgesetze.

a) **Gesetz von Boyle-Mariotte (1662 und 1679).** Ein mit Hahn versehenes Meßrohr ist durch einen starkwandigen Gummischlauch mit einem zweiten Rohr (Druckrohr) verbunden. In das Druckrohr wird bei geöffnetem Hahn des Meßrohres soviel Quecksilber gegossen, daß es in beiden Schenkeln gleich hoch steht. Der Hahn wird geschlossen, und die im Meßrohr befindliche Luft (20 ccm) steht unter dem Druck von einer Atmosphäre (Abb. 41a).

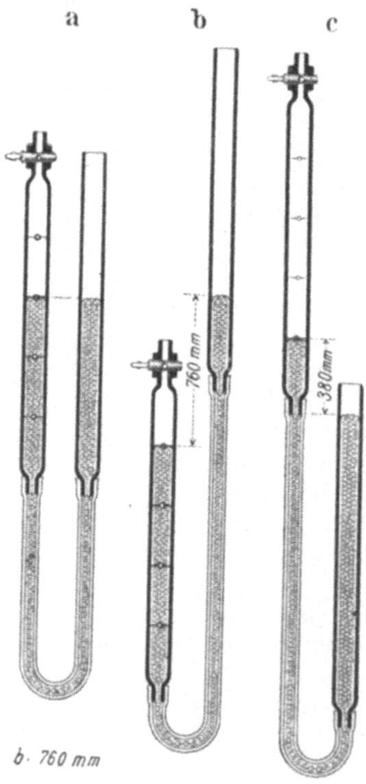

Abb. 41.

Hebt man das Druckrohr so hoch, daß das Quecksilber 76 cm höher als im Meßrohr steht, so nimmt die Luft in ihm nur noch halb soviel Raum (10 ccm) ein wie vorher. Die eingeschlossene Luft aber befindet sich unter dem Druck von zwei Atmosphären (Abb. 41b).

Wird das Druckrohr so tief gesenkt, daß das Quecksilber in ihm 38 cm tiefer als im Meßrohr steht, so nimmt die eingeschlossene Luft einen doppelt so großen Raum (40 ccm) als ursprünglich ein (Abb. 41c), übt aber nur den Druck von ½ Atm. aus.

Bezeichnet man die Drucke bei diesen drei Versuchen mit p, p_1 und p_2, die dazu gehörigen Volumen v, v_1 und v_2, so ergibt sich, daß

$$p \times v = p_1 \times v_1 = p_2 \times v_2 \text{ ist,}$$
$$1 \times 20 = 2 \times 10 = \tfrac{1}{2} \times 40.$$

Das Gesetz besagt also: Steht ein Gas unter verschiedenen Drucken, so bleibt bei gleicher Temperatur das Produkt aus Druck und Volumen stets gleich.

Aufgabe: Eine Gasmenge nimmt bei einem Barometerstand von $p = 74$ cm ein Volumen von $v = 51$ ein; wie groß ist sein Volumen v_1 bei einem Barometerstand von 76 cm?

$$= \frac{74}{76} \cdot 5 = 4{,}87 \, \text{l}.$$

b) Gesetz von Gay-Lussac (S. 10).

Ist v das Volumen eines Gases bei t^0,

v_1 ,, ,, ,, ,, ,, $t_1{}^0$, so ist

$$v = v_0\Big(1 + \frac{1}{273}\, t\Big) = v_0\Big(\frac{273 + t}{273}\Big)$$

$$v_1 = v_0\Big(1 + \frac{1}{273}\, t_1\Big) = v_0\Big(\frac{273 + t_1}{273}\Big).$$

Daraus ergibt sich die Beziehung:

$$\frac{v}{v_1} = \frac{v_0\,\dfrac{273 + t}{273}}{v_0\,\dfrac{273 + t_1}{273}} = \frac{273 + t}{273 + t_1}.$$

Berücksichtigt man noch den Druck, so erhält man

c) das Gay-Lussac-Mariottesche Gesetz

$$\frac{v}{v_1} = \frac{p_1\,(273 + t)}{p\,(273 + t_1)}.$$

Hat eine Gasmenge bei 0^0 unter einem Drucke p_0 das Volumen v_0 und bei t^0 unter einem Drucke p das Volumen v, dann ist:

$$\frac{v_0}{v} = \frac{p}{p_0\,(1 + \alpha t)} = \frac{273 \cdot p}{p_0\,(273 + t)}$$

$$v_0 = v\,\frac{273 \cdot p}{p_0\,(273 + t)}.$$ Durch diese Formel führt man das Volumen eines Gases von der Temperatur t und dem Drucke p auf das Normalvolumen (0^0, 760 mm) zurück.

Soll das Normalvolumen des trockenen Gases angegeben werden, so muß von dem Gesamtdruck p des feuchten Gases der Druck des Wasserdampfes (Tension) e bei der Temperatur t abgezogen werden, und man erhält so:

$$\text{d)} \quad v_0 = v\,\frac{273\,(p - e)}{p_0\,(273 + t)}.$$

Aufgabe: 1. Das Volumen eines Koksgases beträgt bei $t = 25^0$ und einem Drucke $p = 750$ mm $v = 12$ cbm; welchen Raum nimmt dasselbe bei $t_1 = 0^0$ und einem Drucke $p_1 = 760$ mm ein?

$$v_1 = v\,\frac{p}{p_1} \cdot \frac{1 + \alpha t'}{1 + \alpha t} = 12\,\frac{750 \times 273}{760 \times 298} = 10{,}849 \, \text{cbm}.$$

2. Wie groß ist unter sonst gleichen Bedingungen das Volumen des trockenen Gases?

$$v_1 = 12 \; \frac{273 \,(750 - 22{,}5)}{760 \times 298} = 10{,}523 \text{ cbm.}$$

e) **Gesetz von Avogadro.** Das Molekulargewicht aller Gase in Gramm (1 Mol.) nimmt bei 0^0 und 760 mm Druck den Raum von 22,4 l ein.

2 g Wasserstoff, 16 g Methan, 44 g Kohlendioxyd usw. erfüllen $(0^0, 760 \text{ mm})$ 22,4 l. Teilt man demnach das Molekulargewicht durch 22,4, so erhält man das Litergewicht des Gases; wird dieses durch das Litergewicht der Luft 1,293 geteilt, so ergibt sich das spezifische Gewicht des Gases bezogen auf Luft.

f) Die Diffusionsgeschwindigkeit ist umgekehrt proportional den Quadratwurzeln der Atomgewichte z. B. $D_H : D_O = \sqrt{16} : \sqrt{1} = 4 : 1.$

26. Wasser (H_2O).

Vorkommen. Wasser ist in der Natur außerordentlich stark verbreitet. Unsere Atmosphäre enthält gewaltige Mengen Wasserdampf (Nebel, Wolken), mehr als Dreiviertel der Erdoberfläche ist mit Wasser bedeckt (Quellen, Flüsse, Seen, Meere). In den Polargegenden und auf den Hochgebirgen türmen sich gewaltige Eismassen. Chemisch gebunden kommt Wasser in allen tierischen und pflanzlichen Körpern und in vielen Mineralien vor.

Bildung. Wasser entsteht durch Verbrennung von Wasserstoff und wasserstoffhaltiger Körper (Holz, Torf, Kohle, Erdöl, Benzol u. a.).

Eigenschaften. Reines Wasser ist geschmacklos, geruchlos und in dünneren Schichten farblos. Dicke Schichten von Wasser haben eine schön blaue Färbung (Alpenseen). Wasser von 4^0 (760 mm) hat man als Einheit der Dichte gewählt. Bei 1000^0 beginnt der Zerfall von Wasserdampf in Wasserstoff und Sauerstoff; dieser Vorgang ist bei 2500^0 noch nicht beendet.

Wasserdampf dringt in die feinsten Risse des Gesteins ein, verdichtet sich zu Wasser, und dieses dehnt sich beim Gefrieren um $1/_{11}$ seines Volumens bei 0^0 aus; dadurch werden die Felsen schließlich auseinandergesprengt. Auch der Ackerboden wird durch das in ihm gefrorene Wasser aufgelockert und zerkleinert, so daß die in der Luft enthaltene Kohlensäure die Silikate zersetzen und in lösliche Verbindungen überführen kann. (Verwitterung).

Das reinste in der Natur vorkommende Wasser ist das Regen- und Schneewasser.

Wasser, welches den Erdboden berührt hat, ist kein reines Wasser; es enthält stets gelöste Gase, Salze und andere Stoffe.

Die vom Wasser aufgenommene Luft enthält mehr Kohlensäure und Sauerstoff und weniger Stickstoff, als der Zusammensetzung der Luft entspricht. Diese Eigenschaft des Wassers ist für das Leben der im Wasser durch Kiemen atmenden Tiere sehr wichtig.

Nach der verschiedenen Beschaffenheit des Bodens ist auch die Zusammensetzung des Wassers verschieden, welches auf ihm gestanden hat. Vom geologisch alten Granit vermag Wasser nur wenig aufzulösen, während es in Berührung mit mittleren und jüngeren geologischen Formationen viel größere Mengen von Salzen löst. Die gelösten Salze gelangen durch die Quellen in die Bäche und Flüsse, von dort in das Meer, welches dadurch mit der Zeit salzreicher wird.

Die in Quell- und Brunnenwasser vorkommenden Salze sind leichter lösliche (Kochsalz $NaCl$, Glaubersalz Na_2SO_4, Soda Na_2CO_3, Chlorkalium KCl, Chlorkalzium $CaCl_2$, Chlormagnesium $MgCl_2$) und schwerer lösliche wie doppeltkohlensaurer Kalk $Ca(HCO_3)_2$, Gips $CaSO_4$ und andere.

Von der Art und Menge dieser Salze und organischen Stoffe hängt es ab, ob Quell- und Brunnenwasser als Trinkwasser zu benutzen ist. Durch einen gewissen Gehalt an Kohlensäure erhält es einen erfrischenden Geschmack. Die Reinigung des Wassers zu Trinkzwecken erfolgt durch Filtration mit Hilfe von Koks, Kies und Sand.

Bei der Erwärmung des Wassers und bei einer Verringerung des Druckes verliert der doppeltkohlensaure Kalk die Hälfte seiner Kohlensäure und schlägt sich als Einfachkarbonat, d. i. kohlensaurer Kalk nieder. In gleicher Weise zersetzen sich die doppeltkohlensauren Salze von Magnesium, Eisen und Mangan, so daß sich aus dem Kühlwasser in Oberflächen-Kondensatoren, in den Kühlräumen von Großgasmaschinen, Kompressoren, Pumpen, Rohrleitungen usw. der Wasserstein und aus dem Kesselspeisewasser der Kesselstein (S. 76) bildet.

In der Kohlenwäsche erfolgt die Reinigung der Kohle mit Hilfe von Wasser, in welchem die Berge (Sandstein, Schiefer, sandige Schiefer) wegen ihres höheren spezifischen Gewichtes schneller als die leichteren Kohlen fallen, so daß diese davon getrennt werden können. Gleichzeitig aber werden Salze, die in der Kohle enthalten sind, ausgelaugt und im umlaufenden Wasser angereichert (S. 69).

Hartes Wasser enthält viel Kalk und Magnesia gelöst und ist zum Waschen und Kochen ungeeignet.

Im Meerwasser sind 3,5 % Salze gelöst, an Kochsalz allein 2,7 %, ferner Kalzium- und Magnesiumsalze, Brom- und Jodverbindungen und viele andere. Läßt man Meerwasser in warmen Gegenden in „Salzgärten" verdunsten, so kann das Kochsalz gewonnen werden. In den Steinsalzlagern ist die Salzabscheidung auch infolge Verdunstung des Meerwassers erfolgt. Meeresbecken wurden durch Hebung des Meerbodens in warmen, niederschlagsarmen Gegenden abgeschlossen und verloren im Laufe geologischer Zeiten nach und nach ihr Wasser. Der schwer lösliche Gips schied sich zuerst ab, dann folgte das Kochsalz, bis sich schließlich auch die leicht löslichen Salze unter Bildung von Doppelsalzen, wie Schönit, Karnallit (Abraumsalze) absetzten. Mineralwasser nennt man Quellwasser, welches durch einen bestimmten Gehalt an Gasen oder Salzen gekennzeichnet ist. Säuerlinge enthalten viel Kohlensäure, Schwefelwässer Schwefelwasserstoff. Aus den kochsalzhaltigen Solwässern gewinnt man das Kochsalz, indem man seinen Gehalt zunächst konzentriert. Das geschieht in den Gradierwerken, hohen mit Dornenreisig gefüllten Gerüsten. Das Wasser wird auf die

Gradierwerke gepumpt und fließt langsam durch die hohe Reisig-
schicht, wobei es allmählich verdunstet und kohlensauren Kalk, kohlensaure Magnesia und Gips als Dornstein abscheidet. Nach wiederholtem
Durchgang ist der Kochsalzgehalt der Sole so hoch geworden, daß sich
sein weiteres Konzentrieren in Dampfpfannen lohnt. Bitterwässer
enthalten Magnesiumsalze und Stahlquellen Eisen. Aus dem hohen
Kohlensäuregehalt mancher Quellen und der hohen Temperatur warmer
Quellen (Thermen) kann man schließen, daß diese aus vulkanischen
Vorgängen entstanden sind.

Aufgabe: Wieviel Wasser kann man mit 9 g Natrium zerlegen?

$$Na : H_2O = 9 : x$$

$$x = \frac{18 \times 9}{23} = 7{,}04 \text{ g.}$$

27. Oxydation und Reduktion.

Der Vorgang der Vereinigung des Sauerstoffs mit anderen Körpern
wird Oxydation genannt. Bei jeder Oxydation findet eine Gewichtszunahme statt; die Körper, welche dabei entstehen, nennt man Oxyde.

Leitet man Luft oder reinen Sauerstoff über erhitztes rotes Kupfer,
so wird es schwarz unter Bildung von Kupferoxyd.

$$Cu + O = CuO.$$

Daß jede Verbrennung, z. B. von Kohlenstoff, eine Oxydation ist,
haben wir bereits gesehen.

$$C + O_2 = CO_2.$$

Außer dem freien Sauerstoff wird die Oxydation auch durch Sauerstoff abgebende Körper bewirkt, wie z. B. Salpetersäure (HNO_3), chlorsaures Kali ($KClO_3$). Gibt ein Körper Sauerstoff ab, so wird er selbst
reduziert. Die Entziehung von Sauerstoff wird Reduktion genannt.
Mit diesem Vorgang ist stets eine Gewichtsabnahme des Körpers verbunden, welcher reduziert wird. Leitet man Wasserstoff über erhitztes Kupferoxyd, so wird es zu rotem
Kupfer reduziert.

$$CuO + H_2 = Cu + H_2O,$$

während der Wasserstoff selbst oxydiert wird. Abb. 42.
stellt die Reduktion von Kupferoxyd, das in einem
Porzellanschiffchen
im   schwerschmelz-
baren Glasrohr er-
hitzt wird, dar; die
zwischen Kipp'schem
Apparat und Glas-
rohr befindliche
Flasche ist mit conc.

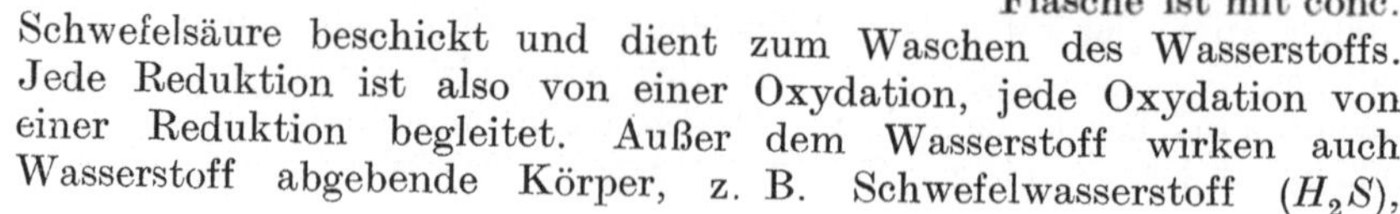

Abb. 42.

Schwefelsäure beschickt und dient zum Waschen des Wasserstoffs.
Jede Reduktion ist also von einer Oxydation, jede Oxydation von
einer Reduktion begleitet. Außer dem Wasserstoff wirken auch
Wasserstoff abgebende Körper, z. B. Schwefelwasserstoff (H_2S),

Grubengas (CH_4), Azetylen (C_2H_2) sowie Sauerstoff aufnehmende Körper, z. B. Kohlenstoff (Koks), Kohlenoxyd (CO) und schweflige Säure (SO_2), reduzierend.

Hochofen- und Bleiklammerprozeß sind technische Verfahren, welche auf Reduktion und Oxydation in großem Umfange beruhen.

28. Chlor ($Cl = 35,5$).

Vorkommen. Chlor kommt im freien Zustande in der Natur nicht vor. In Verbindung mit Natrium ist es sehr verbreitet als Chlornatrium (Steinsalz, Kochsalz); ferner als Chlorkalium u. a.

Darstellung. Chlor wird technisch durch Elektrolyse von Chlorkalium in wässriger Lösung gewonnen.

Auch in der Steinkohle ist Chlor im gebundenen Zustande enthalten; bei der Verkokung bildet dieses mit Ammoniak Chlorammonium $NH_4\,Cl$, mit Pyridin salzsaures Pyridin.

Eigenschaften. Das Chlor ist ein gelblich grünes Gas von unangenehmem, erstickendem Geruch. Seine Dichte ist 2,49 (Luft $= 1$). Chlor läßt sich leicht zu einer dunkelgelben Flüssigkeit verdichten, die in Stahlflaschen in den Handel gebracht wird. Chlor ist in Wasser leicht löslich (Chlorwasser). Organische Stoffe werden von Chlor zerstört, organische Farbstoffe bei Gegenwart von Wasser gebleicht, oxydiert. Diese Wirkung des Chlors beruht darauf, daß es das Wasser unter Einwirkung des Sonnenlichtes zersetzt, so daß Sauerstoff frei wird.

$$H_2O + Cl_2 = 2\,HCl + O.$$

Chlor ist deshalb ein kräftiges Oxydationsmittel.

Salzsäure (HCl). Läßt man das Sonnenlicht auf ein Gemenge von gleichen Raumteilen Chlor und Wasserstoff einwirken, so erfolgt ihre Vereinigung unter Explosion zu Salzsäure.

$$Cl_2 + H_2 = 2\,HCl.$$

Salzsäure wird durch Destillation von Kochsalz und Schwefelsäure gewonnen.

$$2\,NaCl + H_2SO_4 = Na_2SO_4 + 2\,HCl.$$

Die Salzsäure zeigt alle Eigenschaften einer Säure (S. 66).

Die Verbindungen der Metalle mit Chlor nennt man Chloride. Salzsäure wird in der chemischen Industrie häufig angewendet. Eine Mischung von drei Teilen konzentrierter Salzsäure mit einem Teil konzentrierter Salpetersäure löst Gold (König der Metalle) und wird Königswasser genannt.

29. Schwefel ($S = 32$).

Vorkommen. Der Schwefel ist in der Natur sehr verbreitet, vor allem in vulkanischen Gegenden (Sizilien, Louisiana, Mexiko, Japan), wo er sich gediegen, mit erdigen Massen gemengt, vorfindet. Mit Metallen verbunden bildet er die Kiese (Schwefelkies FeS_2, Kupferkies $CuFeS$), Glanze (Bleiglanz PbS) und Blenden (Zinkblende ZnS). Auch mit Sauerstoff und Metallen kommt er als Sulfat vor, z. B. als Gips ($CaSO_4$). Im Tier- und Pflanzenkörper ist organischer Schwefel enthalten und somit auch in der Steinkohle (S. 114).

Gewinnung. Schwefel wird durch Schmelzen mit Hilfe von Wasserdampf von 3—4 Atm. Druck von den erdigen Beimengungen befreit und zur weiteren Reinigung aus gußeisernen Kesseln destilliert.

In Louisiana (Amerika) ist das Vorkommen so mächtig — in 150—240 m Teufe 60—100 m starke Schichten mit schwefeldurchsetztem Kalkstein abwechselnd —, daß man den Schwefel mittels Schachtförderung hereingewinnen könnte, wenn überlagernde Schwimmsande das nicht verhinderten. Durch drei ineinandergesteckte Rohre, die bis in das Schwefellager führen, läßt sich der Schwefel ganz rein fördern. Durch den Zwischenraum des äußeren und mittleren Rohres wird überhitztes Wasser (160°) gedrückt, welches unten seitlich austritt und den Schwefel ausschmilzt. Dieser sammelt sich an der Rohrmündung, von wo er durch heiße Luft von 28 Atm. Druck, die durch das innere Rohr gepreßt wird, zwischen dem mittleren und inneren Rohr zutage gedrückt und hier in gewaltigen Holzkästen zum Erkalten aufgefangen wird.

Große Mengen von Schwefel stehen uns in Deutschland im schwefelsauren Kalzium (Gips) zur Verfügung. Der wasserfreie Gips wird zerkleinert, mit Kohle gemischt und in Drehöfen zu Schwefelkalzium reduziert:

$$CaSO_4 + 2C = CaS + 2CO_2.$$

Schwefelkalzium wird bei der Behandlung mit heißer Chlormagnesiumlauge zersetzt, wobei der frei werdende Schwefelwasserstoff in Gasbehältern gesammelt wird. Der Schwefelwasserstoff wird nun zur Spaltung in Schwefel und Wasser durch einen sogenannten Clausofen geschickt, dessen kennzeichnender Teil eine Schicht von Bauxit (Aluminiumoxyd) auf einem Schamotterost ist. Schwach rotglühender Bauxit wirkt sauerstoffübertragend, so daß Schwefelwasserstoff dadurch zu Schwefel und Wasser oxydiert wid.

$$H_2S + O = H_2O + S.$$

Der frei werdende Schwefel ist leichtflüssig, fließt in eine gußeiserne Vorlage und von dort in große gemauerte Kühlpfannen.

Nach neueren Vorschlägen will man auf den Kokereien den Schwefelwasserstoff aus dem Rohgase mit Kalkmilch auswaschen, wobei auch Schwefelkalzium entsteht, aus dem Schwefelwasserstoff durch Kohlensäure wieder ausgetrieben werden soll, um im Clausofen zu Schwefel umgesetzt zu werden. Auch aus der angereicherten Gasreinigungsmasse wird Schwefel zurückgewonnen.

Er kommt als Stangenschwefel, Schwefelblume oder Schwefelblüte und als Schwefelfaden in den Handel.

Eigenschaften. Schwefel ist bei gewöhnlicher Temperatur ein spröder, gelber Körper, der durch Reiben stark elektrisch wird. Auf — 50° abgekühlt, wird der Schwefel fast farblos. Bei 115° schmilzt er zu einer gelben, dünnen Flüssigkeit, welche bei stärkerem Erhitzen sich dunkler färbt und so zähe wird, daß man sie nicht ausgießen kann. Über 250° erhitzt, wird der Schwefel wieder leichter beweglich, bis er bei 450° siedet. Gießt man bis nahe an seinen Siedepunkt erhitzten Schwefel in kaltes Wasser, so wird er nicht sofort fest, sondern verwandelt sich in eine durchsichtige, braune, knetbare Masse, die allmählich wieder hart wird. Der Schwefel tritt in mehreren physikalisch verschiedenen Formen auf. An der Luft verbrennt der Schwefel mit blauer, leuchtloser Flamme zu schwefliger Säure

$$S + O_2 = SO_2 .$$

Anwendung. In der Medizin findet Schwefel in Form von Schwefelmilch und Schwefelblumen Verwendung; ferner zur Beseitigung von Pflanzenkrankheiten, in der Technik zur Darstellung von Schwefelsäure, Schwarzpulver, Zündhölzchen und zum Vulkanisieren des Kautschuks, der dadurch seine Sprödigkeit und Klebrigkeit verliert.

30. Schwefelwasserstoff (H_2S).

Vorkommen. Schwefelwasserstoff bildet sich bei der trockenen Destillation und Fäulnis organischer, schwefelhaltiger Stoffe und kommt deshalb in Destillationsgasen und Senkgruben vor. In der Kohlengrube wird Schwefelwasserstoff hier und da im „Alten Mann" vorgefunden. Da er vom Wasser begierig aufgenommen wird (Schwefelwasserstoffwasser), so enthalten Wasseransammlungen oft größere Mengen von Schwefelwasserstoff. Beim Abzapfen des Wassers ist deshalb Vorsicht geboten. In den Kaligruben trifft man Schwefelwasserstoff häufiger und in größeren Mengen an. Schwefelwasserstoff ist auch in Schwefelwässern enthalten, z. B. im Wasser von Eilsen 17 ccm, Hechingen 48 ccm in 1 l.

Darstellung. Schwefelwasserstoff wird bei der Einwirkung von verdünnter Schwefelsäure oder Salzsäure auf Schwefeleisen erhalten.

$$FeS + H_2SO_4 = FeSO_4 + H_2S.$$
$$FeS + 2HCl = FeCl_2 + H_2S.$$

Eigenschaften. Der Schwefelwasserstoff ist ein farbloses, höchst unangenehm nach faulen Eiern riechendes Gas, welches sehr giftig, aber nicht so gefährlich wie Kohlenoxyd ist, da der widerliche Geruch seine Anwesenheit auch in ganz geringen Mengen verrät. Die Dichte des Schwefelwasserstoffs beträgt 1,18 (Luft = 1); 1 cbm wiegt 1,525 kg. Wasser löst bei gewöhnlicher Temperatur ungefähr das Dreifache seines Volumens. An der Luft verbrennt Schwefelwasserstoff mit blaßblauer Flamme. $H_2S + 3O = SO_2 + H_2O$.

Hält man eine kalte Porzellanplatte in die Flamme, so scheidet sich gelber Schwefel ab:

$$H_2S + O = S + H_2O .$$

Auf Eisenoxydhydrat wirkt Schwefelwasserstoff unter Bildung von Schwefeleisen und Wasser ein.

Nachweis. Auch bei starker Verdünnung läßt sich Schwefelwasserstoff am Geruch erkennen. Mit Bleilösung getränktes Filtrierpapier (Bleipapier) wird auch von Schwefelwasserstoff geschwärzt, wenn nur 0,003 % davon in den Wettern vorhanden sind.

Anwendung. Schwefelwasserstoff findet im chemischen Laboratorium eine ausgedehnte Anwendung, da er viele Metalle aus den Salzlösungen als Schwefelmetalle niederschlägt und ihren Nachweis erleichtert.

Aufgabe: Wieviel Liter Schwefelwasserstoff erhält man durch Einwirkung von verdünnter Schwefelsäure auf 15 g Schwefeleisen (FeS)?

$$FeS : H_2S = 15 : x$$

$$x = \frac{34 \times 15}{88} = 5{,}73 \text{ g.} \qquad \frac{5{,}73}{1{,}525} = 3{,}76 \text{ l.}$$

31. Schweflige Säure (SO_2).

Vorkommen. Schweflige Säure kommt in den Vulkangasen vor. Die Luft über Industriestädten enthält immer schweflige Säure, welche aus dem Schwefel der verbrannten Kohlen stammt.

Darstellung. Durch Rösten von Sulfiden und durch Verbrennung von Schwefel und schwefelhaltiger Stoffe.

Eigenschaften. Schweflige Säure ist ein farbloses, stechend riechendes, zum Husten reizendes Gas. Die Dichte beträgt 2,26. Schweflige Säure vermag die Verbrennung nicht zu unterhalten; vom Wasser wird sie leicht gelöst. Bei Gegenwart von Wasser wirkt schweflige Säure auf Farbstoffe bleichend, was z. T. auf Reduktionsvorgänge zurückzuführen ist.

Anwendung. Zum Bleichen, Desinfizieren und Konservieren. Zur Herstellung von Schwefelsäure. Flüssige schweflige Säure findet in Kältemaschinen Verwendung.

32. Schwefelsäure (H_2SO_4).

Vorkommen. Schwefelsäure kommt frei nur in einigen Gewässern Südamerikas vor. In Form von Sulfaten findet sie sich häufig z. B. in den Vitriolen (Kupfervitriol $CuSO_4 \cdot 5H_2O$, Eisenvitriol $FeSO_4 \cdot 7H_2O$). Saure Grubenwässer enthalten außer Eisenvitriol auch freie Schwefelsäure, da sie aus Schwefelkies durch Oxydation entstanden sind.

Darstellung. 1. Im Bleikammerprozeß durch Oxydation der schwefligen Säure durch Sauerstoff der Luft unter Mitwirkung von Salpetersäure und Wasser.

$$3\,SO_2 + 2\,HNO_3 + 2\,H_2O = 3\,H_2SO_4 + 2\,NO\,.$$

Die Stickoxyde werden durch Luft und Wasser wieder in Salpetersäure übergeführt, so daß man mit einer kleinen Menge Salpetersäure große Mengen Schwefelsäure erzeugen kann.

2. Im Kontaktverfahren, wobei die Vereinigung von schwefliger Säure mit dem Sauerstoff der Luft beim Überleiten über erhitzten Platinasbest sich leicht vollzieht. Das Umsetzungsprodukt Schwefeltrioxyd SO_3 gibt mit Wasser unter starker Erhitzung direkt Schwefelsäure.

$$SO_3 + H_2O = H_2SO_4\,.$$

Zur Bereitung des schwefelsauren Ammoniaks dienen bisweilen Abfallsäuren, z. B. der Benzolreinigung, die aber vorher durch Aufkochen mit Wasserdampf regeneriert werden müssen. Durch diese Behandlung werden Teer und Harz abgeschieden, während schweflige Säure und Benzol abdestillieren und in einem Koksturm durch Wasserrieselung niedergeschlagen werden.

Bei unserer schlechten Valuta muß die chemische Industrie bemüht sein, die Schwefelsäure nach Möglichkeit aus deutschem Schwefel zu gewinnen, was teilweise schon durch Erhöhung der Förderung von Pyrit (auch aus den Kohlenlagerstätten), Bleiglanz und Zinkblende geschehen ist. Neuerdings kann man Schwefelsäure aus Kalziumsulfat (Gips) bereiten, das in Deutschland in gewaltigen Massen vorkommt. Nach den beiden Verfahren von *Burkheiser* und *Feld* soll der in der Steinkohle enthaltene Schwefel gleichzeitig mit dem Stickstoff als schwefelsaures Ammoniak aus den Kokereigasen gewonnen werden. Man hat ausgerechnet, daß wir allein aus der 1913 in Kokereien und Gasanstalten verkokten Kohle 500000 t 60er Schwefelsäure hätten erhalten können, während der jährliche Verbrauch im Frieden 2000000 t Schwefelsäure betrug, für die Rohmaterialien im Wert von etwa 15 Millionen Goldmark eingeführt wurden.

Eigenschaften. Die reine konzentrierte Schwefelsäure ist eine farblose, geruchlose Flüssigkeit vom spez. Gewicht 1,84. Sie zieht aus der Luft begierig Feuchtigkeit an und wird daher zum Trocknen von Gasen und anderen Körpern benutzt. Sie mischt sich mit Wasser in jedem Verhältnis, wobei sie sich stark erhitzt. Stets muß daher die Schwefelsäure in dünnem Strahle in das Wasser gegossen werden, wenn man eine verdünnte Schwefelsäure herstellen will. Organischen Körpern entzieht die Schwefelsäure Wasser, dadurch werden sie zerstört. (Verkohlen von Papier, Holz, Tuch.)

Anwendung. Schwefelsäure wird zur Darstellung von schwefelsaurem Ammoniak in den Kokereien, vieler Säuren, z. B. Salzsäure und Salpetersäure, zum Füllen von Akkumulatoren benutzt.

Spezifische Gewichte von Schwefelsäurelösungen.

Spez. Gew. be $\frac{15^0}{4^0}$ (luftl. R.)	Grad Baumé	100 Gewichtsteile entsprechen bei reiner Säure	
		$^0/_0$ H_2SO_4	$^0/_0$ 50grädige H_2SO_4
1,000	0	0,09	0,14
1,010	1,4	1,57	2,51
1,020	2,7	3,03	4,85
1,040	5,4	5,96	9,54
1,060	8,0	8,77	14,03
1,080	10,6	11,60	18,56
1,100	13,0	14,35	22,96
1,165	20,3	22,83	36,53
1,265	30,2	35,14	56,22
1,385	40,1	48,53	77,65
1,530	50,0	59,70	95,52
1,710	60,0	78,04	124,86
1,820	65,0	90,05	144,08

33. Stickstoff ($N = 14$).

Vorkommen. Im freien Zustande kommt der Stickstoff in der atmosphärischen Luft vor, welche zu vier Fünftel ihres Volumens aus Stickstoff besteht.. An andere Elemente gebunden findet er sich in Nitraten (Chilesalpeter) und Ammoniakverbindungen, ferner in pflanzlichen und tierischen Stoffen (Steinkohle, Torf). Bei der trockenen Destillation der Kohle bleiben von ihrem Gesamtstickstoff

```
im Koks . . . . . . . . . . . . . . . . 30—80%.
Als Ammoniak treten . . . . . . . . .  6—25%,
als Zyan . . . . . . . . . . . . . . . 0,6— 2%,
als Teerverbindungen . . . . . . . . .  1— 3%,
als freier Stickstoff . . . . . . . . .  5—50% aus.
```

Darstellung. 1. Man befreit die atmosphärische Luft von ihrem Sauerstoff durch Absorption mit Hilfe von Phosphor bzw. glühendem Kupfer.

2. Aus flüssiger Luft entweicht zuerst Stickstoff wegen seines niederen Siedepunktes, so daß er getrennt aufgefangen werden kann.

Eigenschaften. Der Stickstoff ist ein farbloses, geruchloses und geschmackloses Gas. Er ist etwas leichter als Luft. Seine Dichte beträgt 0,97 (Luft $= 1$); 1 cbm Stickstoff wiegt 1,254 kg. Stickstoff brennt nicht, vermag auch die Verbrennung anderer Körper nicht zu unterhalten, eine Flamme erlischt daher sofort in ihm. Stickstoff ist zwar kein Gift, läßt aber Menschen und Tiere bei Mangel an Sauerstoff ersticken. Stickstoff geht nur schwer chemische Verbindungen ein und ist daher in der Luft nur als Sauerstoffverdünner aufzufassen.

Anwendung. Der Stickstoff dient zum Überfüllen brennbarer Flüssigkeiten, wodurch der Zutritt von Luft und die Bildung explosibler Luftgemische ausgeschlossen ist. Stickstoff kommt in stählernen Flaschen auf 100 Atm. zusammengedrückt in den Handel.

34. Die atmosphärische Luft.

Lassen wir eine Kerze unter Glasglocken verschiedener Größen brennen, so leuchtet sie um so länger, je größer der Luftraum ist. In der Luft ist demnach Sauerstoff enthalten; es gelingt aber niemals, die ganze Menge Luft vollständig zu verbrauchen. Der Rest ist nicht mehr imstande, die Verbrennung zu unterhalten. Es ist daher noch ein anderer Stoff in der Luft enthalten; man nennt ihn Stickstoff. Die Luft ist ein mechanisches Gemenge von Sauerstoff und Stickstoff, welches man auf physikalischem Wege, z. B. nach vorhergegangener Verflüssigung, voneinander trennen kann (S. 27). Um die Zusammensetzung der Luft zu ermitteln (Analyse), verwendet man Phosphor, welcher der Luft schon bei gewöhnlicher Temperatur den Sauerstoff entzieht. In dem Lindemannschen Apparat (Abb. 43) werden 100 ccm Luft im Meßrohr N abgemessen und mit Hilfe der Druckflasche in die Absorptionspipette P gedrückt. In diesem Glasgefäß befinden sich dünne Phosphorstangen vollständig unter Wasser. Nachdem der Sauerstoff vom Phosphor aufgenommen ist, saugt man den Gasrest wieder in das Meßrohr zurück. Nach Gleichstellen der beiden Wassersäulen in Meßrohr und Druckflasche sieht man, daß 79 Raumteile — Stickstoff — übriggeblieben sind.

Die unsere Erde umgebende Lufthülle ist ungefähr 300 km hoch und enthält überall in Raumteilen

79	%	Stickstoff
21	%	Sauerstoff
0,04	%	Kohlensäure
100	%	

In der Luft ist immer Wasserdampf in außerordentlich wechselnden Mengen enthalten, so daß er gewöhnlich nicht angegeben wird. In der Nachbarschaft von großen Städten, Fabriken und Vulkanen finden sich auch andere Gase in geringen Mengen in der Luft. Man hat bei den Gasen die Dichte der Luft als Einheit angenommen. 1 cbm trockene Luft wiegt 1,293 kg (0⁰, 760 mm).

35. Ammoniak (NH_3).

Vorkommen. In geringen Mengen in der Luft in Verbindungen mit Säuren, in natürlichen Wässern und im Erdboden. Ammoniak bildet sich durch Fäulnisvorgänge organischer stickstoffhaltiger Stoffe.

Darstellung. 1. Ammoniak entsteht bei der Entgasung (Verkokung) und Vergasung (Generatoren) von Torf und Steinkohle. Die Ammoniakausbeute hängt dabei besonders von der Natur der Stickstoffverbindungen

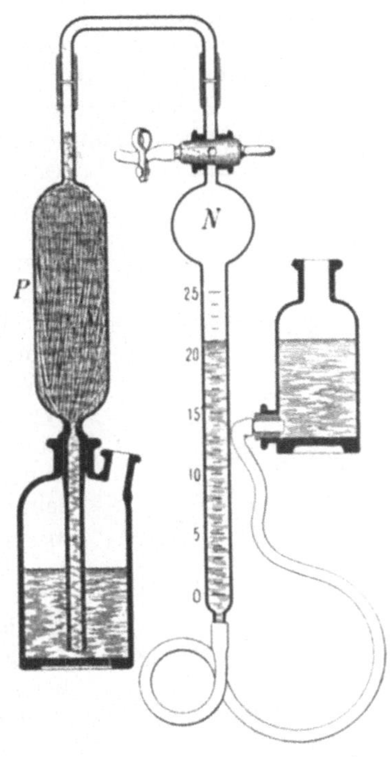

Abb. 43.

in dem Brennstoff ab und erreicht ihre größte Höhe zwischen 800 und 900⁰.

2. Unter hohem Druck (125—190 Atm.), hoher Temperatur (500 bis 600⁰) und bei Gegenwart eines Katalysators gelingt die technische Darstellung des Ammoniaks aus den Elementen. Es handelt sich dabei um einen umkehrbaren Prozeß, den man durch 2 Pfeile in entgegengesetzter Richtung zum Ausdruck bringt:

$$N_2 + 3\,H_2 \rightleftharpoons 2\,NH_3\,.$$

Bei solchen umkehrbaren Vorgängen bildet sich ein Zustand, welcher **chemisches Gleichgewicht** genannt wird. Ammoniak ist eine **exothermische Verbindung**, d. h. seine Bildung erfolgt wie die der meisten Verbindungen unter Freiwerden von Wärme. Die Zersetzung in Stickstoff und Wasserstoff beginnt bei seiner großen Verdünnung im Kokereigase erst bei etwa 900⁰ und nimmt mit steigen-

der Temperatur zu. Durch Verkokung der Kohle im Wasserdampf-
strome läßt sich die Ammoniakausbeute wesentlich vergrößern.

3. Aluminiumnitrid wird durch kochendes Wasser glatt in Ton-
erdehydrat und Ammoniak zerlegt:

$$2\ AlN + 6\ H_2O = 2\ NH_3 + 2\ Al(OH)_3$$

Aluminiumnitrid entsteht im elektrischen Drehofen aus Tonerde
und Kohle bei 1600—1700°.

4. Ammoniak entsteht auch durch Umsetzung aus synthetisch
gewonnenen Zyaniden resp. Zyanamiden.

Eigenschaften. Ammoniak ist ein farbloses Gas von stechendem,
eigentümlichem Geruch. Ammoniak wird unter lebhafter Wärmeentwicklung begierig von Wasser unter Bildung von
Ammoniakwasser oder Salmiakgeist aufgenommen. 1 Teil Wasser von 0° (760 mm) absorbiert die 1150fache Menge Ammoniak.

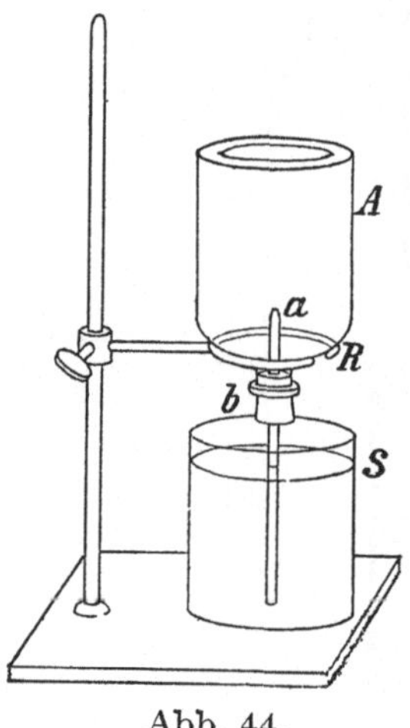

Abb. 44.

Wird eine mit trockenem Ammoniakgas
gefüllte Flasche mit der Mündung nach unten
in Wasser gestellt und geöffnet, so spritzt das
Wasser lebhaft ein und füllt die Flasche vollständig an. Abb. 44 gibt die Versuchsanordnung wieder. Heisses Ammoniakwasser greift
schmiedeeiserne Platten und Röhren scharf
an und zerstört sie in kurzer Zeit.

Durch Druck und Abkühlung läßt sich
Ammoniak leicht verflüssigen; Handelsam-
moniak enthält 97—99,5 % NH_3. Flüssiges
Ammoniak dient zur Erzeugung von künst-
lichem Eis, zum Abkühlen der Kälteträger
(Gefrierverfahren, Kälteräume), in der Farben-
industrie und als Lösungsmittel. Mit Säuren
geht Ammoniak Verbindungen (Salze) wie schwefelsaures Ammoniak
$(NH_4)_2SO_4$, Salmiak (NH_4Cl), Ammonsalpeter (NH_4NO_3) ein.

Die folgende Zahlentafel enthält eine Zusammenstellung der spezifischen Gewichte von Ammoniaklösungen bei 15° nach *Lunge* und *Wiernik*:

Spez. Gew. bei 15°	Proz. NH_3	1 l enthält NH_3 bei 15° g	Korrektion des spez. Gew. für $\pm$ 1°
1,000	0,00	0,0	0,00018
0,990	2,31	22,9	0,00020
0,980	4,80	47,0	0,00023
0,970	7,31	70,9	0,00025
0,960	9,91	95,1	0,00029
0,950	12,74	121,0	0,00034
0,940	15,63	146,9	0,00039
0,930	18,64	173,4	0,00042
0,920	21,75	200,1	0,00047
0,910	24,99	227,4	0,00052
0,900	28,33	255,0	0,00057
0,890	31,75	282,6	0,00061

36. Stickoxyde (NO; NO_2).

Stickstoff bildet mit Sauerstoff fünf Oxyde, von welchen Stickoxyd (NO) und Stickstoffdioxyd (NO_2) besonders erwähnt seien.

Stickoxyd (NO) kommt in der Natur kaum im freien Zustande vor, da die Vereinigung von Stickstoff und Sauerstoff zu Stickoxyd nur durch Wärmebindung vor sich geht. Solche Verbindungen, die unter Aufnahme von Wärme entstehen, nennt man **endothermische** Verbindungen. Beim Auskochen von Schüssen in der Grube entsteht neben Stickoxyd auch Stickstoffdioxyd.

Darstellung. 1. Stickoxyd entsteht bei der Einwirkung von Kupfer auf Salpetersäure, welche dabei nach folgender Formel zerfällt:

$$2\ HNO_3 = 2\ NO + H_2O + 3\ O\ .$$

Der Sauerstoff oxydiert das Kupfer zu Kupferoxyd, welches sich in Salpetersäure zu Kupfernitrat auflöst.

2. Im elektrischen Lichtbogen verbrennt der Stickstoff mit dem Sauerstoff der Luft zu Stickoxyd; dieses muß nach der Bildung sofort stark abgekühlt werden, da es sonst wieder in Sauerstoff und Stickstoff zerfällt.

$$N_2 + O_2 \rightleftharpoons 2NO\ .$$

Eigenschaften. Das Stickoxyd ist ein farbloses, giftiges Gas. Seine Dichte beträgt 1,039 (Luft $= 1$). Stickoxyd vermag die Verbrennung einiger Körper zu unterhalten, da es 53,3 % Sauerstoff enthält. Ein brennender Holzspan und Phosphor fahren fort, im Stickoxydgas zu brennen.

Stickstoffdioxyd (NO_2). Mit Sauerstoff vereinigt sich Stickoxyd sofort zu Stickstoffdioxyd (NO_2), einem dunkelbraunen Gas von eigentümlichem, unangenehmem Geruch.

37. Salpetersäure (HNO_3).

Darstellung. Die Stickoxyde bilden mit Sauerstoff und Wasser Salpetersäure (HNO_3).

$$2\ NO + 3\ O + H_2O = 2\ HNO_3\ ,$$
$$2\ NO_2 + O + H_2O = 2\ HNO_3\ .$$

Auch Ammoniak verbrennt mit Sauerstoff der Luft in Berührung mit erhitztem Platin (**Kontaktwirkung**) zu Stickoxyden.

$$2\ NH_3 + 7\ O = 2\ NO_2 + 3\ H_2O\ .$$

Die Stickoxyde werden mit Hilfe von Wasser in Salpetersäure übergeführt. Durch diese Verbrennung des Stickstoffs und des Ammoniaks war es Deutschland während des Krieges möglich, seinen Bedarf an Salpetersäure und somit Salpeter zu decken. Vor dem Kriege wurde fast alle Salpetersäure aus Chilesalpeter durch Destillieren mit Schwefelsäure hergestellt.

Eigenschaften. Die reine konzentrierte Salpetersäure ist eine farblose, an der Luft rauchende Flüssigkeit vom spez. Gewicht 1,56, die sich mit Wasser in jedem Verhältnis mischt. Salpetersäure oxydiert und löst fast alle Metalle unter Bildung von salpetersauren Salzen (Nitraten), mit Ausnahme von Gold und Platin. Viele organische Stoffe werden von der Salpetersäure bis zur vollständigen Oxydation zerstört. Ein glühendes Stück Kohle verbrennt in konzentrierter Salpetersäure. Tropfen von Terpentinöl brennen auf Salpetersäure, und Roßhaare geraten in den Dämpfen von Salpetersäure in Brand.

Anwendung. Salpetersäure dient zur Herstellung von Schwefelsäure, Königswasser und von Nitraten(z. B. Silbernitrat = Höllenstein).

Bei der Einwirkung eines Gemisches von Salpetersäure und Schwefelsäure auf viele organische Stoffe entstehen wichtige Sprengstoffe, wie Nitroglyzerin, Nitrozellulose, Nitrobenzol, Nitrotuolul, Pikrinsäure. Diese Körper sind auch Ausgangsmaterialien zur Erzeugung wichtiger Medikamente, Farbstoffe und Riechmittel.

Aufgabe: Eine Legierung enthält 92% Silber und 8% Kupfer. Wieviel Gramm Höllenstein ($AgNO_3$) kann man aus 50 g der Legierung gewinnen?

$$Ag : AgNO_3 = 46,0 : x$$

$$x = \frac{169,9 \times 46}{107,9} = 72,4 \text{ g} .$$

38. Phosphor ($P = 31$).

Vorkommen. Phosphor kommt in der Natur wegen seiner Verwandtschaft zum Sauerstoff nicht frei vor. Er ist hauptsächlich als phosphorsaurer Kalk ($Ca_3(PO_4)_2$), z. B. als Apatit, verbreitet. Die Knochen der Tiere bestehen im wesentlichen aus phosphorsaurem Kalk. Auch für den Aufbau des Pflanzenkörpers ist Phosphor von großer Bedeutung; daher erklärt sich seine Gegenwart auch in aschearmer Kohle. Die deutsche Landwirtschaft verbrauchte zur Ernte 1914 630000 t, 1920 130000 t reine Phosphorsäure, die als Thomasmehl und als Superphosphat zur Anwendung kam. Infolge dieses großen Ausfalls betrug z. B. die Roggenernte 1920 nur die Hälfte von 1914.

Westfälischer Koks enthält im großen Mittel 0,02% P.

Der Phosphor kommt in mehreren physikalisch voneinander verschiedenen Formen vor.

Eigenschaften. Der gelbe Phosphor ist eine gelblich weiße, wachsweiche Masse, welche sich an der Luft selbst entzündet, indem sie zu Phosphoroxyden verbrennt. Der gelbe Phosphor ist sehr giftig und geht beim Erhitzen unter Luftabschluß (250°) in roten Phosphor über. Dieser ist nicht selbst entzündlich und nicht giftig.

Anwendung. Phosphor dient in der Gasanalyse zur Absorption des Sauerstoffs und in der chemischen Industrie zur Herstellung von Phosphorverbindungen, Zündbändern und Zündhölzern. Die maschinell hergestellten Hölzer werden zuerst in geschmolzenen Schwefel oder geschmolzenes Paraffin, dann in einen Brei von Phosphorlösung, Salpeter und Bleisuperoxyd getaucht, wodurch der Zündkopf gebildet wird. Dieser entzündet sich durch die Wärme beim Streichen zuerst, da Phosphor leicht brennt und von leicht Sauerstoff abgebenden

Körpern umgeben ist. Die Flamme des Zündkopfes bringt dann den Schwefel bzw. das Paraffin, welche leicht verbrennen, zur Entzündung, wodurch das Hölzchen Feuer fängt.

Zündbänder und Zündblättchen bestehen aus Papierstreifen bzw. Papierblättchen, auf welche ein Gemenge von Phosphor, chlorsaurem Kali und Leimwasser getropft ist. Ihre Zündung erfolgt durch Reibung (Stahlstift der Grubenlampe) bzw. durch Schlag (Kinderpistolen).

39. Kohlenstoff ($C = 12$).

Vorkommen. Der Kohlenstoff findet sich im freien Zustande in der Natur in drei voneinander verschiedenen Formen als Diamant, Graphit und amorpher Kohlenstoff.

Der **Diamant** kommt meist kristallisiert vor, und zwar lose in angeschwemmtem Boden von Indien, Brasilien und Südafrika, seltener eingewachsen in quarzreichem Glimmerschiefer.

Der Diamant besitzt ein sehr starkes Lichtbrechungsvermögen, ist meist ganz farblos und durchsichtig, bisweilen auch rot, gelb, grün, blau und schwarz gefärbt. Sein spez. Gewicht beträgt 3,5; er ist der härteste aller Körper. Auf $700—800^0$ erhitzt, verbrennt der Diamant in Sauerstoff zu Kohlendioxyd.

Sein ausgezeichneter Glanz wird durch Schleifen noch erhöht, er ist deshalb und wegen seiner Seltenheit ein begehrter Schmuck. Der Diamant dient ferner zum Besetzen der Bohrkronen beim Bohren im harten Gestein, als Schneid-. und Schreibstift für Glas. Seine Abfälle werden als feines Pulver zum Schleifen der Edelsteine benutzt.

Der **Graphit** findet sich in den ältesten Gebirgsschichten meist amorph, selten kristallisiert in Sibirien, Ceylon, Mähren, Böhmen. Der Graphit ist glänzend, schwarz, sehr weich und wird deshalb zur Herstellung von Schwärze, Bleistiften und Schmiermitteln benutzt. Sein spez. Gewicht beträgt 2,1. Graphit verändert sich selbst bei hohen Temperaturen nicht, ist unschmelzbar und dient daher zur Fabrikation von Graphittiegeln.

Der **amorphe Kohlenstoff** wird durch Verkohlung kohlenstoffhaltiger Verbindungen gewonnen und kommt fossil in der Kohle vor. Die reinste amorphe Kohle ist Kienruß; auch Holz- und Tierkohle sowie Koks sind amorpher Kohlenstoff.

Heizwert des Kohlenstoffs. Beim Verbrennen von 1 kg reinem Kohlenstoff zu

$$CO_2 \text{ entstehen } 8100 \text{ WE.,}$$
$$CO \text{ entstehen } 2400 \text{ WE.}$$

Für die Wärmeausnutzung des Kohlenstoffs, welcher den Hauptbestandteil aller Brennstoffe darstellt, ist es deshalb sehr wichtig, daß ihm genügend Luft zugeführt wird, damit kein Kohlenoxyd entsteht bzw. das entstandene Kohlenoxyd noch zu Kohlensäure verbrannt wird. In diesem Falle erhält man dieselbe Wärmemenge, die man beim direkten Verbrennen von 1 kg Kohlenstoff zu Kohlensäure erhält, nämlich 8100 WE.

40. Kohlendioxyd, Kohlensäure (CO_2).

Vorkommen. Kohlensäure findet sich im freien Zustande in der Luft (0,04 %) und in vielen Mineralwässern. Sie strömt zuweilen aus Vulkanen und Erdspalten vulkanischer Gegenden (Hundsgrotte bei Neapel, Dunsthöhle bei Pyrmont, Eifel) in großen Mengen. Im gebundenen Zustande kommt die Kohlensäure mit Kalk (Kalkstein, Marmor, Kreide) und mit Kalk und Magnesia (Dolomit) in Form kohlensaurer Salze sehr verbreitet vor und bildet ganze Gebirge. Als Produkt der Verwesung organischer Stoffe findet sich die Kohlensäure in manchen Brunnen und als Zersetzungserzeugnis gärenden Weines in Weinkellern.

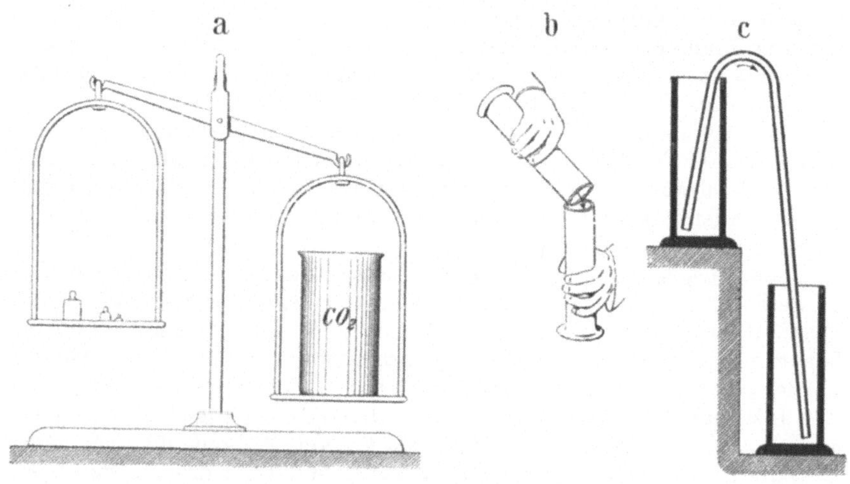

Abb. 45.

Darstellung. 1. Durch Verbrennen von Kohlenstoff (Graphit, Koks, Ruß) und kohlenstoffhaltiger Körper (Kohle, Torf, Holz, Benzol, Benzin, Spiritus, Grubengas, Leuchtgas u. a.) an der Luft.

$$C + O_2 = CO_2 .$$

2. Durch Glühen des Kalziumkarbonats (Kalkstein).

$$CaCO_3 = CaO + CO_2 .$$

3. Durch Zersetzung des Kalziumkarbonats (Marmor) mit verdünnter Salzsäure.

$$CaCO_3 + 2\,HCl = CO_2 + H_2O + CaCl_2 .$$
$$\text{Salzsäure} \qquad\qquad \text{Chlorkalzium.}$$

4. Durch den Gärungsprozeß zuckerhaltiger Stoffe (Weintrauben, Gerste, Kartoffeln) entsteht Kohlensäure.

Eigenschaften. Kohlensäure ist ein farbloses Gas von scharfem, säuerlichem und prickelndem Geruch und Geschmack. Kohlensäure ist viel schwerer als Luft (schwere Wetter), ihre Dichte beträgt 1,529 (Luft = 1). 1 cbm Kohlensäure wiegt 1,977 kg (0^0, 760 mm).

Ein mit Luft gefülltes, auf der Wage in Gleichgewicht gebrachtes Becherglas wird beim Füllen mit Kohlensäure schwerer (Fig. 45a). Wegen seiner Schwere verdrängt die Kohlensäure durch Einströmenlassen die Luft aus Gefäßen; sie kann aus einem Gefäß in ein anderes nach unten gegossen (Abb. 45b) und mit Hilfe des Hebers abgehoben werden (Abb. 45c). Mit Kohlensäure gefüllte Seifenblasen sinken schnell zu Boden.

Kohlensäure ist nicht brennbar und vermag auch die Verbrennung nicht zu unterhalten. Brennende Kerzen erlöschen in Kohlensäure; der durch Abb. 46 dargestellte Versuch zeigt besonders anschaulich, wie eine Kerze nach der anderen beim Eindringen der Kohlensäure von unten erlischt.

Kohlensäure kann die Atmung nicht unterhalten, obgleich sie nicht giftig ist. Alle Tiere ersticken in ihr aus Mangel an Sauerstoff. Prüfung von Brunnen und anderen kohlensäureverdächtigen Stellen mit dem Licht, das schon bei einem Gehalt von $4-5\%$ Kohlensäure in der Luft erlischt.

Unter 31^0 (kritische Temperatur) kann die Kohlensäure durch Druck (38 Atm., 0^0) leicht verflüssigt werden. Aus den Kohlensäurequellen der Eifel wird die Kohlensäure unter Kühlung und Druck in Stahlflaschen verflüssigt und so in den Handel gebracht. Läßt man aus Stahlflaschen flüssige Kohlensäure durch Öffnen des tief gehaltenen Ventils in die Luft entweichen, so entsteht

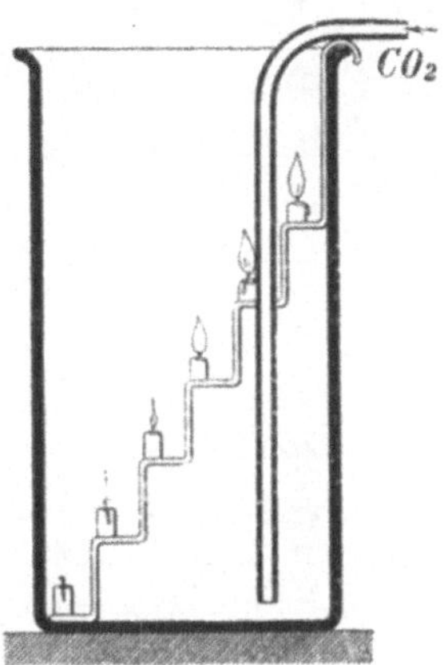

Abb. 46.

feste, weiße, schneeartige Kohlensäure, welche eine Temperatur von -79^0 besitzt. Die schnelle Verdampfung eines Teiles der flüssigen Kohlensäure entzieht die dazu nötige Wärme dem nachströmenden Gas, so daß es erstarrt.

Von Wasser wird Kohlensäure merklich gelöst, und zwar desto mehr, je kälter es ist und unter je größerem Druck es steht. Dieses Gesetz hat allgemeine Gültigkeit für alle Gase.

Läßt man die ausgeatmete Kohlensäure oder Verbrennungsgase durch Kalkwasser perlen, so entsteht ein weißer Niederschlag von kohlensaurem Kalk — Nachweis der Kohlensäure.

$$Ca(OH)_2 + CO_2 = CaCO_2 + H_2O.$$

In den Kalipatronen der Atmungsgeräte streicht die kohlensäurereiche Luft über viele Kali- und Natronkörner; dabei wird die Kohlensäure absorbiert, indem sie das Kali in Pottasche und das Natron in Soda verwandelt.

$$2KOH + CO_2 = K_2CO_3 + H_2O,$$
Kali   Pottasche

$$2NaOH + CO_2 = Na_2CO_3 + H_2O.$$
Natron   Soda

Luft, welche vor dem Erschöpfen der Kalipatronen dem Atmungsgerät entnommen war, enthielt bisweilen 6—8% Kohlensäure, ohne daß die Atmenden Beschwerden verspürten, da der Sauerstoffgehalt noch 60—80% betrug.

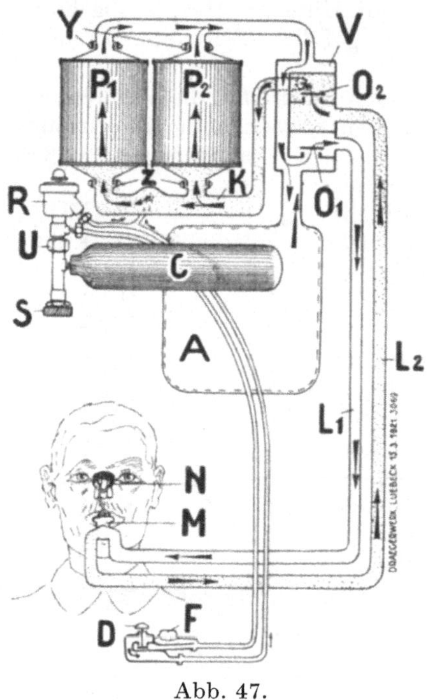

Abb. 47.

Abb. 47 gibt das Schema des Dräger - Sauerstoffschutzgerätes Nr. 3 wieder. M = Atmungsmundstück, N = Nasenklemmer, L = Atmungsschlauch, V = Ventilkasten mit Einatmungsventil O_1 und Ausatmungsventil O_2, C = Sauerstoffzylinder mit Verschlußventil s und Anschlußmutter U, R = Reduktionsventil, F = Finimeter zum Ablesen des Sauerstoffgehaltes des Zylinders, D = Druckventil zum Auffüllen des Atmungssackes A, P_1 und P_2 = Kalipatronen. Der Gang des ein- und ausgeatmeten Sauerstoffs ist durch Pfeile gekennzeichnet.

Anwendung. Kohlensäure wird in gasförmigem Zustande zur Bereitung kohlensäurehaltiger Getränke (Mineralwässer, Schaumwein) und als Feuerlöschmittel verwandt. Flüssige Kohlensäure dient in Druckapparaten zum Überfüllen von Bier und zur Kälteerzeugung.

Aufgabe: Wieviel Kohlensäure erhält man aus 70 g Marmor durch Zersetzung mit Salzsäure ?

$$CaCO_3 : CO_2 = 70 : x$$
$$x = \frac{44 \times 70}{100} = 30,8 \text{ g}.$$

41. Ernährung und Atmung der Menschen, Tiere und Pflanzen.

Zum Aufbau ihres Körpers gebrauchen Mensch und Tier Kohlehydrate, Fette, Eiweißstoffe, Wasser und Salze. Der in den Nahrungsmitteln enthaltene Kohlenstoff wird im Körper durch den eingeatmeten Sauerstoff verbrannt; dadurch wird Wärme zur Erhaltung der für das Leben nötigen Temperatur erzeugt.

Der erwachsene Mensch bedarf täglich etwa 2 kg Nahrung, 2 ½ kg Wasser und etwa 25 g Salze. Die Nahrung soll nach Möglichkeit mindestens 110 g Eiweiß, 70 g Fett und 400 g Kohlehydrate enthalten. Diese Verbindungen sind im Pflanzen- und Tierkörper vorhanden und erfahren beim Genuß eine Umwandlung durch die Verdauungsapparate

(Magen, Darm, Galle, Bauchspeicheldrüse), bevor sie vom Blute aufgenommen werden. Die nicht zum Aufbau des Körpers nötigen Stoffe werden auf natürlichem Wege wieder abgegeben, während die brauchbaren Säfte durch Diffusionsvorgänge in das Blut gelangen.

Der Lunge wird durch die Atmungstätigkeit Sauerstoff zugeführt, der durch die Lungenbläschen in das Blut gelangt. Der erwachsene, arbeitende Mensch atmet täglich etwa 20 cbm Luft ein; die entsprechen rund 500—750 g Sauerstoff. Der Sauerstoff verbrennt die Nahrungssäfte im Blute zu Kohlensäure und Wasser; diese kommen mit dem Blute in die Lunge zurück und werden ausgeatmet.

Die Zusammensetzung der ausgeatmeten Luft ist im Durchschnitt

eingeatmete Luft		ausgeatmete Luft
0,04 %	CO_2	4 %
21 %	O_2	17 %
79 %	N_2	79 %
100 %		100 %

Durch den Atmungsvorgang des Menschen werden täglich 500 l Kohlensäure erzeugt. Bei den gewaltigen Mengen von Kohlensäure, die dauernd durch Atmen der Menschen und Tiere und durch die Verbrennungsprozesse gebildet werden, sollte man denken, daß der Kohlensäuregehalt der Luft zunehmen, ihr Sauerstoffgehalt abnehmen werde. Das ist aber durchaus nicht der Fall; vielmehr bleibt die Zusammensetzung der Luft dieselbe, da die Pflanzen Kohlensäure zum Aufbau ihres Körpers nötig haben und dafür Sauerstoff abgeben.

Die Pflanze nimmt aus der Luft mit den Blättern Kohlensäure auf, spaltet die Kohlensäure unter Einwirkung der Sonnenstrahlen und des Blattgrüns, behält den Kohlenstoff und atmet Sauerstoff aus. Diese Zerlegung der Kohlensäure in den Pflanzenzellen nennt man Assimilation; sie wird durch künstliche Zufuhr von Kohlensäure bedeutend erhöht (Kohlensäuredüngung). Aus dem Erdboden nimmt die Pflanze durch die Würzel Wasser und Nährsalze auf; das Wasser wird zum größten Teil wieder durch die Blätter verdampft. Ein kleiner Teil bleibt jedoch in der Pflanze zurück und bildet mit dem aus der Kohlensäure stammenden Kohlenstoff die Kohlehydrate, Fette und Eiweißstoffe der Pflanze (Holz, Stärke, Mehl, Zucker, Fett, Öl, Samen usw.). Die für diese Umsetzungen nötige Wärme liefert die Sonne, welche alle auf der Erde erzeugbare Wärme spendet.

Die durch die Wurzel aufgenommenen Salze sind hauptsächlich Verbindungen des Stickstoffs, Phosphors, Kalis und des Kalkes (Kunstdünger).

Während also die Pflanzen aus unorganischen Stoffen organische Stoffe aufbauen und dabei Sauerstoff ausatmen, bilden die Tiere bei ihren Lebensvorgängen aus organischen Stoffen unorganische Stoffe; Tier- und Pflanzenwelt ergänzen sich daher gegenseitig.

42. Kohlenoxyd (CO).

Vorkommen. Kohlenoxyd kommt stets da vor, wo Kohlen und kohlenstoffhaltige Körper unter gehemmtem Luftzutritt verbrennen.

Bildung. Kohlenoxyd ist eine ungesättigte Verbindung; seine direkte Bildung gemäß der Formel $C + O = CO$ mit Sauerstoff der Luft ist noch nicht einwandsfrei bewiesen. Der in den Brennstoffen enthaltene gebundene Sauerstoff verbindet sich dagegen direkt mit Kohlenstoff zu Kohlenoxyd (Leuchtgas, Kokereigas usw.). Bei der unvollkommenen Verbrennung kohlenstoffhaltiger Stoffe an der Luft entsteht zunächst Kohlensäure, welche durch glühenden Kohlenstoff zu Kohlenoxyd reduziert wird.

$$CO_2 + C = 2\,CO.$$

Darstellung. Man leitet: 1. Kohlensäure über Holzkohle, welche in einem Rohr aus schwer schmelzbarem Glase zu heller Rotglut erhitzt ist; das Gas wird über Kalilauge aufgefangen, um das Kohlenoxyd von unveränderter Kohlensäure zu befreien.

2. Wasserdampf über glühenden Kohlenstoff.

$$C + H_2O = CO + H_2.$$

Man erhält eine Gemenge von Kohlenoxyd und Wasserstoff, welches Wassergas genannt wird (S. 125).

Eigenschaften. Kohlenoxyd ist ein farbloses und geruchloses Gas. Sein spez. Gewicht ist 0,967 (Luft $= 1$); 1 cbm wiegt 1,25 kg (0^0, 760 mm), also nur etwas weniger als Luft.

Kohlenoxyd vermag die Verbrennung nicht zu unterhalten, ist aber selbst brennbar.

$$2\,CO + O_2 = 2\,CO_2.$$

Kohlenoxyd verbrennt an der Luft mit schön blauer Flamme und unterscheidet sich dadurch von anderen brennbaren Gasen. Kohlenoxyd gibt mit Luft explosible Gemenge, und zwar sind auf zwei Raumteile CO ein Raumteil Sauerstoff oder $\dfrac{100 \times 1}{21} = 4{,}76$ Raumteile Luft erforderlich. Da schon die untere Explosionsgrenze 16,5 % Kohlenoxyd voraussetzt, darf man annehmen, daß reine Kohlenoxydexplosionen in Kohlengruben nicht möglich sind.

Kohlenoxyd ist sehr giftig und für den Bergmann so gefährlich, weil seine Gegenwart nicht leicht erkannt werden kann. Erst bei bereits tödlich wirkenden Mengen in der Luft zeigt die klein geschraubte Flamme der Benzinlampe eine Aureole, die lebhafter blau als die Grubengasaureole gefärbt ist (S. 88).

Die Giftigkeit des Kohlenoxyds beruht darauf, daß es zu den Farbstoffen der roten Blutkörperchen eine größere chemische Verwandtschaft als der Sauerstoff besitzt. Es vereinigt sich mit dem Blut zu einer festen Verbindung, die dasselbe unfähig macht, Sauerstoff aufzunehmen. Die Aufnahme von Kohlenoxyd findet daher statt, auch wenn es in ganz geringen Mengen zugegen ist, so daß Gehalte von 0,02—0,05% Kohlenoxyd bei längerem Aufenthalt Vergiftungserscheinungen auslösen. Bei 0,1—0,2% Kohlenoxyd tritt nach 1 bis 2 Stunden, bei 0,4—0,5% schon nach ½ stündigem Verweilen des Menschen Ohnmacht ein.

Die Vergiftung durch Kohlenoxyd äußert sich zuerst durch Kopfschmerz und brennendes Gefühl im Gesicht, namentlich in der Schläfengegend, Herzklopfen und Ohrensausen, Angst und Schwäche. Es tritt Übelkeit und Erbrechen, Ohnmacht und bei starker Vergiftung schmerzloser Tod ein.

Bei vorliegendem Verdacht der Kohlenoxydvergiftung muß der Kranke sofort in die freie Luft gebracht und der künstlichen Atmung mit reinem Sauerstoff unterworfen werden. Auf solche Weise Gerettete zeigen oft noch monatelang Gesundheitsstörungen.

Nachweis. Mäuse und Vögel, welche Kohlenoxyd gegenüber weit empfindlicher als der Mensch sind, zeigen, in Käfigen mitgenommen, durch ihr unruhiges Verhalten oder Umfallen seine Gegenwart an.

Mit Palladiumchlorür getränktes Filtrierpapier (Kohlenoxydpapier) wird bei Gegenwart von Kohlenoxyd unter Bildung von metallischem Palladium geschwärzt.

Quellen der Kohlenoxydvergiftungen.

a) **Kohlendunst.** Öffnet man die Ofentür eines Ofens, nachdem die flüchtigen Bestandteile der Kohle bereits verbrannt sind, so sieht man über dem glühenden Koks die kennzeichnende blaue Kohlenoxydflamme. Schließt man die Ofenklappe, so kann das Kohlenoxyd nicht in den Schornstein entweichen, sondern tritt ins Zimmer. Auf diese Art erfolgen in jedem Jahre eine Reihe von tödlichen Vergiftungen.

b) **Brandgase der Kohlengruben** enthalten Kohlenoxyd besonders dann, wenn der Brand an einzelnen Stellen zur Glut entfacht ist. Brandgase sind reich an Kohlensäure und Stickstoff, arm an Sauerstoff und enthalten oft außer Grubengas auch Kohlenoxyd. Die Anwesenheit auch geringer Mengen von Kohlenoxyd liefert den Beweis, daß der Brand noch nicht erloschen ist; bei Zutritt von Sauerstoff durch Öffnen des Feldes kann er von neuem ausbrechen.

c) **Leuchtgas** enthält Kohlenoxyd in beträchtlichen Mengen. Leuchtgasvergiftungen sind daher Kohlenoxydvergiftungen.

d) Alle **Sprenggase**, vornehmlich diejenigen der Sicherheitssprengstoffe, enthalten Kohlenoxyd.

e) In den **Nachschwaden aller Kohlenstaubexplosionen** ist Kohlenoxyd enthalten. Da fast alle Schlagwetter unter Mitwirkung von Kohlenstaub explodieren, so muß auch mit der Gegenwart von Kohlenoxyd in ihren Nachschwaden gerechnet werden. Selbst bei reinen Schlagwetterexplosionen mit mehr als 9,2% Grubengas bildet sich Kohlenoxyd, da jenes bei höheren Temperaturen und Mangel an Sauerstoff mit Kohlensäure Kohlenoxyd bildet.

f) Im **eingezogenen Tabakrauch,** namentlich bei schlechtem Zuge, ist Kohlenoxyd vorhanden.

Anwendung. In unaufhörlichem Prozeß wird Kohlenoxyd im Hochofen zur Erschmelzung des Eisens erzeugt.

43. Silizium $(Si = 28,3)$.

Silizium kommt in der Natur im freien Zustande nicht vor, sondern nur in Verbindung mit Sauerstoff, z. B. als Quarz, Bergkristall, Amethyst, Achat, Rauchtopas, Feuerstein. Kieselsaure Salze (Silikate) sind Ton, Feldspat, Granit und Kaolin.

Quarz läßt sich vor dem Knallgasgebläse wie gewöhnliches Glas bearbeiten. Quarzgläser sind gegen Temperaturwechsel unempfindlich. Man kann sie glühend in kaltes Wasser tauchen, ohne daß sie zerspringen.

Das gewöhnliche Glas ist ein Doppelsalz von Kalzium- und Natriumsilikat, das schwer schmelzbare Glas ist Kalziumkaliumsilikat. Natrium- und Kaliumsilikate sind in Wasser löslich; man nennt sie daher auch Wasserglas. Ihre Lösungen in Wasser dienen zum Imprägnieren von Stoffen, um sie vor Feuer zu schützen, und zum Konservieren von Eiern.

44. Säuren, Basen, Salze.

Säuren. Die Säuren sind Wasserstoffverbindungen, in welchen sich der Wasserstoff durch Metalle ersetzen läßt. Sie haben einen sauren Geschmack, färben blauen Lackmusfarbstoff rot und entwickeln bei der Einwirkung auf Metalle meist Wasserstoff unter Bildung von Salzen. Die Säuren sind auch Lösungsmittel für Metalloxyde und Salze. Die wichtigsten Säuren sind: Salzsäure (HCl), Salpetersäure (HNO_3), Schwefelsäure (H_2SO_4), Kohlensäure (H_2CO_3), Kieselsäure (H_2SiO_3), Phosphorsäure (H_3PO_4).

Basen. Die Basen färben roten Lackmusfarbstoff blau, neutralisieren Säuren und verbinden sich mit ihnen zu Salzen. Sie schmecken oft ätzend und laugenhaft; sie sind Lösungsmittel für Fette.

Die wichtigsten Basen sind: Ätznatron $(NaOH)$, Ätzkali (KOH), Ammoniak (NH_3) und gelöschter Kalk $(Ca(OH)_2)$; sie lösen sich im Wasser unter Bildung von Laugen, welche in der Medizin und Chemie Anwendung finden. Die Fettsäuren des Palmöls, des Talgs, der Öle und Fette verbinden sich beim Kochen mit Kali oder Natron zu Seifen.

Salze. Salze sind Verbindungen einer Säure mit einer Base. Sie entstehen durch Einwirkung einer Säure auf

1. ein Metall:

$$Zn + 2\,HCl = H_2 + ZnCl_2\,;$$

2. eine Base oder ein Metalloxyd unter Wasseraustritt:

$$NaOH + HNO_3 = H_2O + NaNO_3$$
Salpeter,

$$CaO + H_2SO_4 = H_2O + CaSO_4$$
Gips.

Die meisten Salze werden vom Wasser in größeren oder kleineren Mengen gelöst; die Löslichkeit nimmt im allgemeinen mit der Temperatur zu. Hat das Wasser die seiner Temperatur entsprechende Menge Salz aufgenommen, so ist die Lösung gesättigt. Beim vorsichtigen Abkühlen einer gesättigten Lösung gelingt es, in manchen Fällen mehr Salz in Lösung zu halten, als dem Sättigungsgrade bei der betreffenden Temperatur entspricht — übersättigte Lösungen.

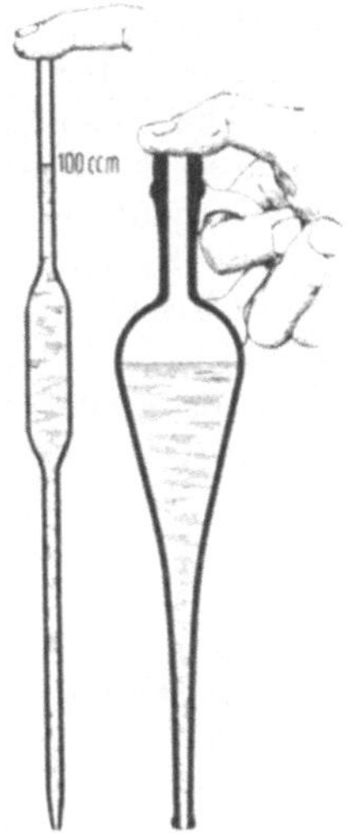

Normallösungen enthalten das Äquivalentgewicht einer Säure, Base, eines Salzes in Gramm auf 1 l gelöst, also z. B. 36,5 g HCl, $\dfrac{98}{2} = 49$ g H_2SO_4, 56,2 g KOH, 40 g $NaOH$, 17 g NH_3, 69,2 g K_2CO_3, 53 g Na_2CO_3 usw. Bei der Neutralisation von Säuren, wie Salzsäure, Schwefelsäure usw., mit Basen, wie Natronlauge, Kalilauge, Ammoniak usw., benötigt man für eine bestimmte Menge einer Säure, z. B. Salzsäure, auch stets eine bestimmte Menge einer Base, z. B. Natronlauge gemäß der Umsetzungsgleichung

$$HCl + NaOH = NaCl + H_2O$$
$$36{,}5 \text{ g} + 40 \text{ g} = 58{,}5 \text{ g} + 18 \text{ g}.$$

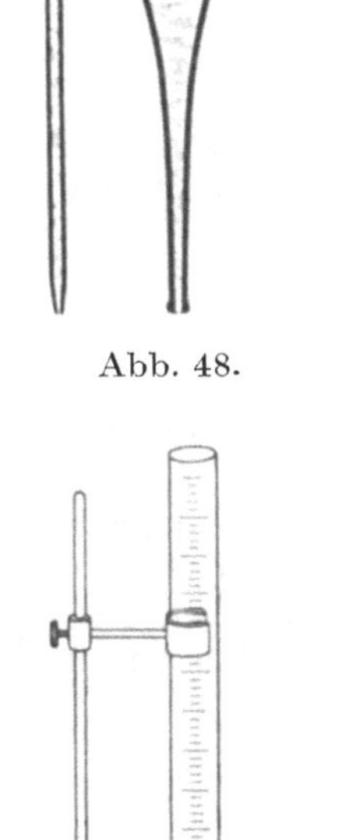

Abb. 48.

Hat man der Säure zuvor Lackmusfarbstoff zugesetzt, so bleibt die Lösung solange hellrot gefärbt, als noch Säure im Überschuß vorhanden ist; beim Überwiegen der Base würde sich die Lösung blau färben. Durch Zusatz geeigneter Farbstoffe (Indikatoren) kann man in vielen Fällen das äußerlich unsichtbare Ende der Neutralisation dem Auge sichtbar machen, indem man z. B. den Umschlag der Lösungsfarbe von rot in blau beobachtet. Darauf beruht die Anwendung des Verfahrens (Maßanalyse) zur Ermittelung des Schwefelsäuregehaltes im Sättiger, des Ammoniaks im Gaswasser usw., indem man das für eine chemische Reaktion

$$\text{z. B.: } H_2SO_4 + 2\,NaOH = Na_2SO_4 + 2\,H_2O$$
$$2\,NH_3 + H_2SO_4 = (NH_4)_2SO_4$$

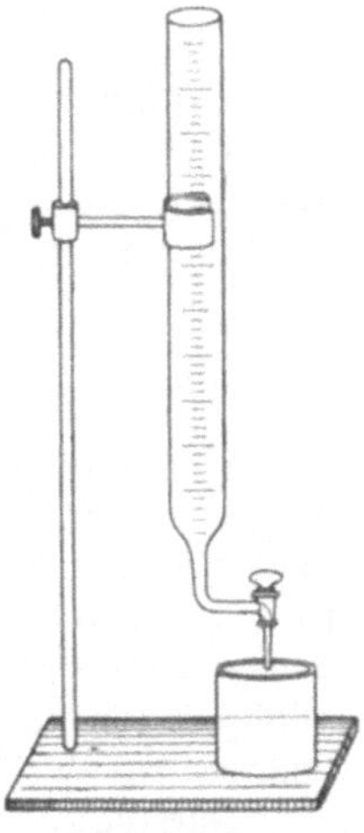

verbrauchte Volumen einer Flüssigkeit z. B. Natronlauge bzw. Schwefelsäure von bekanntem Wirkungswert feststellt. Den bekannten Gehalt einer Flüssigkeit an wirksamer Substanz nennt man Titer; derselbe muß von Zeit zu Zeit geprüft werden. Häufiger als Normallösungen (n-lösungen) finden Zehntelnormallösungen ($\dfrac{n}{10}$-lösungen) Anwendung, weil sie infolge zehnfacher Verdünnung empfindlicher sind. Eine

Abb. 49.

5*

$^1/_{10}$ Normalschwefelsäure enthält also 4,9 g H_2SO_4 im Liter oder 0,0049 g H_2SO_4 im Kubikzentimeter. Mit Hilfe von Pipetten (Abb. 48) mit 25, 50, 100 ccm Inhalt entnimmt man die zu untersuchende Lösung, während man die Titerflüssigkeit aus Glasbüretten zufließen läßt, welche in $^1/_2$, $^1/_5$ oder $^1/_{10}$ ccm eingeteilt sind. Abb. 49 stellt eine solche Bürette mit Stativ und Becherglas dar.

Die Salze sind oft schon an ihrer regelmäßigen Form, der Kristallbildung, kenntlich; sie ändern meist die Lackmusfarbe nicht, sie reagieren neutral. Beim teilweisen Verdunsten und beim Abkühlen einer gesättigten Lösung scheidet sich ein Teil des gelösten Stoffes in Kristallen aus. **Kristalle** sind von ebenen Flächen begrenzte Körper, deren Eigenschaften Verschiedenheiten aufweisen, die von der Richtung abhängen. Soll ein Kristall in einer Lösung entstehen, so muß sich zuerst ein Keim bilden oder der Lösung zugefügt werden.

B. Metalle.

Allgemeine Eigenschaften der Nichtmetalle und Metalle.

Eine scharfe Grenze läßt sich zwischen den beiden Gruppen der Elemente nicht ziehen.

Die **Nichtmetalle** leiten im allgemeinen Wärme und Elektrizität schlecht und besitzen keinen Metallglanz. Mit Wasserstoff bzw. mit Wasserstoff und Sauerstoff bilden die Nichtmetalle Säuren.

Die **Metalle** sind durch ihren Metallglanz, sowie durch ihre Leitungsfähigkeit für Wärme und Elektrizität gekennzeichnet. Die meisten Metalle sind dehnbar, fest und zähe, so daß sie zu Platten oder Draht verarbeitet werden können, ohne zu reißen. Mit Wasserstoff und Sauerstoff bilden die Metalle Basen.

45. Natrium ($Na = 23$).

Vorkommen. Natrium kommt in freiem Zustande in der Natur wegen seiner großen Verwandtschaft zum Sauerstoff nicht vor, ist aber mit Sauerstoff verbunden sehr verbreitet. In mächtigen Lagern findet es sich als Kochsalz ($NaCl$) und als Chilesalpeter ($NaNO_3$). In Verbindung mit Kieselsäure und Aluminium kommt es im Natronfeldspat vor; durch die Verwitterung desselben gelangt es in die Ackerkrume. Im Verein mit Flußsäure und Aluminium bildet es den Kryolith.

Darstellung. Metallisches Natrium wird durch Elektrolyse von geschmolzenem Ätznatron dargestellt.

Eigenschaften. Natrium ist sehr weich und leicht, sein spez. Gewicht ist 0,97. Wegen seiner großen Verwandtschaft zum Sauerstoff ist es an der Luft nicht beständig und muß daher unter Petroleum aufbewahrt werden. Natrium zersetzt das Wasser und färbt die nicht leuchtende Flamme gelb. Das metallische Natrium dient als kräftiges Reduktionsmittel.

Natriumhydroxyd, Ätznatron ($NaOH$) wurde früher durch Zersetzung von Natriumkarbonat mit Kalk bei Siedehitze hergestellt

$$Na_2CO_3 + Ca(OH)_2 = CaCO_3 + 2\,NaOH.$$

Kohlensaurer Kalk scheidet sich als unlöslicher Stoff aus, während Natron als Lauge in Lösung bleibt. Heute wird Natronlauge im großen durch Elektrolyse von Kochsalz gewonnen. Festes Ätznatron erhält man durch Eindampfen von Natronlauge; es wird geschmolzen und in weißen Stangen in den Handel gebracht. Natronpatronen der Rettungsapparate (S. 61). Natronlauge wird in der chemischen Industrie häufig verwandt (Seifensiederei, Reinigung von Benzol).

Kochsalz ($NaCl$) ist ein wichtiger Nährstoff. Es dient ferner zur Herstellung von Soda, Chlor, Salzsäure. In vielen Steinkohlenflözen ist Kochsalz enthalten; bei der Kohlenwäsche geht dieses niemals vollständig aus der Kohle heraus, da sich das umlaufende Wasser nach und nach mit Kochsalz anreichert. Kochsalzhaltige Kohle führt im Koksofen leicht Schmelzungen der Ofenwände, zumal der Sohle, herbei, daher soll der Gehalt der Kohle an $NaCl$ nicht über 0,1 % gehen.

Soda, Natriumkarbonat ($Na_2CO_3 \cdot 10\,H_2O$) wird durch Elektrolyse von Kochsalz und Einleiten von Kohlensäure in die daraus bereitete Natronlauge gewonnen.

$$2\,NaOH + CO_2 = Na_2CO_3 + H_2O.$$

Leitet man Kohlensäure in eine konzentrierte Sodalösung, so entsteht das doppeltkohlensaure Natron, Natriumbikarbonat ($NaHCO_3$); es dient zum Abstumpfen der Magensäure und im Verein mit Weinsäure als Brausepulver.

Chilesalpeter, Natriumnitrat ($NaNO_3$) wird in Chile und Peru gefunden. Der Chilesalpeter zieht leicht Wasser aus der Luft an, ist „hygroskopisch" und wird deshalb nur in beschränktem Maße zur Herstellung von Sprengstoffen benutzt. Erhitzt man Chilesalpeter mit Schwefelsäure, so destilliert Salpetersäure über, während saures Natriumsulfat, Natriumbisulfat, zurückbleibt

$$NaNO_3 + H_2SO_4 = HNO_3 + NaHSO_4.$$

Natriumbisulfat dient zum teilweisen Ersatz (bis zu 25 %) der Schwefelsäure im Sättiger der Kokerei, wodurch man statt des Ammoniumsulfates ein Natrium-Ammoniumsulfat mit 19 % NH_3 erhält.

$$\begin{aligned} NaHSO_4 + NH_3 &= \left\{ Na(NH_4)\,SO_4 \right. \\ H_2SO_4 + 2\,NH_3 &= \left. (NH_4)_2\,SO_4 \right\} \end{aligned} \text{ Natriumammoniumsulfat.}$$

46. Kalium ($K = 39{,}2$).

Vorkommen. Kalium kommt in der Natur nur in Form von Salzen vor. Es ist besonders in den Abraumsalzen als Kaliumchlorid (KCl) in Form von Doppelsalzen, z. B. Karnallit ($MgCl_2\,KCl$), enthalten. Mit Kieselsäure und Aluminium bildet es den Kalifeldspat. Alle Pflanzen enthalten Kaliumverbindungen.

Darstellung. Das metallische Kalium wird aus geschmolzenem Chlorkalium durch Elektrolyse gewonnen.

Eigenschaften. Kalium ist ein glänzendes, silberweißes, weiches Metall. Kalium ist sehr leicht, sein spez. Gewicht ist 0,865. Kalium wird vom Sauerstoff noch begieriger als Natrium angegriffen und muß daher unter Petroleum aufbewahrt werden. Es zersetzt das Wasser energisch und färbt die nicht leuchtende Flamme violett.

Das Kali ist ein wichtiger Pflanzennährstoff, deshalb sind die Abraumsalze als Kalidünger sehr geschätzt.

Chlorsaures Kali, Kaliumchlorat ($KClO_3$) entsteht bei der Einwirkung von Chlor auf heiße Kalilauge. Beim Erhitzen gibt es den Sauerstoff leicht ab und dient daher zur Herstellung von Sprengstoffen.

Kalisalpeter, Kaliumnitrat (KNO_3) wird aus Chilesalpeter durch Umsetzen mit Chlorkalium gewonnen.

$$NaNO_3 + KCl = KNO_3 + NaCl.$$

Beim Erhitzen schmilzt der Salpeter unter Abgabe von Sauerstoff; er wirkt daher stark oxydierend. Ein glimmender Holzspan wird über geschmolzenem Salpeter zu heller Flamme entfacht. Holzkohle, Schwefel und Phosphor verbrennen in ihm mit lebhaftem Feuer; darauf beruht seine Anwendung zu Sprengstoffen. Das Schwarzpulver ist ein inniges Gemisch von 75 Teilen Salpeter, 12 Teilen Schwefel und 13 Teilen pulverisierter Holzkohle. Beim Verbrennen des Pulvers entstehen Gase (Kohlensäure, Kohlenoxyd, Stickstoff), die einen 700 mal größeren Raum als das Pulver einnehmen, und es hinterbleibt ein fester Rückstand (Kaliumsulfat und Schwefelkalium).

Aufgabe: Wieviel Gramm Sauerstoff geben 10 g Kalisalpeter beim Erhitzen ab, wenn sein Gesamtgehalt an Sauerstoff für die Verbrennung zur Verfügung steht?

$$KNO_3 : 3\,O = 10 : x$$
$$x = \frac{48 \times 10}{101,2} = 4,75 \text{ g } O.$$

Die **Kaliindustrie.** Die Aufschließung der Kalilagerstätten erfolgt durch Schacht- und Grubenbau nach bergmännischen Verfahren. Die geförderten Kalirohsalze werden gemahlen entweder direkt als Düngersalze der Landwirtschaft zugeführt oder fabrikmäßig auf hochgradige Salze mittels auswählender Lösung und Kristallisation verarbeitet. So scheidet sich z. B. aus einer konzentrierten, heißen, wässerigen Lösung des Doppelsalzes $KCl\ MgCl_2 \cdot 6H_2O$ (Karnallit) das Chlorkalium ab, während das Chlormagnesium in Lösung bleibt. Da aber der natürliche Karnallit mit wechselnden Mengen von Steinsalz ($NaCl$) und Kieserit ($MgSO_4 \cdot H_2O$) durchsetzt ist, so würden beim Behandeln des gemahlenen Minerals mit heißem Wasser auch Steinsalz und Kieserit gelöst werden und mit dem kristallisierenden Chlorkalium teilweise ausfallen. Um das zu verhindern, nimmt man als Lösungsmittel nicht heißes Wasser, sondern im Betrieb gewonnene, kochende Chlormagnesiumlauge mit 18—20 % $MgCl_2$, in welche man das zu verarbeitende Rohsalz einfallen läßt. Nach kurzem Kochen unter geringem Überdruck läßt man die fertige Lösung zunächst in Durchlauf- und Klärkästen ab, damit sich

mitgerissene und in der Lösung verteilte Schlammstoffe und Salze wie
Kieserit absetzen können. Die klare Lösung läßt man nach einiger
Zeit mittels Hebers in die Kristallisierkästen ab, wo sie mehrere Tage
der Abkühlung überlassen bleibt. Es kristallisiert ein Gemisch von
Chlorkalium und erheblichen Mengen Kochsalz aus. Zur weiteren
Konzentration füllt man das gewonnene Produkt in Siebbottiche und
überschüttet (deckt) es mit kaltem Wasser, welches das Kochsalz löst,
während das darin schwerer lösliche Chlorkalium zurückbleibt.

47. Ammoniumverbindungen.

Die Gruppe NH_4 wird als Ammonium bezeichnet; sie verhält
sich wie ein einwertiges Metall.

Die Salze des Ammoniums entstehen durch Addition von Ammoniak und Säuren.

$$NH_3 + HCl = NH_4Cl. \quad \text{Salmiak.}$$

Salmiak, Chlorammonium, NH_4Cl, kommt in der Natur in geringen
Mengen in der Nähe tätiger Vulkane vor. Bei der Verkokung der Steinkohle bilden sich außer dem gasförmigen Ammoniak stets auch Ammo-
niumsalze. Das Waschwasser der Ammoniakwäscher nimmt das freie
und das gebundene Ammoniak auf. In den Kolonnenapparaten wird
das flüchtige Ammoniak durch Destillation, das gebundene unter
gleichzeitigem Zusatz von gelöschtem Kalk ausgetrieben.

$$2\,NH_4Cl + Ca(OH)_2 = 2\,NH_3 + 2\,H_2O + CaCl_2.$$

Das abgetriebene Ammoniakgas wird in Schwefelsäure zur Darstellung des schwefelsauren Ammoniaks geleitet.

$$2\,NH_3 + H_2SO_4 = (NH_4)_2\,SO_4.$$

Das schwefelsaure Ammoniak ist ein wichtiges Stickstoffdüngemittel.

Das bei den direkten Verfahren gewonnene Salz sieht gewöhnlich
schön weiß aus, während es sich bei den kalten Verfahren beim Lagern
gelblichbraun färbt. Weder Teer- und Naphthalinbeimengungen noch
Arsen bewirken nach *A. Thau* diese Färbung, welche von einer Reaktion
zwischen kleinen Mengen Pyridin und Teerölen herrühre.

Ammonsalpeter, Ammoniumnitrat (NH_4NO_3) entsteht beim Neutralisieren von Salpetersäure mit Ammoniak.

$$HNO_3 + NH_3 = NH_4NO_3.$$

Ammonsalpeter ist ein farbloser, kristallinischer, explosibler
Körper, der aus der Luft Wasser anzieht. Die mit Ammonsalpeter
hergestellten Sprengpatronen müssen daher mit einem Paraffinüberzug
versehen werden, damit sie gegen Feuchtigkeit geschützt sind.

Bei der Explosion zerfällt Ammoniumnitrat in Wasser, Stickstoff
und Sauerstoff.

$$NH_4NO_3 = 2\,H_2O + N_2 + \tfrac{1}{2}O_2.$$

Der größere Teil des in Ammonsalpeter vorhandenen Sauerstoffs
wird zur Oxydation des in ihm enthaltenen Wasserstoffs verbraucht;

der dadurch entstandene Wasserdampf hat auf die Bildung der Nachschwaden günstigen Einfluß. Auch ermöglicht der Rest von 20 % Sauerstoff den Zusatz von Kohlenstoffträgern. Auf diese Weise entstehen Sprengstoffe, die dem Schwarzpulver und Dynamit gegenüber Schlagwetter und Kohlenstaub weniger leicht zünden (Sicherheitssprengstoffe).

Die Ammonsalpetersprengstoffe werden auch aus Ammonsalpeter und anderen Sprengstoffen zusammengesetzt. Sie bedürfen sehr kräftiger Sprengkapseln zu ihrer Zündung.

Beim Erhitzen mit Basen im Überschuß wird Ammoniak aus den Ammoniumsalzen vollständig ausgetrieben und kann auf diese Weise von den übrigen Bestandteilen getrennt werden. Man bedient sich dabei der durch Abb. 50 veranschaulichten Destillationsanordnung. Die ammoniumhaltige Substanz (schwefelsaures-Ammoniak, Ammoniakwasser) wird im Kolben mit Natronlauge erhitzt und der ammoniakhaltige Dampf durch den Kühler zum großen Teil verdichtet, während der Tropfenfänger im Kolbenaufsatz ein Mitreißen von Laugetröpfchen aus der siedenden Flüssigkeit verhindert.

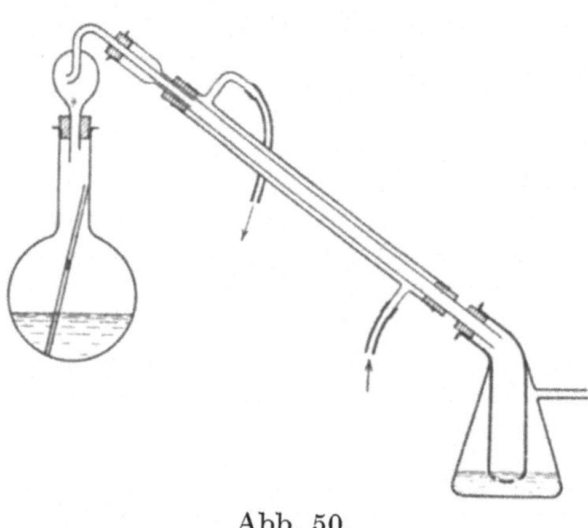

Abb. 50.

Je nach dem zu erwartenden Gehalt an Ammoniak beschickt man die Vorlage mit n- oder $\frac{n}{10}$-Schwefelsäure zur Absorption des Ammoniaks.

Untersuchung des schwefelsauren Ammoniaks. 25 g Salz werden auf einer guten Tarierwage rasch abgewogen, mit destilliertem Wasser in einen Meßkolben gespült und mit destilliertem Wasser auf 500 ccm aufgefüllt. Aus der gut durchgeschüttelten Lösung werden zur:

a) Ammoniakbestimmung 50 ccm in einem Destillierkolben mit 150 ccm destilliertem Wasser und 20 ccm ausgekochter, kalter Natronlauge (ungefähr 120 g im Liter) versetzt und in der üblichen Weise abdestilliert. Das Destillat wird in 40—43 ccm normaler Schwefelsäure, je nach dem Ammoniakgehalt der Probe, aufgefangen und die nicht neutralisierte Säure in der Kälte mit normaler Natronlauge zurücktitriert. Als Indikator verwendet man Methylorange (2 Tropfen einer 1 : 1000-Lösung), das sofort der Normalsäure zugesetzt werden kann;

b) Bestimmung der freien Säure 100 ccm mit $^1/_{10}$ normaler Natronlauge in der Kälte titriert, wobei Methylorange als Indikator dient.

c) Wasserbestimmung: 50 g Salz auf einer guten Tarierwage gewogen und im Trockenschrank bei zirka 100° bis zur Gewichtskonstanz getrocknet.

Untersuchung des Ammoniakwassers. Ein Meßkölbchen von 100 ccm Inhalt mit Glasstöpsel wird zu etwa $^2/_3$ mit destilliertem Wasser gefüllt und genau gewogen. Darauf wird es mit dem zu untersuchenden verdichteten Ammoniakwasser, welches vorher gut durchgeschüttelt ist, aufgefüllt, mit dem Glasstopfen verschlossen und wieder gewogen. Sein Inhalt wird sodann in einen Literkolben gespült, der ungefähr zur Hälfte mit destilliertem Wasser gefüllt ist, das Kölbchen sorgfältig ausgespült und der Literkolben bis zur Marke mit destilliertem Wasser gefüllt. 50 ccm der durch Schütteln gut gemischten Flüssigkeit werden in einen Destillierkolben pipettiert, mit etwa 100 ccm destilliertem Wasser verdünnt und mit zirka 50 ccm Kalilauge (spez. Gew. 1,3) versetzt. Der Kolben wird, ohne den Inhalt zu schütteln, möglichst schnell mit einem Tropfenfänger und Kühlrohr verbunden; erst jetzt wird der Inhalt des Kolbens durch Umschwenken gemischt. Es ist darauf zu achten, daß die zur Verwendung kommenden Gummistopfen gut schließen. Die entweichenden Ammoniakdämpfe werden in einer Vorlage, welche 50 ccm norm. H_2SO_4 enthält, aufgefangen. Die Destillation wird fortgesetzt, bis etwa $^3/_4$ der Flüssigkeit überdestilliert ist. Als Indikator dient Methylorange. Die überschüssige Säure wird mit norm. $NaOH$ zurücktitriert. Der Prozentgehalt des Ammoniakwassers an Ammoniak wird berechnet nach der Formel

$$x = \frac{N \times 0{,}017 \times 20 \times 100}{g}$$

oder abgekürzt

$$= \frac{N \times 34}{g},$$

wobei x den Prozentgehalt des Wassers an Ammoniak, N die Zahl der verbrauchten Kubikzentimeter normaler H_2SO_4 und g das Gewicht der eingewogenen Menge Ammoniakwassers bedeuten.

Zur Bestimmung des angereicherten Ammoniakwassers verdünnt man 100 ccm auf 1 l und destilliert davon 100 ccm unter Zusatz überschüssiger Natronlauge; die Vorlage wird mit 20 ccm norm. H_2SO_4 beschickt.

Vom Abwasser des Abtreibeapparates destilliert man 100 ccm mit Ätznatron, fängt in einer mit $\dfrac{n}{10}$ Schwefelsäure beschickten Vorlage auf und titriert die überschüssige Säure unter Zusatz von Methylorange mit $\dfrac{n}{10}$ Natronlauge zurück.

48. Sprengstoffe.

Unter **Explosion** versteht man eine schnell verlaufende chemische Umsetzung, die dadurch gekennzeichnet ist, daß im Moment des Vorganges Gase in kurzer Zeit und bei hoher Temperatur entstehen. Körper, welche durch Wärme, Stoß, Schlag, Reibung oder durch Wärme und Druck eines anderen sich zersetzenden Stoffes explodieren, heißen Sprengstoffe. In der Regel wird die Explosion eines Sprengstoffes durch die Explosion einer mit Knallquecksilber gefüllten Sprengkapsel eingeleitet.

Explosible Natur haben die endothermischen Verbindungen, wie Bleiazid und Jodstickstoff, flüssiges Ozon, Azetylen, Azetylenkupfer u. a.; sie zerfallen leicht in ihre Elemente. Das Freiwerden der zu ihrer Bildung nötigen, gebundenen Energie äußert sich in einer starken Temperaturerhöhung.

Die meisten Explosionen sind sehr schnell verlaufende Verbrennungen des Kohlenstoffs oder eines Kohlenstoffträgers durch Sauerstoff oder einen Sauerstoffträger. Man kann die Sprengstoffe einteilen in:

1. **Gemische**; sie werden erst durch inniges Vermengen ihrer Bestandteile explosiv;

2. **chemische Verbindungen**; sie explodieren vermöge ihres chemischen Aufbaues, und zwar für sich.

Die Gemische brennbarer Gase und Sauerstoff bzw. Luft sind eingehend behandelt (S. 41 vgl. S. 89).

Feste Kohlenstoff- und Sauerstoffträger hinterlassen mit Ausnahme des Ammonsalpeters feste Rückstände (Schwarzpulver, S. 70), ihre Explosion ist daher weniger heftig, als die mit flüssiger Luft hergestellten Sprengstoffe, welche ohne Rückstand verbrennen. Diese Flüssige-Luft-Sprengstoffe haben aber den Nachteil, daß ihre Schärfe durch ständige Abgabe von Sauerstoff nachläßt, so daß sie unbrauchbar werden.

In den Sprengstoffen, die chemische Verbindungen darstellen, ist ihr Aufbau derart, daß Kohlenstoffträger (Kohlenwasserstoffe) und Sauerstoffträger (Nitrogruppen) vereint das Molekül bilden. (Nitroglyzerin, Nitrozellulose, Nitrotoluol u. a.) So zersetzt sich das Nitroglyzerin bei der Explosion nach folgender Gleichung:

$$2\,C_3H_5(NO_3)_3 = 6\,CO_2 + 5\,H_2O + 3\,N_2 + \tfrac{1}{2}O_2\,.$$

Die Explosionstemperatur der meisten Sprengstoffe ist so hoch, daß eine Zündung von Schlagwettern und Kohlenstaubluftmischungen eintritt. In den **Sicherheitssprengstoffen** wählt man meist als Sauerstoffträger Ammonsalpeter, dessen Wirkung bei der Explosion an und für sich schwach ist, so daß er noch mit beschränkten Mengen von anderen Sprengstoffen vermischt werden kann, und erniedrigt seine Explosionstemperatur durch Zusatz von Kochsalz. Die zum Verdampfen des Kochsalzes nötige Wärme wird der Explosionswärme entzogen, so daß die Flamme dadurch gekühlt wird und eine Zündung der Schlagwetter und des aufgewirbelten Kohlenstaubes beinahe ausgeschlossen ist.

49. Kalzium $(Ca = 40)$. Mörtel. Kesselstein.

Vorkommen. Kalzium kommt in der Natur im freien Zustande nicht vor; es ist ein weißes Metall vom spez. Gewicht 1,83. An trockener Luft ist es ziemlich beständig, mit Wasser zersetzt es sich langsam unter Entwicklung von Wasserstoff.

$$Ca + 2\,H_2O = H_2 + Ca(OH_2)\,.$$

Im gebundenen Zustande kommt das Kalzium in Form von kohlensaurem Kalk, Kalziumkarbonat ($CaCO_3$) vor und bildet ganze aus Kalkstein, Marmor, Kreide bestehende Gebirge. (Juragebirge, Kreidefelsen von Rügen, Muschelkalk.)

Mörtel. Der Kalkstein ist das Hauptmaterial zur Herstellung des Mörtels; er wird mit Kohle gemischt in Kalköfen zum Glühen gebracht, wobei er sich infolge der hohen Temperatur zu Kalziumoxyd und Kohlensäure zersetzt.

$$CaCO_3 = CaO + CO_2 .$$

Aus 100 kg reinem Kalkstein entstehen 56 kg „gebrannter" Kalk und 44 kg Kohlensäure. Der gebrannte Kalk ist ein weißgrauer, poröser Stoff, welcher beim Übergießen mit Wasser (Löschen des Kalkes) unter großer Wärmeentwicklung zu einer weißen Masse, dem gelöschten Kalk, zerfällt.

$$CaO + H_2O = Ca(OH)_2 .$$

Schüttelt man gelöschten Kalk in einer geschlossenen Flasche mit Wasser, so entsteht eine weiße, milchige Masse, welche im großen als Kalkmilch zum Weißen der Wände dient. Kalkmilch scheidet beim Stehenlassen den Überschuß des gelöschten Kalkes als Bodensatz ab und gibt eine klare Lösung, das Kalkwasser. Dieses dient zum Nachweis der Kohlensäure.

Verrührt man den gelöschten Kalk mit Wasser (Kalkbrei) und Sand, so entsteht Mörtel; dieser nimmt Kohlensäure aus der Luft auf (Luftmörtel) und erhärtet unter Rückbildung von kohlensaurem Kalk und Abscheidung von Wasser.

$$Ca(OH)_2 + CO_2 = CaCO_3 + H_2O .$$

Der Zusatz von Sand bezweckt, das Zerreißen und Schwinden des Mörtels zu verhindern. Die langsam entstehenden Kristalle von Kalkspat verbinden sich miteinander und dringen teilweise in die Poren der Steine ein und verkitten sie. Die Erhärtung des Mörtels kann durch Aufstellen offener Koksöfen beschleunigt werden, die viel mehr Kohlensäure erzeugen als das „Trockenwohnen" durch den Atmungsprozeß.

Aufgabe: In einer bestimmten Menge Mörtel sind 3 kg gelöschter Kalk enthalten; wieviel Kohlensäure ist zu seinem Erhärten erforderlich?

$$Ca(OH)_2 : CO_2 = 3 : x$$

$$x = \frac{44 \times 3}{74} = 1{,}78 \text{ kg.}$$

Gehalt der Kalkmilch an Ätzkalk.

Grad Baumé	Gewicht von 1 Liter g	CaO im Liter g
1	1007	7,5
1	1014	16,5
3	1022	26
4	1029	36
5	1037	46
6	1045	56

Gips, Kalziumsulfat, $CaSO_4 \cdot 2\,H_2O$, ist sehr verbreitet. Gips zerfällt auf 120⁰ erhitzt unter Abgabe seines Kristallwassers zu einer weißen Masse, dem gebrannten Gips. Dieser gibt, mit Wasser angerührt, einen leicht erhärtbaren Brei, welcher zu Stuckarbeiten, Abgüssen, Gipsverbänden und Befestigen von Gegenständen benutzt wird.

Nach einem neuen Verfahren wird feingemahlener und in Wasser aufgeschlemmter Gips durch Einleiten von Ammoniak und Kohlensäure in schwefelsaures Ammoniak übergeführt:

$$CaSO_4 + 2\,NH_3 + CO_2 + H_2O = CaCO_3 + (NH_4)_2\,SO_4\,.$$

In Filtern besonderer Bauart wird der unlösliche kohlensaure Kalk und der unzersetzte Gips von der Lösung getrennt, welche beim Eindampfen reines schwefelsaures Ammoniak ergibt.

In der chemischen Industrie wird Kalk zur Darstellung von Kali, Natron, Ammoniak, Glas, zum Gerben, Reinigen des Leuchtgases usw. verwandt.

Kesselstein nennt man die steinige Masse, die sich beim Verdampfen des Wassers im Kessel bildet; als schlechter Wärmeleiter hemmt er den Übergang der Wärme an das Wasser und kann zu Dampfkesselexplosionen Anlaß geben.

Der im Wasser gelöste Sauerstoff führt leicht zu Anfressungen des Kessels und der Rohrleitungen, wenn er an den Wänden, Nietköpfen haftenbleibt. Eine solche Zerstörung des Eisens durch Luft und Wasser nennt man Korrosion. Durch Erwärmen des Wassers vor Eintritt in den Kessel kann der schädliche Sauerstoff beseitigt werden.

Enthält das Wasser nur leicht lösliche Salze, so bilden diese durch Verdampfung des Wassers nach und nach eine starke Sole, aus welcher sich schließlich sogar Kochsalz als feste Kruste abscheiden kann. Deshalb muß das alte Kesselwasser von Zeit zu Zeit abgelassen werden.

Der durch Einleiten von Kohlensäure in Kalkwasser entstandene Niederschlag löst sich wieder unter Bildung von doppeltkohlensaurem Kalk, wenn man noch länger Kohlensäure einwirken läßt. Beim Stehenlassen oder Erwärmen der Lösung entweicht die Kohlensäure wieder und der kohlensaure Kalk scheidet sich aus, da er wohl in kohlensäurehaltigem, aber nicht in kohlensäurefreiem Wasser löslich ist.

$$CaCO_3 + H_2O + CO_2 \rightleftarrows Ca(HCO_3)_2\,.$$

Auch kohlensaure Magnesia ($MgCO_3$) und kohlensaures Eisen ($FeCO_3$) sind in kohlensäurehaltigem Wasser etwas löslich und scheiden sich wie der kohlensaure Kalk im Kessel aus, wenn die Kohlensäure beim Erwärmen ausgetrieben wird.

Unter den gelösten Stoffen ist der Gips wegen seiner geringen Löslichkeit in Wasser wohl als ein Hauptfeind des Kessels zu bezeichnen; er scheidet sich beim Verdampfen zuerst aus und bildet im Verein mit kohlensaurem Kalk, kohlensaurer Magnesia, den Schwebekörpern und den organischen Stoffen den Kesselstein.

Da das Kondenswasser der Dampfmaschinen destilliertes Wasser ist, also keine festen Stoffe gelöst enthält, ist es für Kesselspeisezwecke besonders geeignet. Es hat aber auf dem Wege durch die Maschinen

Öl mitgenommen, welches ein noch viel schlechteres Wärmeleitungsvermögen als der Kesselstein hat und diesen für Wasser undurchlässig macht. Das Kondenswasser muß also gut von Öl gereinigt werden; durch Zusatz von Aluminiumsulfat wird das Öl mechanisch gebunden, so daß es leicht abfiltriert werden kann. Bei einer Kesselsteinschicht von 5 mm Dicke muß schon mit einem Mehrverbrauch von 15—20 % Kohle gerechnet werden. Denselben Verlust bringt ein Ölbelag von ¼ mm Dicke.

Wird die Kesselsteinschicht noch stärker, so tritt nicht nur eine große Erhöhung des Kohlenverbrauchs, sondern die Gefahr der Durchbeulung und des Aufreißens der Kesselwände ein.

Ein allgemeines Mittel zur Verhinderung des Kesselsteins gibt es nicht; es muß vielmehr in jedem Einzelfalle auf Grund einer Analyse z. B. diejenige Menge von Kalk und kohlensaurem Natron ermittelt werden, die man dem Wasser in einem Vorreinigungsprozeß zusetzen muß — Kalk-Sodaverfahren.

$$Ca(HCO_3)_2 + CaO = 2\,CaCO_3 + H_2O$$
$$CaSO_4 + Na_2CO_3 = CaCO_3 + Na_2SO_4\,.$$

Bei dem **Natronlauge-Sodaverfahren** wird Kalk durch Natronlauge ersetzt, auch wird das zu reinigende Wasser vorgewärmt:

$$Ca(HCO_3)_2 + 2\,NaOH = 2\,H_2O + Na_2CO_3 + CaCO_3\,.$$

Permutit ist ein künstliches Natriumaluminiumsilikat, das durch Zusammenschmelzen von Ton, Feldspat, Kaolin, Sand und Soda gewonnen wird. Das Natrium dieser Masse ist sehr schwach gebunden und kann leicht durch Kalzium und Magnesium ersetzt werden:

$$\text{Permutit-}Na_2 + Ca(HCO_3)_2 = \text{Permutit-}Ca + 2\,NaHCO_3$$
$$\text{Permutit-}Na_2 + CaSO_4 = \text{Permutit-}Ca + Na_2SO_4\,.$$

In den Permutitfiltern benutzt man diese Eigenschaft der Reinigungsmasse zur Enthärtung des Wassers. Ist das Natrium vollständig durch Kalzium und Magnesium ersetzt worden, so ist die Masse erschöpft; sie wird durch Behandlung mit 10 %iger Kochsalzlösung wieder belebt.

Mit der Eigenschaft der Kohlensäure, kohlensauren Kalk zu lösen und selbst leicht aus der Lösung zu entweichen, erklärt sich die Bildung von Höhlen im Kalksteingebirge, Tropfsteinen, Wassersteinen, Kalksinter und Sprudelsteinen.

Aufgabe: 1 l Wasser enthält 0,130 g Gips; wieviel wasserfreie Soda muß dem Wasser zu seiner Beseitigung zugesetzt werden?

$$CaSO_4 : Na_2CO_3 = 0,13 : x$$
$$x = \frac{106 \times 0,13}{136} = 0,1013 \text{ g } Na_2CO_3\,.$$

50. Magnesium ($Mg = 24,3$).

Vorkommen. Magnesium kommt im freien Zustande nicht vor. In Form seiner kohlensauren Salze ist es häufig, z. B. Magnesit ($MgCO_3$), Dolomit ($MgCO_3\ CaCO_3$). Es findet sich ferner in Abraumsalzen, im Meerwasser, in Mineralwässern, im Tier- und Pflanzenkörper; so ist

Magnesium für den Aufbau des grünen Pflanzenfarbstoffs Chlorophyll (Assimilation) von kennzeichnender Bedeutung. Talk, Meerschaum, Speckstein sind Magnesiumsilikate.

Darstellung. Magnesium wird durch Elektrolyse von geschmolzenem, wasserfreiem Magnesiumchlorid dargestellt.

Eigenschaften. Magnesium ist ein silberweißes, glänzendes, sehr dehnbares Metall. Sein spez. Gewicht beträgt 1,75. An der Luft entzündet, verbrennt es mit blendend weißem Licht; daher wird es zur Erzeugung des Blitzlichtes verwandt.

Magnesiumoxyd (MgO) dient als Medikament zur Abstumpfung der Magensäure, ferner in Verbindung mit Magnesiumchlorid zur Herstellung von Magnesiatiegeln und eines feuerfesten Zementes.

Magnesiumsulfat, Bittersalz ($MgSO_4 \cdot 7\,H_2O$) kommt in Mineralwässern (Karlsbad) vor und dient als Abführmittel.

Der **Dolomit** wird als Zuschlag im Hochofenprozeß sowie mit Teer gemischt und gebrannt, zur Herstellung des basischen Futters bei der Darstellung des Flußeisens benutzt.

51. Kupfer ($Cu = 63$).

Vorkommen. Das Kupfer kommt gediegen z. B. in Nordamerika vor; die wichtigsten Kupfererze sind: Rotkupfererz (Cu_2O), Kupferglanz (Cu_2S), Kupferkies ($CuFeS_2$), Malachit ($Cu(OH)_2CuCO_3$) und Lasur ($Cu(OH)_2\,2\,CuCO_3$).

Gewinnung. Durch wiederholtes Rösten, nachfolgende Reduktion der entstandenen Oxyde mit Kohle und wiederholtes Umschmelzen erhält man das Rohkupfer („Schwarzkupfer") mit 90—95 % Kupfer; dieses wird durch Einhängen als Anode in ein elektrolytisches Bad von Kupfervitriollösung veredelt (Elektrolytkupfer).

Eigenschaften. Das Kupfer ist ein weiches Metall von roter Farbe und starkem Metallglanz; sein spez. Gewicht beträgt 8,9, und es schmilzt bei 1080°. Das Kupfer läßt sich leicht schmieden, walzen, zu Draht ausziehen und schweißen, aber schlecht gießen. An der Luft überzieht es sich mit einer Schicht von basisch kohlensaurem Kupfer (Patina). Die Kupferverbindungen sind giftig.

Anwendung. Das Kupfer wird seit langer Zeit in Form von Legierungen benutzt; Bronze besteht aus Kupfer und Zinn, Messing aus Kupfer und Zink. Es dient ferner als Münzmetall, zu Dachbedeckungen und Schiffsbeschlägen, Destillierblasen, elektrischen Leitungsdrähten, zur Herstellung von Bildstöcken (Klischees) usw.

52. Aluminium ($Al = 27,1$).

Vorkommen. Aluminium kommt in freiem Zustande in der Natur nicht vor, sondern meist in Form von Aluminiumoxyd (Korund, Saphir, Rubin). Ton und Kaolin bestehen aus Aluminiumsilikat. Kryolith ist eine Doppelverbindung von Fluoraluminium und Fluornatrium. Das Aluminium hat für den Bau- und Betriebsstoffwechsel zumal von Pflanzen, die heute den Torf bilden und früher die Steinkohlenmoore entstehen ließen, eine hohe Bedeutung; daher kommt es in wesentlichen Mengen in der Asche von jungen und alten festen Brennstoffen vor.

Darstellung. Aluminium wird durch Elektrolyse einer geschmolzenen Mischung von Kryolith und Tonerde gewonnen.

Eigenschaften. Aluminium ist ein weißes Metall vom spez. Gewicht 2,7; es dient zum Bau von Luftschiffen und zur Anfertigung von Kochgeschirren.

Mit Eisenoxyd gemischt, verbrennt Aluminium leicht unter Erzeugung hoher Wärmegrade (2000—3000⁰). In dem Goldschmidtschen Thermitverfahren benutzt man diese Eigenschaft zur Darstellung größerer Mengen von geschmolzenem Eisen. Ein inniges Gemisch von trockenem Aluminiumpulver und Eisenoxyd brennt, einmal entzündet, ohne Luftzufuhr, indem sich das Aluminium mit dem Sauerstoff des Eisenoxyds zu Eisen und Aluminiumoxyd umsetzt.

$$2\,Al + Fe_2O_3 = Al_2O_3 + 2\,Fe.$$

Dabei wird so viel Wärme frei, daß das Eisen schmilzt und so zur Ausbesserung von zerbrochenen Eisenkonstruktionen usw. verwandt werden kann.

Abb. 51.

Infolge der hohen Temperatur schmilzt das gleichzeitig entstehende Aluminiumoxyd und erstarrt kristallinisch zu Korund, welcher als Schleifmittel Verwendung findet.

Zement oder **Wassermörtel** ist ein Gemenge von Ton (Aluminiumsilikat) und Kalk. In vulkanischen Gegenden kommen natürliche Zemente vor, z. B. der Traß am Rhein, in der Eifel und in Bayern. Der Traß wird mit Kalk und Sand gemischt und mit Wasser zu einem Brei angerührt. Dieser erhärtet, bindet in wenigen Stunden ab, und zwar infolge chemischer Aufnahme des Wassers.

Andere Tonarten erhalten erst nach dem Brennen ihrer Mischung mit Kalk die Fähigkeit, Wassermörtel zu bilden.

Ton und Tonwaren. Der Ton besteht im wesentlichen aus Tonerdesilikaten, welche bei der Verwitterung (S. 46) der Urgesteine, z. B. des Granits (Feldspat), mehr oder weniger rein zurückbleiben. Mit Wasser angerührt bildet der Ton einen Teig, dem man durch Kneten jede beliebige Form geben kann, ohne daß diese beim Trocknen verlorengeht; er ist bildsam, plastisch. Da nun die gebrannte Tonmasse mehr oder weniger feuerbeständig ist, dient sie seit alter Zeit zur Herstellung von Gefäßen und Auskleidung von Öfen.

Aus dem reinsten Ton, dem Kaolin (Meißen, Sèvres, China), stellt man das Porzellan her, aus weniger reinen Arten das Steingut. Porzellan und Steingut brennen weiß; sie werden mit einer undurchlässigen Glasur versehen. Töpfer- und Ziegeltone sind meist reich an Eisenoxyd, brennen braun bis rot und dienen zur Bereitung von Töpfen und Ziegelsteinen. Die Koksöfen werden aus sog. feuerfesten Steinen aufgebaut, welche auch hohe Temperaturen einigermaßen vertragen.

Die **Schamottesteine** werden mit Wasser, Rohton und gebranntem, feuerfestem Ton (Schamotte) als Magerungsmittel angerührt, geformt und gebrannt. Bei großer mechanischer Festigkeit sind sie

Abb. 52.

schwer schmelzbar, dicht und widerstandsfähig gegen chemische Einflüsse; sie neigen dazu, im Feuer zu schwinden. Im rheinisch-westfälischen Industriegebiet werden, abgesehen von den Nebenbestandteilen (Eisen, Kalk, Magnesia und Alkali), Steine mit ungefähr 20 % Al_2O_3 und 80 % SiO_2, in Schlesien mit rund 34 % Al_2O_3 und 60 % SiO_2 verwandt. Als Bindemittel der Steine verwendet man Schamottemörtel, wobei man darauf sieht, daß die Fugen möglichst klein gehalten werden. Durch Aufnahme von Kohlenstoff aus dem Gase und Alkali aus dem Kochsalz und Natriumsulfat des Waschwassers leiden die aus Schamotte aufgebauten Öfen.

Silikasteine (Dinassteine) werden dadurch hergestellt, daß man gemahlenen Quarzit (Siebengebirge, Westerwald) mit Kalkmilch anrührt, formt und brennt. Sie sind aus ungefähr 94 % SiO_2, 1,8 % Al_2O_3, 1,3 % Fe_2O_3, 2,0 % CaO und 0,9 % MgO + Alkali zusammengesetzt und haben die Eigenschaft, im Feuer zu wachsen. Die bessere Wärmeleitfähigkeit der Silikasteine gestattet einen größeren Kohledurchsatz der daraus hergestellten Öfen, da ihre Garungszeit erheblich niedriger ist. Auch sind dieselben widerstandsfähiger als die Schamotteöfen, werden von Kochsalz und Natriumsulfat der Kohle weniger angegriffen, nehmen weniger leicht Kohlenstoff auf, so daß die Silikaöfen künftig in größerem Maße zum Bau von Koksbatterien herangezogen werden dürften. Zu hoher Wassergehalt der Kokskohle greift die Silikawände zumal in der Nähe des Bodens stark an.

Abb. 51 gibt das Aussehen einer Schamottewand und Abb. 52 das einer Silikawand wieder, die unter gleichen Bedingungen der Kokserzeugung gedient haben; man kann ohne weiteres erkennen, daß die Silikawand erheblich weniger als die Schamottewand gelitten hat.

53. Blei ($Pb = 207,2$).

Vorkommen. Für die Gewinnung des Bleis kommt hauptsächlich der Bleiglanz (PbS) mit 86,5 % Blei in Frage.

Darstellung. Beim Rösten des Bleiglanzes entweicht ein Teil des Schwefels als schweflige Säure, ein anderer verbleibt in dem Umwandlungsprodukt, indem das Bleisulfid zu Bleisulfat oxydiert wird. Das Gemisch von Bleioxyd, Bleisulfat und unverändertem Bleisulfid wird von neuem bei Luftabschluß erhitzt, wobei Blei nach folgenden Reaktionen frei wird:

$$PbS + 2\,PbO = 2\,Pb + SO_2$$
$$PbS + PbSO_4 = 2\,Pb + 2\,SO_2\,.$$

Das so entstandene Rohblei wird durch Oxydation im Gebläsefeuer des Treibherdes in Bleiglätte (PbO) übergeführt, während Silber, seltener auch Gold, zurückbleiben. Die Bleiglätte wird dann im Schachtofen mit Koks zu Reinblei reduziert:

$$PbO + CO = Pb + CO_2\,.$$

Eigenschaften. Blaugraues, glänzendes, sehr giftiges Metall, welches bei 327⁰ schmilzt und schon bei Rotglut merklich verdampft. Von reinem Wasser wird Blei angegriffen, von kalkhaltigem Leitungswasser jedoch nicht. Schwefelsäure greift Blei nur wenig an, daher erhalten die „Bleikammern" und die Sättiger in der Ammoniakfabrik einen Belag von Bleiplatten, die kalt gewalzt werden. Die einzelnen Bleiplatten werden mit Hilfe des Lötkolbens oder der Gebläseflamme autogen geschweißt. Bleidrähte dienen als elektrische Sicherungen, Bleiplatten für Akkumulatoren und Bleimäntel zum Schutz von elektrischen Kabeln. Durch einen Gehalt an Antimon (Hartblei) und Arsen (Flintenschrot) wird das Blei hart. Unter Lagermetall versteht man eine Legierung von Blei, Antimon und Zinn, welche bei einem gewissen Gehalt an Kupfer auch als Letternmetall Anwendung findet.

Bleiakkumulator (Sammler). Von zwei in Schwefelsäure stehenden Bleiplatten bedeckt sich unter der Einwirkung des „Ladestroms" die mit dem positiven Pol verbundene Platte, an der sich der Sauerstoff ausscheidet, mit braunem Bleisuperoxyd, während die mit dem negativen Pol verbundene Platte, an der sich der Wasserstoff entwickelt, metallisch rein bleibt. Man erhält so ein Element, in welchem der zum Laden benutzte Strom gleichsam gesammelt ist, so daß man ihn später daraus entnehmen kann. Durch den Ladestrom wird in dem Akkumulator eine chemische Umwandlung hervorgerufen, beim Entladen erzeugt der umgekehrte chemische Vorgang elektrischen Strom. Je nach dem Ladezustand beträgt die Spannung einer Akkumulatorzelle 2,6—1,8 Volt. Durch Hintereinanderschalten einer Anzahl von Akkumulatorzellen erhält man eine Batterie, welche zum Ausgleich von Unregelmäßigkeiten in der Stromentnahme von Maschinen dient. Der geladene Akkumulator liefert einen starken, längere Zeit konstant bleibenden Strom; durch zu weit gehende Entladung (unter 1,85 Volt) leidet seine Dauerhaftigkeit.

54. Eisen $(Fe = 56)$.

Vorkommen. Gediegenes Eisen kommt nur in den Meteorsteinen neben Nickel und Kobalt vor. Die wichtigsten Eisenerze sind:

1. Magneteisenstein $(Fe_3O_4 = \text{Eisenoxyduloxyd})$ . . . . $64—72\% Fe$
2. Roteisenstein $(Fe_2O_3 = \text{Eisenoxyd})$ . . . . $30—70\% Fe$
3. Brauneisenstein $(2\,Fe_2O_3 \cdot 3\,H_2O = \text{Eisenoxydhydrat})$ . . $40—60\% Fe$
4. Spateisenstein $(FeCO_3 = \text{Eisenkarbonat})$ . . . . $48—50\% Fe$

Magneteisenstein kommt in mächtigen Lagern in Schweden, im Uralgebirge und in Nordamerika, in Deutschland in geringen Mengen am Harz, in Thüringen und in Schlesien vor. Der Roteisenstein wird in Nordamerika (am oberen See), Nordafrika, Rußland, Spanien, England und Deutschland gewonnen und führt je nach Abart den Namen Roter Glaskopf, Blutstein, Hämatit, Eisenglanz und Eisenglimmer. Brauneisenstein, Raseneisenerz ist sehr verbreitet; nierenförmig bildet er den braunen Glaskopf (Sieg, Lahn, Oberschlesien), als Minette gewaltige Lager in Lothringen und Luxemburg. Der Spateisenstein ist hellfarbig bis braun und kommt im Siegerland, in Kärnten, Ungarn und Steiermark vor; tonhaltig heißt er Toneisenstein oder Sphärosiderit, ton- und kohlehaltig Kohleneisenstein (Blackband).

Eigenschaften. Eisen ist ein graues zähes Metall, das bei etwa 1600^0 schmilzt. Es verbindet sich bei allen Temperaturen mit Sauerstoff, bei höheren Wärmegraden direkt, in der Kälte durch Vermittlung von Wasser; in trockener Luft dagegen rostet es nicht. Das Eisen vermag Wasser bei allen Temperaturen zu zersetzen; in der Gluthitze geht dieser Vorgang schnell von statten. Reines Eisen ist so weich, daß es keine technische Bedeutung hat; erst durch Legieren mit Kohlenstoff oder mit anderen Elementen erhält es seine edlen Eigenschaften.

Bei den technischen Eisen unterscheidet man Gußeisen, Schmiedeeisen und Stahl; man gewinnt alle Eisenarten aus dem Roheisen, welches
im Hochofenprozeß erzeugt wird.

Der **Hochofen** ist ein stehender Schachtofen von 25—30 m Höhe;
sein innerer Raum besteht aus zwei übereinander stehenden, abge-
stumpften Kegeln, die sich mit ihren breiten Grundflächen berühren,
und einem sich unten anschließenden kurzen Zylinder. Die einzelnen
Teile des Hochofens heißen: Gicht, Schacht, Kohlensack, Rast, Form-
ebene, Gestell (Abb. 53). Durch die Gicht erfolgt die Beschickung
mit abwechselnden Schichten von Koks, Erzen und Zuschlägen.

Die Erze bedürfen in der Regel einer Aufbereitung durch Zer-
kleinern, Brikettieren (pulverförmige Erze) und
Rösten; auch Puddel- und Schweißschlacken, Ham-
merschlag sowie Kiesabbrände werden im Hochofen
mit verschmolzen. Die Zuschläge wie Kalk, Dolomit
und Flußspat sollen mit der Gangart (SiO_2) der Erze
eine Schlacke leichter Schmelzarbeit bilden, welche
Verunreinigungen aufnimmt und das reduzierte Eisen
vor Oxydation schützt. Man verwendet nie ein einziges
Eisenerz, sondern vermischt verschiedene Eisensteine
mit den Zuschlägen zu dem sogenannten Möller.

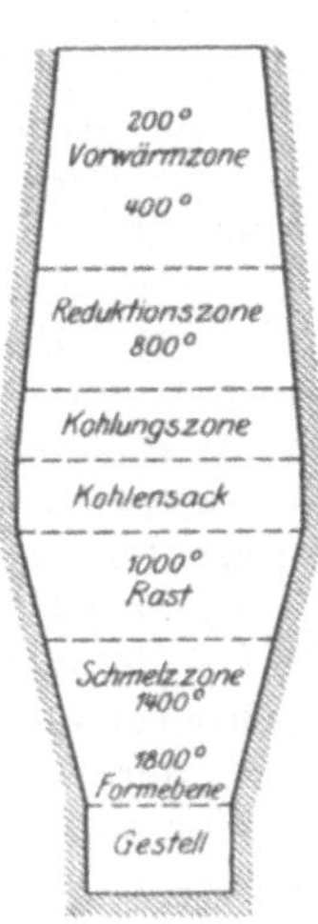

Von der Gicht gelangt die Beschickung zunächst in
die Vorwärmzone (400°), dann in die Reduktionszone
(800°) des Schachtes; das reduzierte Eisen gelangt dann
in die Kohlungszone, von da in die Schmelzzone (1400°)
der Rast und sammelt sich unter einer Decke geschmol-
zener Schlacke auf dem Boden des Gestells, von wo es
von Zeit zu Zeit durch ein Abstichloch entfernt wird,
nachdem zunächst die Schlacke durch ein höher gelege-
nes Abstichloch abgelassen worden ist. Aus der Schlacke
macht man Schlackensteine, -zement und -wolle.

Abb. 53.

Zu jedem Hochofen gehören 3—4 Winderhitzer (Cowper-Apparate),
das sind Wärmespeicher aus einem Gitterwerk feuerfester Steine; sie
sollen die Gebläseluft auf 500—900° vorwärmen, nachdem ihr Gitterwerk selbst durch die Verbrennung von gereinigtem Gichtgas weiß-
glühend gemacht worden ist.

In der heißen Gebläsewindzone verbrennt der Koks zu Kohlensäure, welche in den höher gelegenen, glühenden Koksschichten zu
Kohlenoxyd reduziert wird; dieses wirkt von 400° an auf die Eisenerze
ein, indem es ihnen den Sauerstoff unter Bildung von Kohlensäure
entzieht.

$$Fe_2O_3 + 3CO = 2Fe + 3CO_2.$$

Die Kohlensäure wird wieder zu Kohlenoxyd reduziert, dieses
wieder zu Kohlensäure oxydiert usw., bis weitere Umsetzungen wegen
der nach der Gicht zu immer niedriger werdenden Temperatur nicht
mehr stattfinden können.

Aus der Gicht wird das Gichtgas (S. 126) mit einem Gehalt von
25 % Kohlenoxyd abgeleitet; es dient zum Heißblasen der Winderhitzer,

zur Beheizung von Kesselanlagen und als Betriebsstoff für Gaskraftmaschinen nach sorgfältiger Reinigung.

Das Kohlenoxyd erfüllt im Hochofen noch eine andere Aufgabe. In Berührung mit glühendem Eisenoxyd zerfällt ein Teil des Kohlenoxyds unter Bildung von Kohlensäure und Kohlenstoff. $2\,CO = CO_2 + C$.

Der Kohlenstoff setzt sich auf dem reduzierten Eisenschwamm als feiner Überzug ab, dringt in das Eisen ein (Zementation) und erniedrigt seinen Schmelzpunkt, so daß es leichter erschmolzen werden kann.

Der Schmelzvorgang im Hochofen erfordert dauernde, sorgfältige Überwachung, da er durch eine Reihe von Störungen gefährdet wird. Hängen die Gichten z. B., d. h. gehen sie ungleichmäßig nieder, so stürzen sie plötzlich ein und können Explosionen veranlassen.

Das geschmolzene Roheisen fließt nach Beseitigung des Tonpfropfens, welcher das Stichloch verschließt, durch Rinnen in die Sandformen der Gießhalle, wo es zu Masseln erstarrt.

Nach dem Bruchaussehen unterscheidet man graues und weißes Roheisen. Das graue Roheisen (Gußeisen) enthält den größten Teil seines Kohlenstoffs als Graphitblättchen und -fäden eingelagert. Es ist durch einen Gehalt an Silizium ($1-3\,\% \; Si$) gekennzeichnet, welches die Ausscheidung des Graphits bewirkt. Das weiße Roheisen ist feinkörnig, hat wenig Silizium, dagegen $0,5-3\,\%$ Mangan, welches den Kohlenstoff leichter in Lösung hält; es schmilzt leichter als Graueisen. Bei beiden Roheisen geht der Kohlenstoffgehalt bis $3,5\,\%$. Läßt man geschmolzenes Roheisen in metallenen Formen rasch erkalten, so bleibt der Kohlenstoff im Eisen als Härtungskohle, und es entsteht der Hartguß, der vom weißen Roheisen, entsprechend der Kühlung durch die Metallform, allmählich in graues Roheisen übergeht.

Wird dem Roheisen durch Oxydation Kohlenstoff entzogen, so entstehen **Schmiedeeisen und Stahl.** Man erhält **Schweißeisen** durch das Herdfrischen, einfacher durch das Puddeln des Roheisens, wobei Schmelzen und Oxydieren mit Hilfe der sauerstoffhaltigen Feuergase langflammiger Steinkohlen ausgeführt werden. Schweißeisen hat $0,05$ bis $0,5\,\% \; C$, ist nicht härtbar, aber schmiedbar und schweißbar. Schweißstahl enthält $0,5-1,5\,\% \; C$, ist härtbar, nicht so leicht schmiedbar wie Schweißeisen und schwer oder gar nicht schweißbar. Da diese beiden Eisenarten in teigartigem Zustande hergestellt sind, ist ihr Aufbau durch Schlackeneinschlüsse gekennzeichnet, welche die Festigkeit herabsetzen.

Flußeisen und Flußstahl werden durch Windfrischen in birnenförmigen, um die wagrechte Achse drehbaren Gefäßen, den sogenannten Konvertern erzeugt (Abb. 54). Während ein Puddelofen für $15\,t$ Schweißeisen vier Tage braucht, liefert die Bessemer- oder die Thomasbirne in 20 Minuten $15\,t$ Flußeisen frei von Schlacken und daher von großer Festigkeit. Durch Verbrennen von Silizium, Mangan, Kohlenstoff und etwas Eisen erreichte Bessemer 1855, daß das strengflüssige, kohlenstoffarme Eisen während des Durchblasens der Luft geschmolzen blieb. Der Phosphor dagegen verbrennt nicht, da das Phosphorpent-

oxyd von dem kieselsäurereichen Futter der Bessemer Birne nicht
gebunden wird; daher eignet sich nur phosphorarmes Roheisen für
dieses Verfahren. Thomas und Gilchrist verwendeten 1878 basisches
Futter in Form von Dolomit zur Auskleidung des Konverters und
setzten dem Roheisen in demselben noch Kalk zu. Da das Phosphor-
pentoxyd, welches durch das Verbrennen des Phosphors entsteht,
jetzt Gelegenheit hat, sich mit Kalk zu Kalziumphosphat (Thomas-

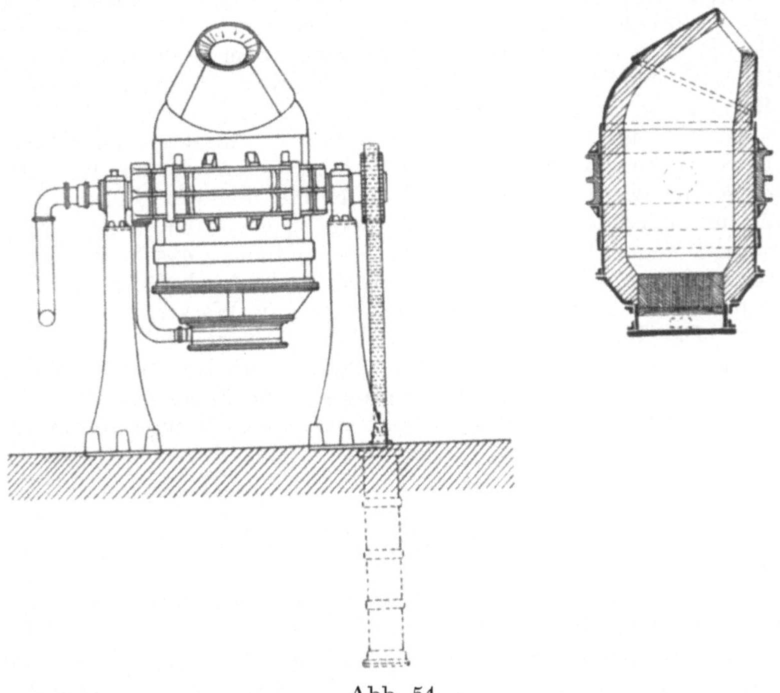

Abb. 54.

schlacke) zu verbinden, so können nach diesem Verfahren auch die
phosphorreichen deutschen Roheisen in Flußeisen umgewandelt werden. Nach der Verbrennung des Kohlenstoffs setzt man wieder eine
bestimmte Menge kohlenstoffreichen Ferromangans zu, um ein ganz
bestimmtes Eisen $(0,05—0,15\% \ C)$ oder Stahl $(0,5—1,5\% \ C)$ zu erhalten (Rückkohlung).

Im Jahre 1865 gelang es Martin mit Hilfe der Siemensschen
Regenerativgasfeuerung, Alteisen (Schrot) mit Roheisen zu Flußstahl zu
erschmelzen. Nach dem basischen Siemens-Martinverfahren gibt
man auch hier dem Einsatz 8—10% Kalk. Das geschmolzene
Schmiedeeisen wird auch hier in gußeiserne Formen, Kokillen, gegossen. Flußeisen neigt zu blasigem Guß (Lunkerbildung) und zur
Entmischung von Phosphor, Schwefel und Kohlenstoff, die sich gern
im inneren Kern ansammeln (Seigerung).

Flußeisen ist dickflüssig und schwindet beim Erstarren erheblich, so daß dünnwandige und stark beanspruchte Maschinenteile daraus nicht hergestellt werden können; man verwendet weißes Roheisen, dessen Sprödigkeit und Härte durch Glühfrischen (Tempern) beseitigt wird. Das geschieht durch Glühen der Stücke mit Oxydationsmitteln (Roteisenstein), wodurch der Kohlenstoffgehalt auf 0,1 % heruntergebracht werden kann. „Schmiedbarer Guß".

Unter **Zementation** versteht man die Kohlung von Eisen. Reine, dünne Schweißeisenstäbe werden in gemauerten Kästen von Holzkohle umgeben unter Luftabschluß erhitzt, wobei ein Teil des Kohlenstoffs der Kohle in das Eisen eindringt. Der Kern bleibt jedoch kohlenstoffärmer als die Außenzone.

Durch Umschmelzen in Tiegeln verfeinert man den Stahl (Tiegelgußstahl), was zweckmäßig im Generatorgasofen oder im elektrischen Ofen geschieht. Durch Zusatz gewisser Metalle, wie Nickel, Chrom, Wolfram, Molybdän usw. gewinnt man **Spezialstähle,** welche naturhart sind und für außerordentlich beanspruchte Maschinenteile Anwendung finden. Der gewöhnliche Stahl wird durch Glühen auf 750⁰ und plötzliches Abkühlen (Abschrecken) in Wasser, Öl u. dgl. gehärtet. Das Härten beruht darauf, daß die beim Glühen gewonnene Härtungskohle durch das schnelle Abkühlen erhalten bleibt; dadurch treten innere Spannungen ein, die unter Umständen zu Härterissen führen. Durch Wiedererhitzen auf bestimmte Temperaturen (Anlassen) wird die innere Spannung z. T. aufgehoben.

Organische Chemie.

Der Kohlenstoff bildet mit Wasserstoff, Sauerstoff, Stickstoff und Schwefel eine unbegrenzte Menge von Verbindungen. Da diese Kohlenstoffverbindungen früher nur aus Tier- und Pflanzenwelt gewonnen wurden, nannte man sie organische Verbindungen. Jetzt stellt man die meisten künstlich aus den Elementen (synthetisch) dar. Da aber die Zahl dieser Verbindungen überaus groß ist, sie sich durch eine Reihe von Eigentümlichkeiten auszeichnen, so werden sie in einem besonderen Teil der Chemie besprochen. Man nennt daher die Chemie des Kohlenstoffs noch heute organische Chemie, während alle anderen Elemente und ihre Verbindungen zum Gebiete der anorganischen Chemie gehören.

Kohlenwasserstoffverbindungen.

Kohlenstoff bildet mit Wasserstoff eine außerordentlich große Anzahl von Verbindungen, die z. T. natürlich vorkommen (z. B. Methan, Petroleum), z. T. bei der trockenen Destillation der Steinkohle entstehen (z. B. Azetylen, Benzol). Die einfachste und leichteste aller dieser Verbindungen ist das Methan.

A. Kohlenwasserstoffe mit offener Kette (Methanabkömmlinge).

55. Paraffine.

Da das Kohlenstoffatom vierwertig ist, so vermag es 4 Atome Wasserstoff unter Bildung von Methan aufzunehmen. Zwei Kohlenstoffatome verbinden sich untereinander mit einer oder mit zwei oder drei Valenzen (Wertigkeiten).

$$H-\overset{\overset{\displaystyle H}{|}}{\underset{\underset{\displaystyle H}{|}}{C}}-H = CH_4$$

Indem 1 Atom Wasserstoff durch einen gleichen Methanrest ersetzt wird, entsteht das Äthan

$$H-\overset{\overset{\displaystyle H}{|}}{\underset{\underset{\displaystyle H}{|}}{C}}-\!-\overset{\overset{\displaystyle H}{|}}{\underset{\underset{\displaystyle H}{|}}{C}}-H = C_2H_6$$

In entsprechender Weise bildet sich aus Äthan Propan ($CH_3 \cdot CH_2 \cdot CH_3$), aus diesem Butan ($CH_3 \cdot (CH_2)_2 \cdot CH_3$), Kohlenstoffketten ($C_n H_{2n} + {}_2$), bei welchen die Anfangs- und Endglieder — CH_3 und die Zwischenglieder $= (CH_2)$ darstellen. Bei der Verkokung der Steinkohle entstehen die einzelnen Vertreter dieser Reihe bis $C_{27} H_{56}$; ihre niedrigsten Glieder sind gasförmig, die mittleren flüssig und die höheren fest. In ihrem Verhalten sind sie einander ähnlich (Homologe); sie sind widerstandsfähig wie Paraffin und mit Wasserstoff völlig gesättigt. Daher nennt man sie Paraffine oder Grenzkohlenwasserstoffe.

1 cbm CH_4 liefert 9527 Kal., wenn es zu Kohlensäure und flüssigem Wasser verbrannt wird, 8562 Kal., wenn das erzeugte Wasser dampfförmig bleibt.

Man erhält die theoretische Flammentemperatur eines Stoffes, wenn man seinen Heizwert durch die Summe der Produkte aus den Umwandlungserzeugnissen der Verbrennung und den spezifischen Wärmen dividiert. Bei den spezifischen Wärmen der Körper muß berücksichtigt werden, daß sie mit steigender Temperatur zunehmen (S. 12).

Aufgabe: Wie groß ist die Flammentemperatur des Methans beim Verbrennen a) mit Sauerstoff, b) mit Luft?
1 cbm CH_4 verbrennt mit 2 cbm O_2 zu 1 cbm CO_2 + 2 cbm Wasserdampf, 2 cbm O_2 entsprechen $2 \times 3{,}76 = 7{,}52$ cbm N_2; daher

$$\text{a)} = \frac{8562}{1 \times 0{,}58 + 2 \times 0{,}57} = 4980^0.$$

$$\text{b)} = \frac{8562}{1 \times 0{,}56 + 2 \times 0{,}48 + 7{,}52 \times 0{,}35} = 2162^0.$$

56. Grubengas, Sumpfgas, leichter Kohlenwasserstoff, Methan (CH_4).

Vorkommen. Methan oder Grubengas kommt in den Steinkohlen und den Wettern der Steinkohlengruben vor. Rührt man sumpfigen Boden mit einem Stock auf, so entweicht ein Gas, welches sich entzünden läßt (Sumpfgas). In Erdöl führenden Ländern entströmen dem Boden gewaltige Mengen brennbarer Gase (Erdgas, Naturgas), welche zum großen Teile aus Methan bestehen.

Bildung. Diese Vorkommen des Methans hängen mit seiner Entstehung aus Pflanzen- und Tierresten zusammen, welche unter Bedeckung von Wasser und Erde gerieten und bei Luftabschluß einem Inkohlungs- bzw. Fäulnisprozeß unterworfen waren, der zur Bildung von Torf, Braunkohle, Steinkohle und Erdöl führte (S. 107).

Darstellung. 1. Grubengas bildet sich bei der Trockendestillation (Verkokung) organischer Stoffe und ist daher im Kokereigas, Leuchtgas usw. enthalten.

2. Durch Zersetzung von Aluminiumkarbid mit warmem Wasser

$$Al_4C_3 + 12\,H_2O = 3\,CH_4 + 4\,Al(OH)_3\,.$$

Eigenschaften. Grubengas ist ein farbloses, geruchloses und geschmackloses Gas. Es ist nicht giftig, wirkt aber hochprozentig durch Mangel an Sauerstoff erstickend wie Kohlensäure. Seine Dichte beträgt 0,558 (Luft = 1); 1 cbm wiegt 0,7215 kg. Grubengas ist demnach viel leichter als Luft, entweicht nach dem Austritt aus der Kohle nach oben unter die Firste und vermischt sich dann langsam mit den übrigen Grubenwettern durch Diffusion. Grubengas vermag die Verbrennung nicht zu unterhalten, verbrennt aber selbst mit mattblauer Flamme zu Kohlensäure und Wasser. Aus der Verbrennungsgleichung:

$$CH_4 + 2O_2 = CO_2 + 2\,H_2O$$

1 Raumt. + 2 Raumt. = 1 Raumt. + 2 Raumt.

folgt, daß 1 Raumteil Grubengas zu seiner Verbrennung 2 Raumteile Sauerstoff oder $\dfrac{100 \times 2}{21} = 9,5$ Raumteile Luft braucht.

Schlagwetter. Gemenge von Grubengas und Luft heißen Schlagwetter; nach ihrem Verhalten dem Grubenlicht gegenüber teilt man sie in drei Gruppen ein:

1. Schlagwetter mit 0—5 % CH_4
2.   ,,   ,, 5—14 % CH_4
3.   ,,   , 14—100 % CH_4.

Schlagwetter mit 0—5 % CH_4 explodieren nicht. Das in ihnen enthaltene Grubengas verbrennt in der Grubenlampe an der Flamme, die dadurch verlängert wird. Die mattblauen Lichtmäntel, welche man über dem kleingeschraubten Flämmchen der Grubenlampen in Schlagwettern sieht, zeigen die Gegenwart von Grubengas an; sie werden Aureole genannt. Auch Leuchtgas und andere brennbare Gase und Dämpfe zeigen diese Erscheinung.

Schlagwetter mit 5—14% CH_4 sind explosibel, und zwar nimmt die Stärke der Explosion von 5—9,2% CH_4 zu, erreicht hier ihr Maximum, und nimmt von 9,2—14% CH_4 wieder ab. In der folgenden Zahlentafel sind diese Verhältnisse durch Beispiele erläutert.

Gemische mit . . . . . %	$\dfrac{\begin{array}{c}7,0\ CH_4\\93,0\ \text{Luft}\end{array}}{100,0}$	$\dfrac{\begin{array}{c}9,2\ CH_4\\90,8\ \text{Luft}\end{array}}{100,0}$	$\dfrac{\begin{array}{c}10,0\ CH_4\\90,0\ \text{Luft}\end{array}}{100,0}$
An der Explosion nehmen teil . . . . %	$\dfrac{\begin{array}{c}7,0\ CH_4\\14,0\ O_2\end{array}}{21,0}$	$\dfrac{\begin{array}{c}9,2\ CH_4\\18,4\ O_2\end{array}}{27,6}$	$\dfrac{\begin{array}{c}9,53\ CH_4\\18,90\ O_2\end{array}}{28,43}$
An der Explosion nehmen nicht teil . . . . . %	$\dfrac{\begin{array}{c}5,53\ O_2\\73,47\ N_2\end{array}}{79,00}$	$72,4\ N_2$	$\dfrac{\begin{array}{c}0,47\ CH_4\\71,10\ N_2\end{array}}{71,57}$
Die Nachschwaden bestehen aus Raumteilen	$\dfrac{\begin{array}{c}7,0\ CO_2\\5,53\ O_2\\73,47\ N_2\end{array}}{86,00}$	$\dfrac{\begin{array}{c}9,2\ CO_2\\0,6\ O_2\\71,7\ N_2\end{array}}{81,6}$	$\dfrac{\begin{array}{c}0,47\ CH_4\\8,80\ CO_2\\0,56\ CO\\71,10\ N_2\end{array}}{80,93}$
Zusammensetzung der Schwaden . . . . . . %	$\dfrac{\begin{array}{c}8,14\ CO_2\\6,43\ O_2\\85,43\ N_2\end{array}}{100,00}$	$\dfrac{\begin{array}{c}11,27\ CO_2\\0,74\ O_2\\87,99\ N_2\end{array}}{100,00}$	$\dfrac{\begin{array}{c}0,58\ CH_4\\10,87\ CO_2\\0,69\ CO\\87,86\ N_2\end{array}}{100,00}$
Raumverminderung . . . %	14	18,4	18,9

In der Grubenlampe brennen diese explosiblen Wetter im Korbe; ihre Flamme erfüllt ihn ganz, und die Benzinflamme erlischt. Von der Wettergeschwindigkeit hängt es ab, ob die Flamme im Korbe aus Mangel an Sauerstoff erstickt und bei welchem CH_4-Gehalt dies erfolgt.

Schlagwetter mit 14—100% CH_4 explodieren nicht, brennen aber beim Entzünden an der Luft. Die Bergmannslampe erlischt in diesen hochprozentigen Wettern.

Die zur Zündung der Schlagwetter nötige Temperatur beträgt 730—790°.

Unter Berücksichtigung des Stickstoffs der Luft vollzieht sich die Explosion von Schlagwettern nach folgender Formel,

$$\underbrace{CH_4 + 2O_2 + 7,5N_2}_{10,5\ \text{Raumteile}} = \underbrace{CO_2 + 7,5N_2 + 2H_2O}_{10,5\ \text{Raumteile,}}$$

wenn wir das durch die Verbrennung des Grubengases erzeugte Wasser als Wasserdampf annehmen und die mit der Explosion verbundene Wärmeentwicklung vernachlässigen. Gemäß den Flammentemperaturen, die je nach der Zusammensetzung der Schlagwetter etwa 1500° bis 2000° betragen, dehnen sich die Gase während der Explosion auf das 6—8fache ihres Volumens aus. Unmittelbar nach der Explosion kühlen sich die Nachschwaden auf die Grubentemperatur ab, der Wasserdampf schlägt sich als flüssiges Wasser nieder, so daß sich die ursprünglichen 10,5 Raumteile auf 8,5 Raumteile zusammenziehen. Wie beim Wasserstoff entsteht also auch bei der Explosion von Schlagwettern eine Raumverminderung (vgl. Zahlentafel), die den Rückschlag zur Folge hat.

Die **Nachschwaden** sind in allen Fällen reich an Stickstoff und Kohlensäure; solche von Schlagwettern von $5—9,2\%$ CH_4 enthalten auch Sauerstoff, der aber im günstigsten Falle (5% CH_4) zur Atmung nicht ausreicht ($11,1\%$ O_2). Nachschwaden von Schlagwettern mit über $9,2\%$ CH_4 enthalten außer Stickstoff, Kohlensäure und Grubengas auch Kohlenoxyd, dessen Menge mit wachsendem CH_4-Gehalt zunimmt. Grubengas ist ein kräftiges Reduktionsmittel, welches sich bei höherer Temperatur mit Kohlensäure zu Kohlenoxyd umsetzt:

$$CH_4 + 3CO_2 = 4CO + 2H_2O\,.$$

Da bei Schlagwetterexplosionen stets Kohlenstaub aufgewirbelt und glühend gemacht wird, so muß auch bei geringprozentigen Schlagwetterexplosionen mit der Anwesenheit von Kohlenoxyd gerechnet werden. Daher sind die Nachschwaden jeder Schlagwetterexplosion nicht nur unatembar, sondern auch mehr oder weniger giftig.

Kohlenstaubexplosionen sind Gasexplosionen; das Gas wird kurz vorher durch einen Lochpfeifer oder eine Schlagwetterexplosion aus dem aufgewirbelten und stark erhitzten Kohlenstaube gebildet. Ein Gemisch von Lykopodiumpulver und reinem Sauerstoff verbrennt angezündet unter Explosion. Beim Nachfüllen von Feinkohle in den Ofen schlägt oft eine große Stichflamme aus der Ofentür.

Mühlenexplosionen in Glasgow, Leith, Hameln. Luft, welche 20—30 g Mehlstaub im Liter enthält, kann durch glühende Körper entzündet werden.

Nachweis. Schlagwetter werden auch in geringen Mengen mit der bis auf 2—3 mm Höhe verkleinerten Flamme der Benzinlampe nachgewiesen. Das geübte Auge nimmt die Aureole schon bei einem Gehalt von 1% wahr; wegen der geringen Wärme des kleinen Flämmchens ist die Aureole aber nur sehr klein und wird erst bei Prozentgehalten über 1 leichter erkennbar.

Bei der größeren, nicht leuchtenden Flamme der Pielerlampe, welche mit Alkohol (Spiritus) gespeist wird, ist die Hitze größer als bei der Benzinlampe, infolgedessen ist auch die Aureole größer und leichter zu erkennen.

Es gibt eine große Anzahl von Schlagwetteranzeigern, die auf Diffusion, Änderung der Lichtstärke usw. beruhen. Sie haben sich auf der Grube nicht einführen können, da sie für den praktischen Bergbau mehr oder weniger wertlos sind. Die Bergmannslampe gewährt bei sachgemäßer Behandlung den bequemsten und zuverlässigsten Nachweis der Schlagwetter.

Bestimmung des Grubengases. Der Gehalt der Wetter an Kohlensäure und Grubengas wird in einem abgemessenen Volumen durch Absorption der Kohlensäure in Kalilauge und durch Verbrennen des Gruben-

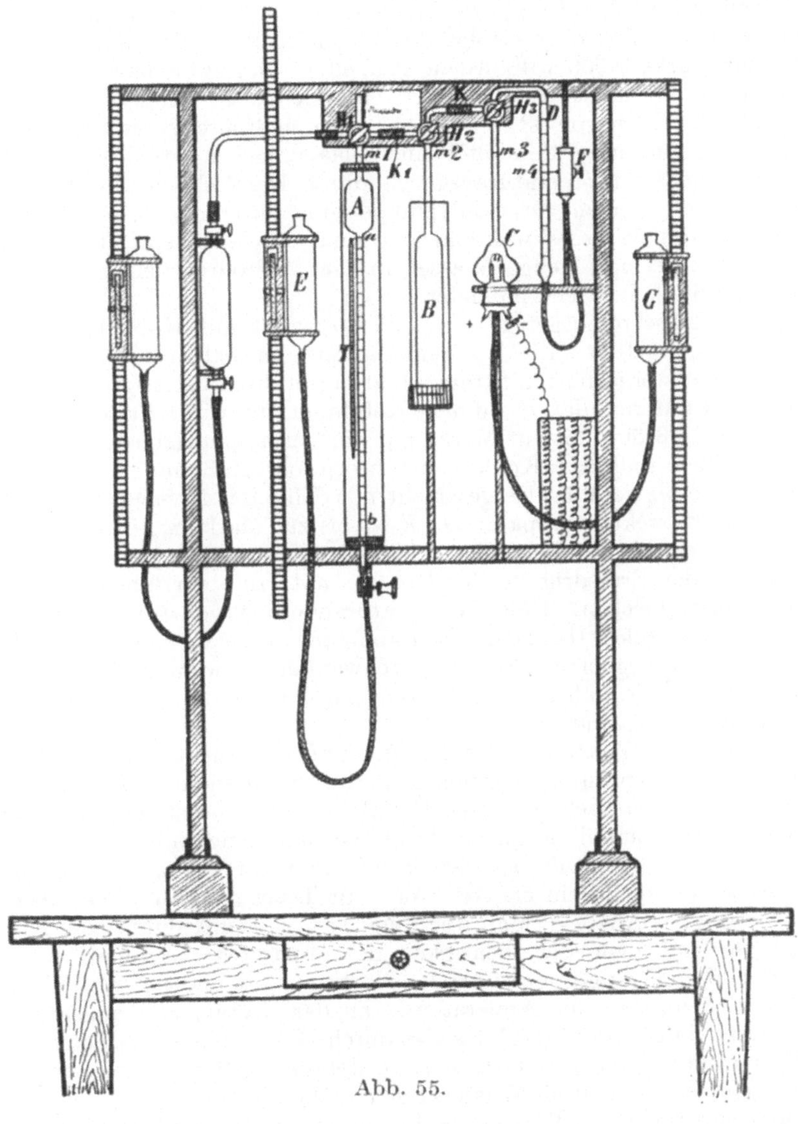

Abb. 55.

gases an einem durch elektrische Stromwirkung glühend gemachten Platindraht bestimmt; die Genauigkeit dieser Analyse beträgt 0,02 %.
   Abb. 55 stellt den Schondorff-Broockmannschen Apparat zur Bestimmung der Grubenwetter von der Firma *Robert Müller* Essen,

dar. Der Apparat besteht aus der Meßröhre A, dem mit Kalilauge gefüllten Absorptionsgefäße für Kohlensäure B, der Verbrennungsbirne C und dem als Korrektionsapparat dienenden Manometer F. Die beiden Niveaugefäße E und G sind mit Quecksilber gefüllt und an Zahnstangen in senkrechter Richtung verschiebbar. Die Überführung der Wetterprobe in die Meßröhre erfolgt durch Quecksilber. Die Meßröhre faßt bis zur Marke b 500 willkürliche Einheiten, und zwar derart, daß z. B. der Kugelinhalt bis a 430 Teilen entspricht; die Kugel geht in ein Rohr mit Teilen von 430—500 über. Die Meßröhre ist mit einem mit Wasser gefüllten Kühlmantel aus Glas umgeben; das Wasser wird zum schnellen Temperaturausgleich durch Durchblasen von Luft mit Hilfe einer kleinen Druckluftpumpe gut durchmischt. Damit die Tension des Wassers während der Analyse gleichbleibt, bringt man eine ganz geringe Menge Wasser in die Meßröhre; neben ihr hängt ein empfindliches Thermometer.

Das Absorptionsgefäß für Kohlensäure ist mit Kalilauge im Verhältnis 1 : 2 gefüllt. Die Verbrennungsbirne enthält eine Platinspirale, welche an zwei isolierten Stromzuführungsdrähten befestigt ist und mit Hilfe eines Akkumulators auf helle Rotglut erhitzt wird. Vor der Analyse wird die Meßröhre bis zur Marke m_1, die Verbrennungsbirne bis m_3 mit Quecksilber und das Kohlensäureabsorptionsgefäß mit Kalilauge bis zur Marke m_2 gefüllt; das geschieht mit Hilfe der Niveaugefäße.

Der Korrektionsapparat D—F ist bis zur Marke m_4 (0 Punkt) mit Wasser gefüllt; er dient dazu, die Temperaturänderung durch Erhöhung oder Erniedrigung des Druckes mit Hilfe der kleinen Wassersäule auszugleichen. Eine Temperaturänderung von $0,1^\circ$ wird durch Heben oder Senken (bei Temperaturabnahme) des Manometerschenkels F um 5 mm ausgeglichen. Barometerschwankungen werden nicht berücksichtigt, weil sie während der kurzen Zeit der Analyse (5—10 Minuten) nicht erheblich sind.

Sollen die Wetter auch auf Sauerstoff untersucht werden, so muß zwischen Kohlensäureabsorptionsgefäß und Verbrennungsbirne noch ein dem ersteren ähnlich gebautes Gefäß mit Phosphorstangen eingefügt werden. Die Einteilung der Meßröhre ist dann eine andere. Die Kugel faßt z. B. nur 360 Teile; sie geht in ein Rohr mit Teilen von 360—465, dieses wiederum in ein engeres Rohr mit Teilen von 465—500 über.

Gang der Analyse: Man überzeugt sich zunächst durch eine blinde Analyse (Luft) von der Dichtigkeit des Apparates; der Inhalt der Gefäße A, B und C steht genau auf den Marken m_1, m_2 und m_3. Das Wetterrohr wird nun an den Apparat und an das Niveaugefäß angeschaltet (vgl. Abb. links von E), und das Gas durch Heben dieses und Senken des Niveaugefäßes E bis zur Marke b in die Meßröhre gefüllt. Nach Ausgleich der Temperatur wird die Wassersäule des Manometers auf m_4 eingestellt und Temperatur und Volumen aufgeschrieben (a). Durch Heben von E wird das Gas in das Absorptionsgefäß B gedrückt und nach Absorption der Kohlensäure durch Senken von E wieder nach A zurückgesaugt, wobei die Kalilauge genau bis zur Marke m_2 heraufgezogen wird. Nach Herstellung der Verbindung mit dem Manometer durch Einstellen des

Hahnes H_2, Ausgleich der Temperatur durch Aufwirbeln des Wassers und Berücksichtigung der Temperaturänderung durch Heben oder Senken von F um die berechneten Teilstriche wird das Gas auf die Marke m_4 des Manometers wieder eingestellt und das Volumen des Gases notiert (b). Zur Überführung des Gases in die Verbrennungbirne C wird G gesenkt und E gehoben. Beim Schließen des Stromes verbrennt das Methan am hellglühenden Platindraht in C. Nach genügender Abkühlung führt man das Gas durch Heben von G und Senken von E in die Meßröhre zurück, wobei das Quecksilber in C genau bis zur Marke m_3 heraufgezogen wird. Durch Einstellen des Hahnes H_3 wird die Verbindung mit dem Manometer hergestellt, die Temperatur ausgeglichen usw. und das Volumen des Gases gemessen (c). Zur Kontrolle wird die bei der Verbrennung des Methans gebildete Kohlensäure in B absorbiert und unter den beschriebenen Bedingungen der Gasrest in A gemessen (d); das Volumen der Kohlensäure ist gleich der Hälfte der durch die Verdichtung des Wasserdampfes erzeugten Raumverminderung gemäß der Verbrennungsformel

$$CH_4 + 2O_2 = CO_2 + 2H_2O.$$

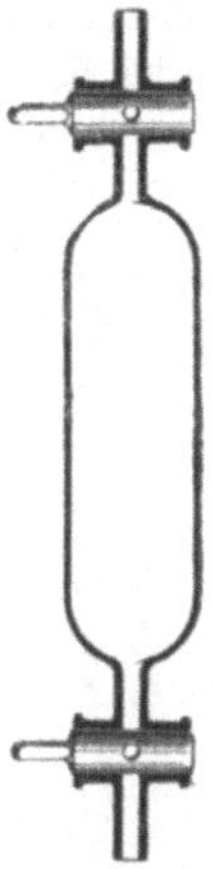

Soll auch der Sauerstoffgehalt ermittelt werden, so erfolgt nunmehr die Absorption des Sauerstoffs in dem Phosphorgefäß. Bei der Berechnung des Sauerstoffgehaltes muß natürlich berücksichtigt werden, daß das doppelte Volumen des ermittelten Methans zu seiner Verbrennung an Sauerstoff verbraucht worden ist. Das folgende Beispiel diene zur näheren Erläuterung einer einfachen Wetteranalyse.

Abb. 56.

a) angewandtes Gas . . . . .   Einheiten 500 $5 = 1$ Vol.-Proz. CO_2
b) nach Absorption der CO_2 .   „   495 $4 = 0{,}4$ Vol.-Proz. CH_4
c) nach Verbrennung des CH_4 „   491 $2 = 0{,}4$ Vol.-Proz. CH_4
d) nach Absorption der CO_2 .   „   489

Der Wetterbestimmungsapparat darf keinen größeren Temperaturschwankungen ausgesetzt sein und muß peinlich sauber gehalten werden; insbesondere bedürfen die Glashähne einer sorgfältigen Schmierung mittels eines Gemisches von gleichen Teilen Vaseline und Schweineschmalz.

In dem **Gasinterferometer** von Zeiss wird die eine von zwei gleichen Kammern mit Luft, die andere z. B. mit Grubengas gefüllt. Da Luft und Grubengas für Lichtstrahlen ein verschiedenes Brechungsvermögen haben, so erfahren zwei gleiche Lichtstrahlen in diesen Mitteln Gangunterschiede, so daß sie Interferenzerscheinungen auslösen. Aus der Größe der Interferenz läßt sich der Gehalt der Wetter an Grubengas bestimmen, nachdem die darin enthaltene Kohlensäure durch Absorption mit Natron entfernt ist. Das tragbare Interferometer erlaubt dem in seiner Handhabung Geübten, den Grubengehalt mit einer Genauigkeit von $0{,}05\,\%$ in kurzer Zeit zu ermitteln.

Zur Probenahme der Wetter dienen Gläser von etwa 100 ccm Inhalt (Abb. 56). Ihre Hähne müssen gut gereinigt und eingefettet sein, damit sie sich bewegen lassen und einen gasdichten Abschluß ermöglichen. Sie werden mit Wasser gefüllt und an Ort und Stelle der Probenahme in der durch Abb. 57 veranschaulichten Weise bei geöffneten Hähnen behandelt; diese werden geschlossen, sobald das Wasser ausgeflossen ist. Eine solche Gasprobe reicht zur Bestimmung von Kohlensäure, Grubengas und Sauerstoff aus.

Handelt es sich um hochprozentige Wetter (Bläser) oder um Brandgase (Kohlenoxyd), so sind mehrere oder größere Gläser zur Probeentnahme des Gases zu benutzen. In diesem Falle empfiehlt es sich, das die Untersuchung vornehmende Laboratorium auf die Natur des Gases durch eine kleine Notiz aufmerksam zu machen.

a   b

Abb. 57.

57. Olefine.

Verbinden sich zwei Kohlenstoffatome untereinander mit zwei Valenzen, so entstehen Olefine ($C_n H_{2n}$). Das niedrigste Glied dieser Reihe ist das Äthylen $CH_2 = CH_2$; bei der trockenen Destillation der Steinkohle bilden sich Olefine bis Heptylen $C_7 H_{14}$. Diese Kohlenwasserstoffe sind flüssig, addieren leicht gewisse Elemente und gehen dabei in gesättigte Kohlenwasserstoffe über. So entsteht aus Äthylen mit Wasserstoff bei Gegenwart von Platinschwamm (Katalyse) Äthan:

$$C_2 H_4 + H_2 = C_2 H_6 .$$

Äthylen ($C_2 H_4$), **schwerer Kohlenwasserstoff. Vorkommen.** Die Anwesenheit von Äthylen in den Wettern der Steinkohlengruben ist noch nicht einwandfrei festgestellt. Äthylen ist ein Bestandteil der durch Verkokung organischer Körper erhaltenen gasförmigen Stoffe.

Eigenschaften. Äthylen ist ein farbloses, nicht unangenehm riechendes Gas. Seine Dichte ist 0,967 (0^0, 760 mm), es ist also nur etwas leichter als Luft. Äthylen läßt sich leicht verflüssigen und durch Kühlen mit flüssiger Luft in seine feste Formart überführen. Äthylen ist nicht giftig, sondern in dieser Beziehung dem Methan ähnlich.

An der Luft verbrennt es mit helleuchtender Flamme und gehört daher zu den Lichtgebern des Leuchtgases.

Ein Gemisch von einem Raumteil Äthylen und drei Raumteilen Sauerstoff oder 14,3 Raumteilen Luft explodiert mit großer Heftigkeit.

$$C_2 H_4 + 3 O_2 = 2 CO_2 + 2 H_2 O .$$

58. Azetylene.

Verbinden sich zwei Kohlenstoffatome untereinander mit 3 Valenzen, so entstehen Azetylene ($C_n H_{2n} - {}_2$). Das niedrigste Glied dieser Reihe ist das Azetylen $CH \equiv CH$; bei der trockenen Destillation der Steinkohle entstehen neben Azetylen zahlreiche andere Vertreter dieser Homologen. Die Azetylene gehen unter Addition gewisser Elemente in Olefine bzw. Paraffine über.

Azetylen ($C_2 H_2$). **Vorkommen.** Azetylen findet sich in kleinen Mengen im Steinkohlenleuchtgase; seine Menge erhöht sich um das Zehnfache bei der unvollständigen Verbrennung desselben im zurückgeschlagenen Bunsenbrenner.

Darstellung. Azetylen wird durch Zerlegung des Kalziumkarbids mit Wasser dargestellt.

$$CaC_2 + 2 H_2 O = C_2 H_2 + Ca(OH)_2 .$$

Kalziumkarbid, ein fester grauer Stoff, wird im elektrischen Flammenofen durch Zusammenschmelzen von gebranntem Kalk und Koks gewonnen.

$$CaO + 3 C = CaC_2 + CO .$$

1 kg Karbid erzeugt praktisch 300 Liter Azetylen.

Eigenschaften. Azetylen ist ein farbloses, im reinen Zustande geruchloses Gas. Das technisch aus Karbid gewonnene Gas riecht infolge seines Gehaltes an Phosphorwasserstoff widerlich. Seine Dichte beträgt 0,92 (Luft = 1), 1 cbm wiegt 1,19 kg. Reines Azetylen ist nicht giftig, wirkt aber betäubend und berauschend.

Azetylen ist eine endothermische Verbindung; die Zerlegung in seine Bestandteile erfolgt unter Abgabe von Wärme, dadurch erklärt sich seine explosible Natur. Bei gewöhnlichem Druck zerfällt das Gas nur da, wo der Anlaß zur Zersetzung gegeben wurde; der Zerfall pflanzt sich aber nicht durch die ganze Masse fort. Steht jedoch das Azetylen unter einem Druck von 2 Atm., so verbreitet sich die durch den elektrischen Funken oder glühenden Draht eingeleitete Zersetzung als Explosion durch das ganze Gas, wobei das Azetylen in Kohlenstoff und Wasserstoff zerfällt.

Nach der Bergpolizeiverordnung dürfen nur Azetylenerzeuger und -Lampen gebraucht werden, welche einen Überdruck von mehr als ½ Atm. ausschließen. Durch Druck und Abkühlung läßt sich Azetylen leicht verflüssigen und stellt in diesem Zustande einen sehr gefährlichen Körper dar.

Ein Raumteil Azetylen gebraucht zur vollständigen Verbrennung 2,5 Raumteile Sauerstoff bzw. 12 Raumteile Luft.

$$C_2 H_2 + 2,5 O_2 = 2 CO_2 + H_2 O .$$

Aus den gewöhnlichen Gasbrennern kann Azetylen nicht verbrannt werden, da es dann stark rußt. Dagegen verbrennt es aus sehr engen Öffnungen (Speckstein) ohne Rußabscheidung unter glänzend weißem Licht, das dem Sonnenlicht nahekommt.

Azetylenluftgemische mit 3—65% Azetylen explodieren mit größerer Heftigkeit als die von Schlagwettern, da die Explosionstemperatur (2700⁰) sehr hoch ist. Die Explosionsgrenzen liegen weit auseinander, die Zündung tritt schon bei etwa 500⁰ ein, deshalb darf man mit Azetylenluftmischungen nur mit großer Vorsicht umgehen.

Mit Kupfer bildet das Gas rotes Azetylenkupfer C_2Cu und mit Silber weißes Azetylensilber C_2Ag_2. Beide Karbide explodieren im trockenen Zustande beim Schlagen, Reiben und Erhitzen äußerst heftig, indem sie in ihre Elemente zerfallen. Kupfer und Silber dürfen daher für Azetylenapparate und -leitungen keine Anwendung finden. Erhitzt man Azetylen längere Zeit auf 400—500⁰, so treten drei Moleküle unter Bildung eines Ringes zu Benzol zusammen.

$$3\,C_2H_2 = C_6H_6\,.$$

Anwendung. In der Sprengstoffindustrie dient Azetylenkupfer zur Herstellung von elektrischen Zündern. Beim autogenen Schweißen und Schneiden ersetzt man im Sauerstoffgebläse den Wasserstoff durch Azetylen mit ebenso gutem Erfolge. Wegen seines hohen Kohlenstoffgehaltes wird Azetylen zur Herstellung von Ruß verwandt. Das Azetylenlicht wird zur Beleuchtung kleiner Ortschaften und Häusergruppen benutzt; es fand während des Krieges eine weitgehende Verbreitung.

59. Isomerie.

Das gasförmige Azetylen und das flüssige Benzol sind gleich zusammengesetzt, nämlich aus 92,3% C und 7,7% H. Man erklärt diese große Verschiedenheit bei gleicher prozentischer Zusammensetzung durch die Annahme, daß die Atome der Elemente in verschiedener Bindung in solchen Körpern, die man „isomer" nennt, enthalten sind. Durch diesen Umstand wird die Zahl der möglichen Kohlenwasserstoffe und ihrer Abkömmlinge gewaltig erhöht. Zellulose ist mit Stärkemehl und Gummi, und Essigsäure mit Traubenzucker isomer. Durch Isomerie läßt sich auch die Tatsache erklären, daß zwei Kohlen bei gleicher prozentischer Zusammensetzung verschiedene Eigenschaften aufweisen, indem sich z. B. die eine verkoken läßt, während das bei der anderen unter denselben Bedingungen nicht möglich ist.

60. Die Flamme.

Brennende Gase bilden eine Flamme, während brennbare Körper, die bei der Verbrennungstemperatur keine brennbaren Gase bilden (Koks), unter Glühen, aber ohne Flamme brennen. Bei einer Kerze unterscheidet man drei verschiedene Flammenkegel (Abb. 58):

1. **Den inneren dunklen Kegel.** Dieser enthält das Gas (Kohlenwasserstoffe), welches durch die Hitze der Flamme aus dem

geschmolzenen Stearin gebildet ist. Mit Hilfe einer dünnen Glasröhre, die in diesen Raum gebracht wird, läßt sich das Gas auffangen und am anderen Ende der Röhre entzünden. In diesem
Raume findet keine Verbrennung statt, weil die Luft
nicht in ihn gelangen kann;

2. Den mittleren leuchtenden Kegel. Hier
geht eine teilweise Verbrennung und Zersetzung der Gase
vor sich. Durch die Hitze der Flamme scheidet sich aus
den Kohlenwasserstoffen Kohlenstoff ab und gerät in
Weißglut; · dadurch wird die Flamme leuchtend. Die
Gegenwart von Kohlenstoff (Ruß) in diesem Raume kann
man leicht nachweisen, indem man eine kalte Porzellan-
schale in die Flamme bringt. Die Schale berußt sofort.

Das Leuchten einer Flamme wird also durch glühende,
feste Körper hervorgerufen. Die Wasserstoffflamme ist
farblos, wird aber sofort leuchtend, wenn man den Wasserstoff vorher durch mit Benzol (C_6H_6) getränkte Watte
streichen läßt. Auch durch einen glühenden Platindraht
kann die Wasserstoffflamme leuchtend gemacht werden;

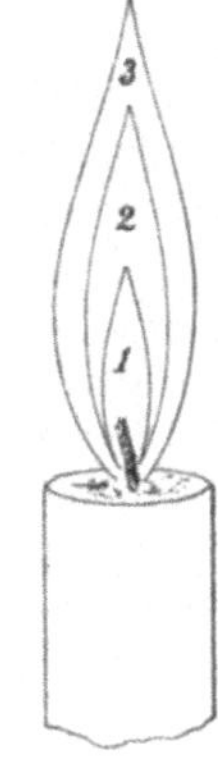

Abb. 58.

3. Den schwach bläulich leuchtenden, fast unsichtbaren Saum.
Hier findet die vollständige Verbrennung
des Gases (CH_4, CO) und des Kohlenstoffes zu Kohlensäure und Wasser statt.

Eine gleiche Beschaffenheit zeigt die
Leuchtgasflamme; Leuchtgas besteht hauptsächlich aus Wasserstoff und Kohlenwasserstoffen. In dem Bunsenbrenner (Abb. 59)
tritt das Leuchtgas durch die enge Düsen-
öffnung in den Schornstein, mischt sich
hier mit der durch die Seitenöffnung
zutretenden Luft und verbrennt oben
angezündet mit nicht leuchtender, blauer
Flamme. In dieser Form findet der
Bunsenbrenner Anwendung zur Erhitzung
des Gasglühstrumpfes und zur Beheizung
der Koksöfen. Schließt man die seitlichen Öffnungen durch Drehen der Kapsel,
so daß keine Luft in den Schornstein
des Brenners eindringen kann, dann verbrennt das Gas mit heller, rußender
Flamme.

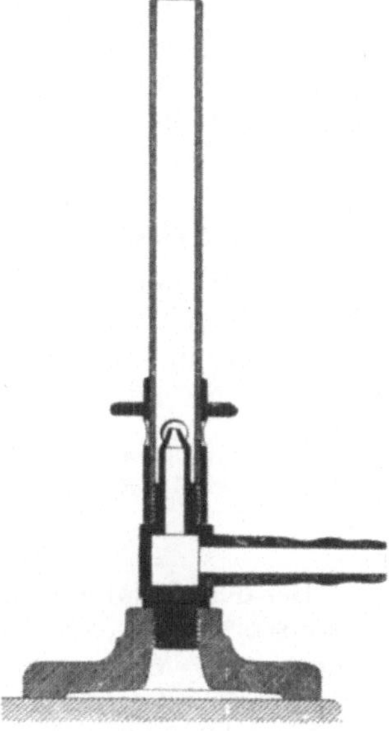

Abb. 59.

61. Cyanverbindungen.

Kohlenstoff und Stickstoff treten zu einer einwertigen Atom-
gruppe zusammen, die man Cyan nennt. Je nachdem ein Atom des
vierwertigen Kohlenstoffes mit einem Atom des dreiwertigen oder
fünfwertigen Stickstoffs verbunden ist, besitzt der Kohlenstoff oder

der Stickstoff die freie Valenz, so daß sich zwei isomere Reihen von Cyanverbindungen ergeben.

$$- C \equiv N \quad C \equiv N - .$$

Cyanwasserstoff (Blausäure) $H \cdot CN$ ist in reinem Zustande eine wasserhelle, leicht bewegliche Flüssigkeit von betäubendem, an Bittermandelöl erinnernden Geruch. Blausäure ist als Gas und als Flüssigkeit außerordentlich giftig; Vergiftungen durch 0,05 g verlaufen bei Menschen bereits tötlich.

Cyanwasserstoff ist als Dampf im Leucht- und Kokereigas enthalten; wegen seiner großen Flüchtigkeit (Siedepunkt 26,5⁰) kann er daraus durch Kühlung nicht gewonnen werden. Er ist zweifellos aus Ammoniak in Berührung mit dem glühenden Koks entstanden und seine Menge wächst mit der Ammoniakmenge und der Zunahme der Temperatur. Bei der Steinkohlenverkokung macht die Menge des Cyanwasserstoffs etwa 1,2 % des Gesamtstickstoffs und etwa 5 % des Ammoniaks aus. Als schwache Säure bildet Cyanwasserstoff Salze, die den Chloriden ähnlich sind, aber schon durch Kohlensäure wieder zersetzt werden.

Cyanammonium, $NH_4 CN$, findet sich unter den Produkten der Verkokung. ·

Man beseitigt den Cyanwasserstoff aus dem Leuchtgase, indem man dieses in Gegenwart von starken Basen, wie Ammoniak, Kaliumkarbonat, mit Eisenvitriol wäscht oder mit freiem Schwefel behandelt; im ersten Falle entstehen Ferrocyanverbindungen, im anderen Falle Rhodansalze.

62. Substitutionsprodukte der Kohlenwasserstoffe.

Von Methan, Äthylen und Azetylen leiten sich die mannigfaltigsten Abkömmlinge ab, die dadurch entstehen, daß ein oder mehrere Atome Wasserstoff in ihnen durch andere Atome oder Atomgruppen ersetzt werden. So gibt es vier Chlorsubstitutionsprodukte des Methans, nämlich:

$$CH_3 \cdot Cl \ = \text{Monochlormethan,}$$
$$CH_2 \cdot Cl_2 = \text{Dichlormethan,}$$
$$CH \cdot Cl_3 = \text{Trichlormethan (Chloroform),}$$
$$C \cdot Cl_4 = \text{Tetrachlormethan.}$$

Bei den **Alkoholen** handelt es sich um Abkömmlinge der Kohlenwasserstoffe, in welchen der Ersatz von Wasserstoff durch die Hydroxylgruppe $(- OH)$ einmal oder mehrere Male stattgefunden hat. Im ersten Falle entsteht ein einwertiger Alkohol, im anderen Falle ein mehrwertiger Alkohol. Vom Methan leitet sich der einwertige Methylalkohol $CH_3 \cdot OH$, vom Aethan der Aethylalkohol $CH_3 \cdot CH_2 \cdot OH$

$$CH_2 \cdot OH$$
$$|$$

ab. Das Glyzerin $\overset{|}{CH} \cdot OH$ ist ein dreiwertiger Alkohol, der sich vom

$$|$$
$$CH_2 \cdot OH$$

Propan $(CH_3 \cdot CH_2 \cdot CH_3)$ durch dreimaligen Ersatz von H durch die Gruppe OH ableitet.

Methylalkohol ($CH_3 \cdot OH$) entsteht bei der trockenen Destillation des Holzes bei niedriger Temperatur und wird aus dem wässerigen Destillat, welches neben Gas und Teer übergeht, dem sogenannten Holzessig gewonnen. Methylalkohol bildet sich auch bei der Verkokung der Steinkohle in geringen Mengen; er ist eine farblose Flüssigkeit von niedrigem Siedepunkte ($64,5^0$) und großer Giftigkeit.

Äthylalkohol ($C_2H_5 \cdot OH$) ist ebenfalls in kleinen Mengen unter den sauerstoffhaltigen Körpern der Verkokung enthalten. Spiritus oder Weingeist ist verdünnter Alkohol, der in gewaltigen Mengen neben Kohlensäure bei der Gärung von Stoffen gewonnen wird, welche Zucker oder Stärke enthalten. Wegen ihres hohen Gehaltes an Stärke, die aber erst durch eine gewisse Umsetzung (Diastase) in gärfähigen Zucker umgewandelt werden muß, sind die Kartoffeln ein Hauptrohstoff für die Spiritusgewinnung. Durch Eintragen von Malz in den durch Behandlung mit überhitztem Wasserdampf erhaltenen Kartoffelbrei geht die Stärke in die gärfähige „Maltose" über, welche beim Zufügen von Hefe mit Hilfe der in ihr enthaltenen Enzyme vergärt; worauf die Wirkung dieser Fermente beruht, ist bis jetzt noch nicht aufgeklärt. Der Alkohol wird gereinigt (Fuselöl) und durch Destillation von dem Rückstande (Schlempe) getrennt (S. 23). Reiner Alkohol ist eine farblose Flüssigkeit von angenehmem Geruch; sein spez. Gewicht beträgt bei $0^0 \cdot \ldots 0,806$. Alkohol brennt mit blaßblauer Flamme und siedet bei 78^0. Alkohol für gewerbliche Zwecke wird durch Zusatz von Pyridin vergällt, um ihn ungenießbar zu machen, da er als Genußmittel einer hohen Steuer unterworfen ist. Durch Erhitzen von Alkohol mit Schwefelsäure gewinnt man Äther ($C_2H_5)_2O$, eine farblose, bei 35^0 siedende, leicht verdunstende und entzündliche Flüssigkeit. Äther ist ein ausgezeichnetes Lösungsmittel für viele anorganische und organische Körper und wird daher in der Technik häufig verwendet.

Bei der weiteren Gärung des Weines (Weingärung) erfolgt seine Oxydation zu Essigsäure: $CH_3 \cdot CH_2 \cdot OH + O_2 = CH_3 \cdot CO \cdot OH + H_2O$.

Man läßt eine etwa 6—10 prozentige Spirituslösung unter Zusatz von etwas Essig durch die zahlreichen Öffnungen des Deckels von einem geräumigen Faß fließen, welches mit Buchenholzspänen gefüllt ist, während von unten durch Löcher ein schwacher Luftstrom nach oben durch die Späne zieht. Der Vorgang der Alkoholoxydation vollzieht sich unter Mitwirkung eines Enzyms, der „Essigmutter". Die gebildete verdünnte Essigsäure — der Essig — sammelt sich am Boden des Fasses, wird dort abgelassen und von neuem aufgegeben, bis die Umwandlung vollendet ist. Große Mengen von konzentrierter Essigsäure werden aus dem Holzessig gewonnen, indem man seine Essigsäure an Kalkmilch bindet, den so entstandenen essigsauren Kalk eindampft und die Essigsäure daraus durch Erhitzen mit der berechneten Menge Salzsäure frei macht. Die wasserfreie Essigsäure, der sogenannte Eisessig, wird durch Destillation von Natriumazetat mit konzentrierter Schwefelsäure als eine farblose Flüssigkeit von stechendem Geruch gewonnen,

7*

die unter $16,5^0$ zu einer eisartigen Masse erstarrt. Essigsäure entsteht auch in geringen Mengen bei der Verkokung der Steinkohle.

Die Salze der Essigsäure werden **Azetate** genannt. Die wässerige Lösung von essigsaurer Tonerde dient zum Beizen von Geweben vor dem eigentlichen Färben und als Kühlmittel bei Verletzungen von Menschen und Tieren. Aus den Bleisalzen (Bleizucker) gewinnt man durch Umsetzung Chromgelb, Bleiweiß und andere Bleiverbindungen. Grünspan ist basisches Kupferazetat und entsteht beim Aufbewahren von Speisen in Kupfergefäßen. Unterwirft man essigsaure Salze der trockenen Destillation, so entsteht **Azeton** $(CH_3)_2CO = CH_3 - CO - CH_3$, eine Verbindung, die im Holzessig und unter den sauerstoffhaltigen Körpern der Steinkohlenverkokung vorkommt. Azeton ist eine erfrischend riechende Flüssigkeit, welche bei $56,5^0$ siedet und zum Lösen von Harzen und Azetylen sowie zur Darstellung von Jodoform dient.

Von den kohlenstoffreicheren Säuren seien **Palmitinsäure** $CH_3 (CH_2)_{14} COOH$ und **Stearinsäure** $CH_3 (CH_2)_{16} COOH)$ besonders erwähnt, da sie im Verein mit der „ungesättigten" **Ölsäure** $CH (CH_2)_7$ $COOH$ in Form von Glyzerinverbindungen einen wesentlichen Bestandteil der **Fette** und **Öle** bilden. Durch Erhitzen von Hammel- oder Rindertalg mit Schwefelsäure oder überhitztem Wasserdampf, werden die Fette in die freien Fettsäuren und Glyzerin gespalten; man nennt diesen Vorgang Verseifung.

Palmitin- und Stearinsäure sind das Hauptausgangsmaterial zur Kerzengewinnung. Behandelt man tierische Fette und Pflanzenfette wie Oliven-, Kokosnuß- und Palmöl mit siedenden Alkalilaugen, so erhält man neben Glyzerin **Seifen**. Die Behandlung mit Natronlauge liefert harte Kernseifen, diejenige mit Kali weiche Schmierseifen; diese können durch „Aussalzen" mit Kochsalz in harte Seifen übergeführt werden.

Die Ölsäure bildet in Verbindung mit Glyzerin den Hauptbestandteil der fetten Öle, besonders des Oliven- und Mandelöls sowie des Fischtrans. Alle Öle nehmen aus der Luft Sauerstoff auf, sie werden ranzig. Aber während die Öle, welche Ölsäure enthalten, weich und klebrig bleiben, werden andere, wie Leinöl, Nußöl, Mohnöl und Hanföl, vollkommen hart und fest. Daher unterscheidet man trocknende und nichttrocknende Öle; erstere dienen als Firnis zu Anstreichzwecken, letztere als Schmieröle, da sie auch bei Erwärmung weich und schlüpfrig bleiben und dadurch die Reibung fester Körper aneinander verhindern.

Als ungesättigte Verbindung nimmt die Ölsäure beim Erhitzen mit Wasserstoff in Gegenwart von fein verteiltem Nickel als Katalysator Wasserstoff auf und geht in feste Stearinsäure über. Auf diese Weise lassen sich Fischtran, Oliven-, Mandel- und Baumwollsamenöl durch „Härten„ veredeln, so daß sie nun zur Herstellung von Seifen, Margarine usw. herangezogen werden können.

B. Kohlenwasserstoffe mit geschlossener Kette (Benzolabkömmlinge).

Erwärmt man Azetylen längere Zeit auf 400—500⁰ bzw. behandelt man Azeton mit konzentrierter Schwefelsäure, so tritt Kondensation von je 3 Molekülen ein, indem die offene Kohlenstoffkette in geschlossene Ketten, d. h. in ringförmige oder zyklische Gruppierungen übergeht. Aus dem Azetylen entsteht auf diese Weise das Benzol C_6H_6, aus dem Azeton unter Austritt von 3 Molekülen Wasser das Mesitylen C_9H_{12} = $C_6H_3(CH_3)_3$, d. h. Benzol, in welchem 3 Atome H durch die 3 Atomgruppen Methyl (CH_3) ersetzt worden sind.

63. Aufbau des Benzolringes.

Aus einer Reihe von Umständen hat man für das Benzol nachstehende Struktur angenommen, bei der 3 einfache Bindungen des

Kohlenstoffs mit 3 Doppelbindungen abwechseln. Diese geschlossene Kette von 6 verbundenen Kohlenstoffatomen nennt man den Benzolkern, welcher sehr beständig ist und nur schwer gesprengt werden kann.

Durch Ersatz eines oder mehrerer Atome Wasserstoff im Benzol durch andere Atome oder Atomgruppen entstehen Substitutionsprodukte des Benzols, z. B. $C_6H_5 \cdot Cl$ Chlorbenzol, $C_6H_5 \cdot NO_2$ Nitrobenzol, $C_6H_5 \cdot OH$ Phenol. Findet der Ersatz des Wasserstoffs durch eine Kohlenwasserstoffgruppe statt, so nennt man die so entstandenen Kohlenwasserstoffe Homologe des Benzols, z. B. $C_6H_5 \cdot CH_3$ Toluol, $C_6H_4(CH_3)_2$ Xylol, $C_6H_3(CH_3)_3$ Trimethylbenzol.

Die Strukturformel läßt erkennen, daß die 6 Wasserstoffatome gleichartig an Kohlenstoff gebunden, d. h. völlig gleichwertig sind. Toluol ist nach seiner Zusammensetzung Monomethylbenzol, wobei es gleichgültig ist, welches von den 6 Wasserstoffatomen des Benzols durch die Methylgruppe ersetzt worden ist. Treten 2 Methylgruppen in Benzol ein, so ist die Stellung der beiden Methylgruppen voneinander nicht mehr gleich, sondern verschieden.

$$1 \quad \text{ortho-Xylol} \qquad 2 \quad \text{meta-Xylol} \qquad 3 \quad \text{para-Xylol}$$

Dementsprechend gibt es drei voneinander verschiedene Xylole, die man mit ortho-, meta- und para-Xylol näher bezeichnet. Sie kommen sämtlich im Steinkohlenteer vor, in erheblicher Menge die Metaverbindung, das m-Xylol. Das Xylol C_8H_{10} ist aber auch isomer mit Äthylbenzol C_8H_{10}, einer Verbindung, die ebenfalls bei der Verkokung der Steinkohle entsteht und die Strukturformel

$$CH_2 \cdot CH_3 \text{ besitzt.}$$

64. Der Steinkohlenteer.

Der Teer war bis 1850 ein lästiges Nebenprodukt der Gasanstalten, das als Brennmaterial, als Anstrich für Holz und Stein und zur Herstellung von Ruß verwendet wurde. Durch die Nachfrage nach Schwerölen zum Imprägnieren von Eisenbahnschwellen und Grubenhölzern und als Rohstoff zur Erzeugung der künstlichen Teerfarben (Fuchsin 1856) wurde er ein begehrter Handelsartikel. Deutschlands Ausfuhr an verfeinerten Erzeugnissen aus Teernebenprodukten der Verkokung betrug 1913 270 Millionen Mark, und zwar an

Anilin- und anderen Teerfarben	142 Mill. M.
Alizarin und Alizarinfarben	21,5 ,, ,,
Indigo usw. . . . . , . .	54,2 ,, ,,
Medikamenten	44,3 ,, ,,
chemisch-photographischen Präparaten	8,0 ,, ,,
	270,0 Mill. M.

Der Steinkohlenteer ist eine tiefschwarze, wasserhaltige, dickflüssige oder zähe Masse, welche wegen ihres Ammoniakgehaltes gewöhnlich alkalische Reaktion zeigt. Nach seiner Zusammensetzung ist der Teer ein Gemisch von freiem Kohlenstoff und einer sehr großen Zahl organischer Verbindungen, welche vor allem den Benzolkohlenwasserstoffen angehören.

Der Kohlenstoff ist zum großen Teil durch Zersetzung der Kohlenwasserstoffe an den heißen Ofenwänden entstanden und bewirkt die schwarze Farbe des Teers. Der Gasteer enthält bis zu 35 % freien Kohlenstoff, der Koksteer selten über 10—12 %. Der Teer ist das Ausgangsmaterial wichtiger Erzeugnisse der chemischen Großindustrie auf dem Gebiete der Farb- und Sprengstoffe, der Riechstoffe, Heilmittel, photographischen Präparate usw.; die Tafel Produkte und Nebenprodukte der Verkokung (S. 123) gibt einen Überblick über die Anwendungsfähigkeit der Teererzeugnisse.

Zur Trennung seiner wichtigsten Bestandteile wird er durch Destillation gewöhnlich in die 4 Fraktionen Leichtöl, Mittelöl, Schweröl und Anthrazenöl zerlegt.

Benzol (C_6H_6) kann künstlich leicht durch trockene Destillation der Benzoesäure dargestellt werden: $C_6H_5 \cdot COOH = C_6H_6 + CO_2$.

Benzol ist eine bewegliche, lichtbrechende Flüssigkeit vom spez. Gewicht = 0,879 (20°), welche bei + 5,4° erstarrt und bei 80,4° siedet. Benzol brennt mit leuchtender, stark rußender Flamme, läßt sich aber in Lampen mit Brennern besonderer Bauart ohne Rußabscheidung verbrennen. Die verhältnismäßig hohe Lage des Erstarrungspunktes erschwert die Anwendung des Benzols für manche Zwecke. Durch Zusatz von Spiritus wird es kältebeständiger, so daß die Mischung auch im Winter als Treibmittel für Land- und Wasserfahrzeuge benutzt werden kann. 90er gereinigtes Handelsbenzol enthält nach *Schmitz* 91,5 % C, 7,8 % H, 0,5 % S; sein theoretischer Luftbedarf beträgt 10,2 cbm, der obere Heizwert ca. 10050 WE/kg und der untere Heizwert ca. 9600 WE/kg.

Benzol ist ein ausgezeichnetes Lösungsmittel für Harze, Fette und Kautschuk und als Ausgangsmaterial zur Herstellung vieler wichtiger chemischer Verbindungen von großer Bedeutung.

Toluol $C_6H_5 \cdot CH_3$ kommt wie das Benzol reichlich im Steinkohlenteer vor und wird daraus technisch gewonnen. Toluol siedet bei 110,3°, besitzt das spez. Gewicht 0,871 und ist bei − 28° noch flüssig. Toluol ist das Ausgangsmaterial von wichtigen chemischen Verbindungen, u. a. des Sprengstoffs Trinitrotoluol und des Süssstoffs Saccharin.

Xylol $C_6H_4(CH_3)_2$ siedet zwischen 136—140° und hat das spez. Gewicht 0,868.

Mesitylen $C_6H_3(CH_3)_3$ siedet bei 164°.

Die Handelsbezeichnungen richten sich nach den Siedegrenzen der betreffenden Erzeugnisse, die zwischen 80 und 195° entsprechend ihrer Zusammensetzung aus Benzol und seinen Homologen liegen. Handelsbenzol I wird 90er Benzol genannt, weil 90 % davon bis 100° überdestillieren.

Nach *Spilker* haben die verschiedenen Handelsbenzole folgende Zusammensetzung:

Bezeichnung	Siedegrenzen in Graden	enthält etwa:			
		Benzol %	Toluol %	Xylol %	Kumol %
Gereinigtes 90 %iges Benzol	80—100	84	13	3	—
Gereinigtes Toluol	100—120	15	75	10	—
Lösungsbenzol I	120—160	—	20	62	18
Lösungsbenzol II	135—180	—	10	24	66

In Deutschland erfolgt der Hauptvertrieb durch den Benzolverband in Bochum. Die Herstellung von 90er Benzol einschließlich aller Homologen betrug 1919 insgesamt 118056 t gegen 181088 t im Jahre 1918.

Zur Untersuchung des Benzols und seiner Homologen führt man eine Siedeanalyse nach einer Prüfungsvorschrift aus, die sich auf die einzelnen Teile des Apparates und auf das Destillieren selbst bezieht.

Abb. 60 gibt die Abmessungen und Anordnung des Ofens, der kupfernen Blase, des gläsernen Siederohres und des Liebigschen Kühlers wieder. Das Thermometer soll dünn im Glase sein und an Dicke nicht mehr als dem halben Durchmesser des Siederohres entsprechen; in der Mitte der Kugel des letzteren soll sich das

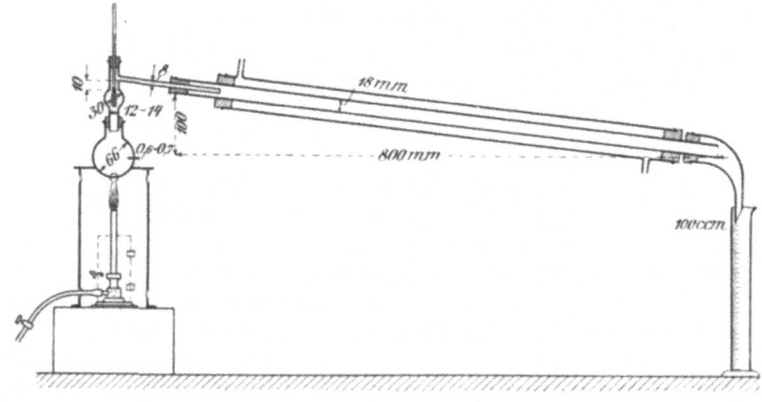

Abb. 60.

Quecksilbergefäß befinden. Thermometer für Reinbenzol und Reintoluol sollen in $^1/_{10}{}^0 C$, für 90er und 50er oder Handelsbenzol I und II in $^1/_2{}^0$ geteilt sein.

Man destilliert 100 ccm der zu untersuchenden Flüssigkeit so, daß in der Minute 5 ccm (also in der Sekunde 2 Tropfen) übergehen. Das Abfallen des ersten Tropfens vom Kühlerende bezeichnet den Destillationsbeginn. Man destilliert solange, bis das vorgelegte Meßgefäß bis zur Marke 90 bzw. 95 gefüllt ist.

Durch Verwendung eines besonders konstruierten Thermometers mit verstellbarer Skala, die vor jedesmaligem Gebrauch durch Destillieren von destilliertem Wasser auf 100^0 eingestellt wird, wird der Einfluß des herrschenden Barometerstandes ausgemerzt, der sonst berücksichtigt werden muß.

Phenole. Durch Ersatz von Wasserstoff im Kern eines Benzolkohlenwasserstoffs durch Hydroxyl entstehen die Phenole, welche man einwertige nennt, wenn die (OH)-gruppe einmal eingetreten ist. Mehrwertige Phenole enthalten mehrere OH-gruppen, wie z. B. das Pyrogallol $C_6H_3(OH)_3$.

Phenol, Karbolsäure, $C_6H_5 \cdot OH$, findet sich in dem schweren Steinkohlenteer und im „Urteer" (S. 124) und wird daraus durch Destillation gewonnen. Von verdünnten wässerigen Lösungen von Alkali werden die Phenole unter Salzbildung (Phenolat) gelöst, und zwar Phenol leichter als seine ebenfalls im Teer vorkommenden Homologen, die Kresole. Daher erfolgt auch beim Auslaugen eines Phenol-Kresolgemisches mit Natronlauge eine teilweise Scheidung der beiden Bestandteile.

$$C_6H_5 \cdot OH + Na \cdot OH = C_6H_5 \cdot ONa + H_2O.$$

Nach Klardampfen des Natriumphenolates wird dieses durch 50—60 grädige Schwefelsäure in Rührwerken zerlegt:

$$2\,C_6H_5 \cdot ONa + H_2SO_4 = 2\,C_6H_5 \cdot OH + Na_2SO_4.$$

Nach Trennung vom ausgeschiedenen Natriumsulfat wird das Phenol durch Destillation gereinigt; es kristallisiert in langen, farblosen Prismen, die sich an der Luft leicht röten und in 15 Teilen Wasser von gewöhnlicher Temperatur lösen. Phenol schmilzt bei 43^0 und siedet unzersetzt bei 183^0. Phenol ist giftig; verdünnte Lösungen haben als kräftige antiseptische Mittel für die Medizin großen Wert. Phenol dient besonders zur Herstellung von Pikrinsäure (Trinitrophenol) und Salizylsäure.

Kresole $C_6H_4\!\!<\!\!\begin{array}{l}CH_3\\OH\end{array}$. Die 3 Isomeren o-, m- und p-Kresol sind sämtlich im Steinkohlen- und Buchenholzteer enthalten; sie besitzen folgende Schmelz- und Siedepunkte:

	Schmelzpunkt	Siedepunkt
o-Kresol	31^0	188^0
m-Kresol	4^0	201^0
p-Kresol	36^0	198^0

Die Siedepunkte der drei Kresole weisen keine großen Unterschiede auf, daher ist ihre Fraktionierung schwierig. Die Handelsbezeichnung 100%ige flüssige Karbolsäure „klarlöslich" und „trüblöslich" bezieht sich meist auf das rohe Gemisch der drei Isomeren des Teerölkresols. Die Kresole werden ebenfalls als energische Desinfektionsmittel verwendet. Um sie wasserlöslicher zu machen, verbindet man sie mit Ölseifen zu Präparaten, die unter dem Namen Lysol, Solutol usw. in den Handel kommen.

In den hochsiedenden Teilen des Steinkohlenteers sind eine Anzahl komplizierter Kohlenwasserstoffe vorhanden, die, wie das Naphthalin $C_{10}H_8$, das Anthrazen $C_{14}H_{10}$ und das isomere Phenantren aus mehreren Benzolkernen aufgebaut sind, derart, daß ihnen je zwei benachbarte Kohlenstoffatome gemeinsam sind.

Naphthalin, $C_{10}H_8$, bildet in Wasser unlösliche, in heißem Alkohol und Äther leicht lösliche, glänzende Blätter von kennzeichnend teerartigem Geruch. Es schmilzt bei 79^0 und siedet bei 218^0. Naphthalin läßt sich leicht sublimieren und ist zumal mit Wasserdämpfen sehr flüchtig.

Naphthalin ist ein wesentlicher Bestandteil des Schwer- und Mittelöls, aus welchen es beim Abkühlen auskristallisiert; mit Hilfe von Zentrifugen und Kaltpressen wird es vom anhaftenden Öle befreit. Seine weitere Reinigung davon geschieht durch hydraulische Warmpressen, Waschen mit konzentrierter Schwefelsäure bei 100^0 und Destillation, wobei die Temperatur des Kühlwassers niemals unter den Schmelzpunkt des Naphthalins sinken darf.

Naphthalin ist ein wichtiges Ausgangsmaterial zur Herstellung von Farbstoffen, hat antiseptische Eigenschaften und dient daher zur Konservierung von Häuten, Fellen und als Insektenpulver.

Von seinen Abkömmlingen seien die Naphthole, $C_{10}H_7 \cdot OH$ erwähnt, phenolartige Verbindungen, die ebenfalls im Steinkohlenteer vorkommen.

Anthrazen, $C_{14}H_{10}$, bildet farblose Tafeln von prächtig blauer Fluoreszenz; es ist in Wasser unlöslich, schmilzt bei 213^0 und siedet bei 351^0.

Anthrazen kommt in den innerhalb $280-400^0$ siedenden Teilen der Teerdestillation, dem Anthrazenöl vor, aus welchem sich bei niedriger Temperatur etwa $6-10\%$ Rohanthrazen als grünliches Kristallpulver absetzen. Der Kristallbrei wird in Nutschen und Zentrifugen vom Öl befreit und mit $25-30\%$ Anthrazen in den Handel gebracht. Eine 80%ige und noch höher angereicherte Ware gewinnt man am besten durch Umkristallisieren aus Pyridinbasen. Das gereinigte Anthrazen dient zur künstlichen Herstellung des roten Krappfarbstoffes (Alizarin) und des Indigos, während der flüssig bleibende Anteil des Anthrazenöls zum Holzimprägnieren und als Schmiermittel Verwendung findet. Das neben Anthrazen im Teer vorkommende **Phenantren,** $C_{14}H_{10}$, kristallisiert in farblosen Tafeln, schmilzt bei 99^0 und siedet bei 340^0; in bezug auf technische Brauchbarkeit steht es weit hinter Anthrazen zurück.

Von den vielen ebenfalls im Steinkohlenteer vorkommenden Verbindungen sei noch das **Kumaron,** C_8H_6O, erwähnt, eine den Benzolkohlenwasserstoffen ähnliche, bei 177^0 siedende Flüssigkeit, die leicht in **Kumaronharz** übergeht. Zur Gewinnung des Kumaronharzes wird Lösungsbenzol II in den Siedegrenzen von $160-180^0$ und Schwerbenzol $(180-200^0)$ mit Schwefelsäure, Natronlauge und kalzinierter Soda in einem Rührwerk behandelt. Das Produkt dieses Verfahrens wird dann auf eine Destillierblase abgelassen und unter hohem Vakuum abdestilliert. Der in der Blase verbleibende Rückstand ist das Kumaronharz, das in schmiedeeisernen Trommeln zu $200-300$ kg abgelassen und in den Handel gebracht wird.

In Deutschland erfolgt der Hauptvertrieb durch den Kumaronharzverband zu Bochum und durch die Ostdeutsche Verkaufsvereinigung für Kumaronharz zu Berlin.

III. Brennstoffe.

65. Feste Brennstoffe.

Der Torf, die Braunkohle und die Steinkohle sind im wesentlichen aus Landpflanzen an Ort und Stelle durch allmähliche Zersetzung unter Luftabschluß entstanden. Bei Luftzutritt findet Verwesung, eine langsame Verbrennung statt. Aus dem Wasserstoff der organischen Stoffe bildet sich Wasser, aus dem Kohlenstoff Kohlensäure, und es bleibt wie bei der Verbrennung nichts übrig als das Unverbrennliche, die Asche. Durch Verwesung von Pflanzen und Tieren kann daher kein Flöz entstehen. Die dazu erforderlichen Umsetzungsvorgänge nennt man Vermoderung, Vertorfung und Fäulnis.

In den meisten Fällen sind wohl alle drei Prozesse an der Entstehung des Torfs, der Braunkohle und der Steinkohle beteiligt. Eine Umwandlung der organischen Stoffe, wie sie sich heute noch in den Torfmooren vollzieht, nennt man Torf (Humus). Ganz ähnlich denken wir uns die Entstehung der am häufigsten vorkommenden Glanzkohle. Abgefallene Äste, Stengel, Rinde, Zweige, Blätter, Fruchtorgane sowie ganze Bäume gerieten so zeitig unter Bedeckung von Wasser oder Land, daß sie der zerstörenden Einwirkung des Sauerstoffs der Luft entzogen wurden. Statt dessen setzte der Inkohlungsprozeß ein, sobald Wasser oder Land die Pflanzen von der Luft absperrten. Durch innere Umwandlung der die Pflanze aufbauenden Elemente entstand zunächst Wasser, dann Kohlensäure und schließlich Methan. Aus den Gleichungen

$$2\,H_2 + O_2 = 2\,H_2O \;(1 \text{ kg } H \text{ entspricht } 8 \text{ kg } O),$$
$$C + O_2 = CO_2 \;(1 \text{ kg } C \text{ entspricht } 2{,}67 \text{ kg } O),$$
$$C + 2\,H_2 = CH_4 \;(1 \text{ kg } C \text{ entspricht } 0{,}33 \text{ kg } H)$$

folgt, daß bei diesen Vorgängen vor allem Sauerstoff, in geringerem Maße Wasserstoff und Kohlenstoff verbraucht werden. Je länger daher der Inkohlungsprozeß gedauert hat, um so stärker ist die chemische Natur der Pflanzenstoffe umgewandelt, wie die Zusammenstellung auf S. 112 zeigt:

Mit dem geologischen Alter der Brennstoffe nimmt der Gehalt an Kohlenstoff und die Koksausbeute zu, der Gehalt an Sauerstoff und Wasserstoff ab.

Mit dieser Annahme von der Bildung der Kohle steht auch im Einklang, daß der Gehalt an hygroskopischem Wasser bei dem jüngeren Torf viel größer als bei der Braunkohle und vor allem der Steinkohle ist, und daß die in der Braunkohle eingeschlossenen Gase, vornehmlich Kohlensäure, bei den Steinkohlen Methan enthalten.

Bestand das unter Bedeckung von Wasser oder Land geratene Material vorwiegend aus abgestorbenen Wasserpflanzen und Tieren, so verlief der Umwandlungsvorgang anders, da diese Stoffe sehr fett- und eiweißhaltig sind. Der Fäulnisprozeß überwog, und es bildete sich ebenfalls aus dem Kohlenstoff, Wasserstoff und Sauerstoff der organischen Substanz Wasser, Kohlensäure und Grubengas, aber mehr Kohlensäure und weniger Wasser und Grubengas als bei der Humusbildung, so daß der Wasserstoffgehalt erhalten geblieben ist. Diesem Prozeß entspricht der sich auf dem Boden stehender Gewässer bildende Faulschlamm, und die betreffenden Brennstoffe nennt man Faulschlammtorf, -braunkohle und -steinkohle. In der Streifenkohle haben wir Torfbildung, d. i. die Glanzkohle, und Faulschlammbildung, d. i. die Mattkohle, unmittelbar nebeneinander.

Reste der organischen Gewebe lassen sich in jüngerem Torf schon mit dem bloßen Auge, beim älteren Torf unter dem Mikroskop wahrnehmen. Nach geeigneter Vorbereitung sind auch in Braunkohlen und Steinkohlen jeder Art unzweifelhafte Reste von Pflanzen und Tieren (Zellengewebe, Sporen usw.) unter dem Mikroskop deutlich erkennbar.

66. Torf.

Vorkommen. Deutschland besitzt rund 500 Quadratmeilen Moor, von denen 90 % allein auf Norddeutschland entfallen. Torf bildet sich in der Jetztzeit; nach seinem Alter, d. h. dem Grad der Umwandlung, unterscheidet man ihn. Die obersten Schichten von hellbrauner Farbe heißen Moos- oder Fasertorf; der Sumpf- oder Bruchtorf sieht dunkelbraun aus und bildet die mittleren Schichten, während der Specktorf von schwarzer, glänzender Farbe dem Liegenden des Lagers entspricht.

Der Faulschlamm ist im frischen Zustande gelb bis gelbbraun, leberartig (Lebertorf), und färbt sich beim Trocknen dunkelbraun bis schwarz.

Eigenschaften. Sein spez. Gewicht beträgt 0,2—1,0, selten bis 1,2. Je nach dem Alter setzt sich der asche- und wasserfrei gedachte Torf verschieden zusammen:

Kohlenstoff	50—60 %
Wasserstoff	5—6,5 %
Sauerstoff	30—40 %
Stickstoff	0,5—3 %
Schwefel	0,1—0,2 %

Frisch gefördert enthält der Torf 70—95 % Wasser, lufttrocken noch 20—35 %.

Anwendung. Seiner allgemeinen Anwendung zu Verbrennungszwecken steht der hohe Wasser- und Aschegehalt im Wege. Durch Vergasung des Torfs in Generatoren unter gleichzeitiger Gewinnung der Nebenprodukte läßt sich die in ihm ruhende Energie am besten ausnutzen. Torf dient ferner als Torfstreu, Torfmull, Düngerstreumittel, Packmaterial, Verbandsstoff, Polsterung und als Wärmeschutzmittel.

67. Braunkohle.

Vorkommen. Braunkohle kommt in jüngeren Gebirgsgliedern als die Kreideformation, hauptsächlich im Tertiär, vor. Hauptfundorte sind Sachsen, Braunschweig, Thüringen, Niederhessen, Niederrhein und Böhmen.

Eigenschaften. Die Braunkohle ist eine dichte, erdige, holzige oder faserige Kohlenmasse von meist brauner Farbe. Auf einer Tafel von unglasiertem Porzellan gibt sie einen braunen Strich, färbt Kalilauge beim Erwärmen braun und gibt, mit Salpetersäure erwärmt, einen roten Auszug. Bei der Verkokung liefert sie meist ein saures Destillat. Durch diese Reaktionen unterscheidet sich die Braunkohle von der Steinkohle. Das spez. Gewicht der Braunkohle beträgt im großen Durchschnitt 1,20—1,25. Frisch geförderte Braunkohlen haben meist 30—60 % Wasser; bei 100⁰ getrocknet, ziehen sie 10—30 % Wasser beim Liegen aus der Luft wieder an. Die Aschenbestandteile rühren zum großen Teil aus eingemengten Mineralien und Gesteinsteilen her. Der Aschengehalt beträgt im großen Durchschnitt 5—15 %. Man unterscheidet nach ihrem Gehalt an flüchtigen Bestandteilen Feuer- und Schwelkohlen.

Der **Pyropissit** ist mit einem Gehalt von 40—50 % Bitumen die edelste Schwelkohle von heller Farbe; sein Vorkommen ist beschränkt. Unter Bitumen versteht man Kohlenwasserstoffe, die reich an Paraffinen und Naphthenen sind. Das Bitumen läßt sich bis etwa zur Hälfte durch Extraktion mit Benzol, Benzin u. a. ausziehen, durch trockene Destillation wird es vollständig gewonnen. Die heute zur Verschwelung gelangenden Braunkohlen besitzen etwa 5—10 % Bitumen.

Der **Lignit** ist eine holzige Braunkohle, die meist mit der erdigen Braunkohle zusammen vorkommt.

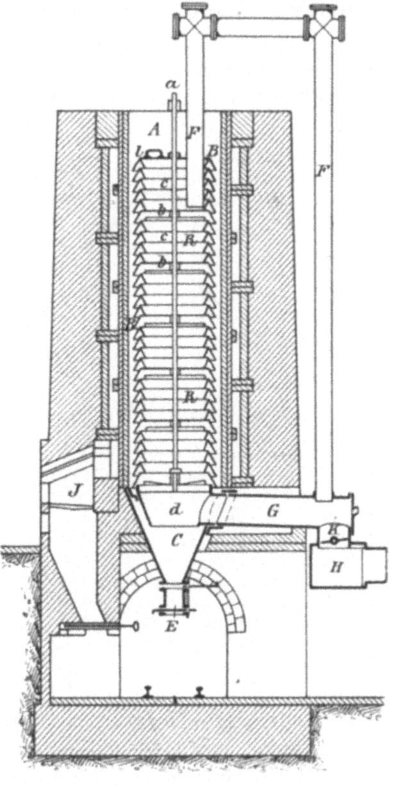

Abb. 61.

Erdige Braunkohlen aus der Umgegend von Kassel und Köln haben eine schön rotbraune Farbe, so daß sie als Malerfarbe in den Handel gelangen. Die nur in geringen Mengen vorkommende **Pechkohle** sieht schwarz, glänzend wie Pech aus und zeigt muscheligen Bruch. Der Kohlenstoffgehalt der asche- und wasserfreien Braunkohle ist meist über 60 % und erreicht mit etwa 89 % bei der Glanzkohle vom Meißner in Hessen seine größte Höhe.

Anwendung. Die deutschen Braunkohlen (Feuerkohlen) lassen sich ohne Zusatz eines Bindemittels brikettieren (Unterschied von böhmischen Braunkohlen); durch diesen Vorgang wird der Wassergehalt bedeutend verringert, der Heizwert und die Transportfähigkeit erheblich erhöht.

Die Schwelkohle wird in eisernen Zylinderöfen der trockenen Destillation unterworfen, wobei man neben dem sauren, wässerigen Destillat Gas, Braunkohlenteer und einen mürben Koks erhält.

Abb. 61 stellt nach *W. Scheithauer* einen Schnitt durch einen zylindrischen Schachtofen aus Schamottesteinen dar, der im Innern A ein System von senkrecht übereinanderliegenden, abgeschrägten, gußeisernen Ringen in regelmäßigen Abständen enthält. Zwischen der inneren Ofenwand und den Ringen, welche Glocken heißen, ist der Schwelraum B von 8—10 cm frei geblieben. Die Anordnung des Glockensystems, das im Querschnitt jalousieartig aussieht, ist derart, daß im Ofen ein zylindrischer Raum R gebildet wird, der durch die zwischen je zwei Glocken entstehenden Öffnungen mit dem Schwelraum B in Verbindung steht. Der Ofen verläuft unten konisch und besitzt hier zur Aufnahme des Koks einen eisernen Kasten E, welcher oben und unten durch Schieber verschlossen ist. Die Füllung des Ofens erfolgt durch Aufschütten von Braunkohle auf den sogenannten Glockenhut, der den durch die Glocken gebildeten Raum oben abschließt. Die Kohle geht langsam nach unten und wird dabei zunächst vom Wasser und in den heißeren Teilen des Ofens von ihrem Bitumen befreit. Der Koks (Grudekoks) wird mit Hilfe der beiden Kastenschieber von Zeit zu Zeit abgekühlt entleert.

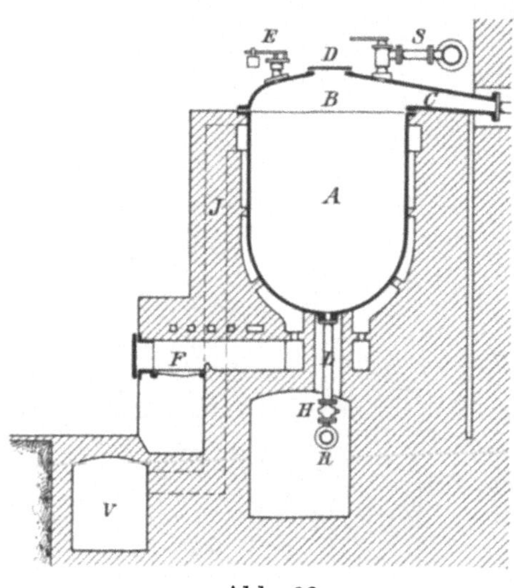

Abb. 62.

Die Feuerung erfolgt von J aus durch eine Schwelgasfeuerung, die noch durch Kohlenfeuerung auf dem Planrost unterstützt wird.

Die Schwelgase sammeln sich in R und werden von dort durch die Rohrleitungen F und G mit Hilfe eines Luftsaugers zur Vorlage K bzw. zur Kondensationsanlage geführt.

Der Braunkohlenteer wird durch fraktionierte Destillation unter gewöhnlichem Druck oder im luftverdünnten Raum weiter verarbeitet. Dabei gewinnt man folgende Erzeugnisse:

Leichtes Braunkohlenteeröl (Benzin)	2— 3%
Solaröl	2— 3%
Helles Paraffinöl	10—12%
Gasöl	30—35%
Schweres Paraffinöl	10—15%
Hartparaffin	8—12%
Weichparaffin	3— 6%
Nebenprodukte	4— 6%
Wasser, Gas und Verlust	20—25%

Abb. 62 zeigt einen Schnitt durch eine Braunkohlenteer Destillationsblase für Vakuumdestillation. *A* ist die eigentliche gußeiserne Blase; an ihrem Flansche ist der gußeiserne Deckel *B* angeschraubt und gut gedichtet. Die Destillationsdämpfe entweichen durch den Rüssel *C*, welcher mit einer Kühlvorlage verbunden ist. Das am Grunde der Blase angebrachte Rohr *L* ermöglicht das Ablassen des Destillationsrückstandes. Von der Feuerung *F* streichen die heißen Verbrennungsgase durch Schlitze nach der Blase, fallen durch den Kanal *J* nach dem Verbindungskanal *V* und entweichen von da in den Schornstein.

Das Verfahren der Braunkohlenteerverarbeitung ist dem der fraktionierten Destillation des Steinkohlenteers ähnlich.

Durch Destillation des Bitumens mit überhitztem Wasserdampf im luftverdünnten Raume erhält man das **Montanwachs,** welches als Isoliermaterial und zur Herstellung von Schmierfetten dient.

Das **Paraffin** ist in gereinigtem Zustande eine feste, harte, weiße, geruch- und geschmacklose Masse, die zur Herstellung von Zündhölzern, Zündbändern, Kerzen, zum Wasserdichtmachen von Geweben (Sprengpatronen) und Einfetten des Leders dient.

Der **Jet** oder **Gagat** ist eine Faulschlammbraunkohle; sie ist der Kännelkohle ähnlich, aber von größerer Politurfähigkeit und dient als Schmuck.

68. Steinkohle.

Vorkommen. Die Steinkohle kommt in älteren Gebirgsgliedern als die Tertiärformation vor, und zwar hauptsächlich in der gemäßigten Zone aller Erdteile. Steinkohle ist dicht und schwarz; ihr spez. Gewicht beträgt 1,25—1,60. Lufttrockene Steinkohle enthält 0,5—7 % Wasser; selten geht der Gehalt an Wasser über 4 % hinaus. Die Steinkohle gibt auf unglasiertem Porzellan einen schwarzen Strich.

Nach dem äußeren Aussehen unterscheidet man Glanz- und Mattkohle; oft kommen diese beiden Hauptkohlenarten nebeneinander als Streifenkohle vor.

Glanzkohle. Die Glanzkohle ist von tiefschwarzer Farbe, lebhaftem Glasglanz und durch ihre meist leichte Spaltbarkeit ausgezeichnet; sie färbt nicht ab und ist so spröde, daß sie sich leicht zerpulvern läßt. Die Glanzkohle ist aschenärmer, besitzt größere Verkokungsfähigkeit und gibt höhere Koksausbeute als die anderen Kohlenarten. Die auf den Schicht- und Ablösungsflächen der Glanzkohle vorkommende Faserkohle ist ein der Holzkohle ähnliches Gebilde. Die Faserkohle ist grauschwarz, weich, samtglänzend und färbt stark ab.

Mattkohle. Die Mattkohle ist wenig glänzend, von grauschwarzer bis bräunlich-grauer Farbe und ohne Spaltbarkeit. Die Mattkohle ist sehr fest, läßt sich nur schwer zerpulvern und gibt beim Anschlagen einen holzartigen Klang. Ihr Bruch ist uneben und muschelig; sie färbt nicht ab. Die Mattkohle ist aschenreicher, von geringerer Backfähigkeit und Koksausbeute als die Glanzkohle; sie findet sich vornehmlich in den gasreichen Flözen. Bemerkenswert ist die Kännelkohle, die so gasreich ist, daß sie angezündet wie eine Kerze (englisch = candle) brennt. Die Kännelkohle läßt sich auf der Drehbank bearbeiten; sie besitzt fast die Politurfähigkeit des Gagats, ohne seinen Glanz zu erreichen. Wegen ihres hohen Gasgehaltes dient die Kännelkohle als Zusatzkohle bei der Gasbereitung.

Der **Brandschiefer** steht der Mattkohle nahe, welche sich beim Überwiegen der organischen Stoffe des Faulschlamms gebildet hat. Beim immer größer werdenden Gehalt an anorganischen Bestandteilen (Ton, Eisen, Kalk) der Faulschlammbildung ist Brandschiefer entstanden, welcher der Mattkohle bei flüchtiger Betrachtung ähnelt. Der Brandschiefer entzündet sich leicht von selbst und sieht nach dem Brande wegen des Gehalts an Eisenoxyd rot aus.

69. Chemische Einteilung der Steinkohle.

Da das Alter der Kohlen, die Art ihrer Bedeckung und die Veränderung ihrer ursprünglichen Lagerung verschieden ist, findet ihre sehr wechselnde chemische Zusammensetzung dadurch eine befriedigende Erklärung. In der folgenden Zahlentafel ist die chemische Zusammensetzung der westfälischen Steinkohlenarten und zur Vervollständigung die von jüngeren festen Brennstoffen wiedergegeben; die Zahlen beziehen sich auf die reine, d. h. asche- und wasserfreie Kohle.

Brennstoff	$^0/_0\,C$	$^0/_0\,H$	$^0/_0\,O+N$	Heizwert Kalorien	hygroskopisches Wasser
Holz	50	6	44	4850	15
Torf	60	6	34	5700	30
Braunkohle	73	6	21	6850	20
Gasflammkohle	82	5,7	12,3	7800	4
Gaskohle	84	5,3	10,7	8050	3
Kokskohle	87	5,0	8,0	8400	2
Eßkohle	89	4,7	6,3	8650	1,5
Magerkohle	92	4,0	4,0	8450	1,0
Anthrazit	96	2,0	2,0	8200	0,5
Graphit	100	—	—	7850	—

Verkokt man Steinkohle, d. h. unterwirft man sie der trockenen Destillation, so entweichen Gase, aus welchen sich beim Abkühlen Ammoniakwasser und Teer abscheiden, und es hinterbleibt Koks. An der Koksausbeute, der Koksform und den Flammerscheinungen beim Verkoken kann man die verschiedenen Kohlenarten erkennen.

Man erhitzt 1 g der fein gepulverten, lufttrockenen Kohle in einem gewogenen, bedeckten Platintiegel im Trockenschrank ½ Stunde bei 105°. Nach dem Erkalten wird der Tiegel gewogen, und man erhält aus dem Unterschiede der Wägezahlen den Gehalt an „hygroskopischem" Wasser. Dann erhitzt man den Tiegel über einer nicht leuchtenden Bunsenflamme so lange, bis aus dem Deckel keine flüchtigen Bestandteile mehr herausbrennen, läßt den Tiegel erkalten und wägt ihn. Der Unterschied der letzten beiden Wägezahlen ergibt den Gehalt an flüchtigen Stoffen. Schließlich glüht man den Tiegel so lange bei Luftzutritt, bis zwei Wägungen des erkalteten Tiegels keinen Unterschied mehr aufweisen, und erhält so den Gehalt der Kohle an Asche. Erst durch Umrechnung dieser für die Rohkohle erhaltenen Werte auf die asche- und wasserfreie Reinkohle erhält man Zahlen, welche den Vergleich der verschiedenen Kohlen ermöglichen. Das folgende Beispiel diene zur weiteren Erläuterung:

Die lufttrockene Rohkohle ergab bei der Analyse:

$$\begin{array}{l}
1{,}0\,\% \quad \text{Wasser} \\
25{,}0\,\% \quad \text{flüchtige Stoffe} \\
74{,}0\,\% \quad \text{Koks (einschl. Asche)} \\
\hline
100{,}0 \\
9{,}0\,\% \quad \text{Asche.}
\end{array}$$

Die lufttrockene Rohkohle enthielt demnach:

$$\begin{array}{l}
90{,}0\,\% \quad \text{reine Kohle} \\
10{,}0\,\% \quad \text{Wasser und Asche} \\
\hline
100{,}0
\end{array}$$

Die Reinkohle (90%) setzt sich zusammen aus:

$$\begin{array}{l}
25{,}0\,\% \quad \text{flüchtigen Stoffen} \\
65{,}0\,\% \quad \text{Koks (aschefrei)} \\
\hline
90{,}0
\end{array}$$

100% Reinkohle gibt demnach:

$$\begin{array}{l}
27{,}8\,\% \quad \text{flüchtige Stoffe} \\
72{,}2\,\% \quad \text{Koks} \\
\hline
100{,}0
\end{array}$$

Nach den auf Reinkohle umgerechneten Werten für flüchtige Bestandteile und Koks ist folgende Einteilung der Steinkohle vorgenommen; die Zahlen entsprechen der mittleren Zusammensetzung:

Kohlenart	% flüchtige Stoffe	% Koks	Beschaffenheit des Koks	der Flamme
Gasflammkohle.	40	60	Pulver oder schlecht gebacken; rissig	sehr lang, stark rußend
Gaskohle . . .	35	65	gebacken, weich, rissig	lang, stark rußend
Kokskohle . . .	26	74	gebacken, fest, silberhell	mäßig lang, rußend
Eßkohle	18	82	schlecht gebacken, dunkel	mäßig lang, wenig rußend
Magerkohle . .	12	88	Pulver oder gesintert	klein, nicht rußend
Anthrazit . . .	4	96	Pulver	sehr klein

Scharfe Grenzen zwischen diesen Kohlenarten gibt es nicht, sie gehen unmerklich ineinander über.

Außer der **fühlbaren Nässe** besitzt die Steinkohle noch **hygroskopisches Wasser**, das mit steigendem Alter der Kohle abnimmt (6—0,5%).

Das Unverbrennliche in der Kohle bildet die Asche; nach ihrem Ursprung setzt sie sich zusammen aus Asche

1. der Pflanzensubstanz, aus der die Kohle entstanden ist,
2. des durch Wind und Wasser angetriebenen und abgesetzten Staubes und Schlammes,
3. des Deckgebirges.

Die Asche westfälischer Kohle besteht hauptsächlich aus Kieselsäure, Tonerde, Kalk, Magnesia, Eisenoxyd und Schwefelsäure. Die Gegenwart von Kalk, Eisen und Schwefel in der Kohle begünstigt die Schlackenbildung. Der Gehalt westfälischer Kohle an Asche beträgt im großen Mittel 6 %; er ist gering mit 1 % und sehr hoch mit 15 %. Der Aschegehalt des Koks ist natürlich größer als der der Kohle, aus welcher er hergestellt wurde. Enthält eine Kohle z. B. 4 % Asche und gibt ein Koksausbringen von 75 %, so enthält der ausgebrachte Koks $\dfrac{4 \times 100}{75} = 5\,\tfrac{1}{3}\,\%$ Asche.

Der **Schwefel** (1—2 %) kann in dreierlei Form in der Kohle enthalten sein, als Schwefelkies, Gips und organischer Schwefel. Der Schwefelkies entstammt schwefelsauren Eisenwässern, die durch die reduzierende Wirkung der Kohle in Schwefelkies übergeführt wurden. Der Schwefelkies kommt in größeren und kleineren Kristallen und in äußerst feiner Verteilung auch als amorpher Körper in der Kohle vor. Der organische Schwefel, d. h. der an Kohlenstoff gebundene, entstammt wahrscheinlich den Pflanzen, aus welchen die Kohle entstanden ist. Beim Verbrennen der Kohle bleibt ein Teil des Schwefels in der Asche zurück, während der andere Teil zu schwefliger Säure verbrennt, welche zerstörend auf die davon bestrichenen Metallplatten einwirkt.

Der **Stickstoffgehalt** der westfälischen Steinkohle beträgt 1 %, selten 2 %.

Über die Natur der Steinkohle ist noch nichts Näheres bekannt; man nimmt an, daß die Steinkohle ein Gemenge verschiedener und vielleicht sehr mannigfaltiger Verbindungen des Kohlenstoffs mit Wasserstoff und Sauerstoff ist.

Lagert Kohle an der Luft, so erleidet sie Lagerverlust; sie verwittert, indem sie Sauerstoff aufnimmt. Mit der Sauerstoffabsorption ist eine Gewichtszunahme der Kohle verbunden. Findet gleichzeitig Bildung von Kohlensäure statt, so ist eine Gewichtsabnahme damit verknüpft. Durch diese Vorgänge zerfällt die Kohle allmählich, ihre Heizkraft vermindert sich und ihre Koksausbeute wird zwar größer, der Koks selbst aber erheblich schlechter.

Infolge der Sauerstoffaufnahme tritt eine Oxydationswirkung ein, welche von immer größer werdender Wärmeentwicklung begleitet ist, so daß sich die Kohle im Lager und Flöz, der Kohlenschiefer auf der Halde selbst entzündet. Man nimmt an, daß es die in der Kohle enthaltenen ungesättigten Verbindungen des Kohlenstoffs mit Wasserstoff und Sauerstoff sind, welche die Selbstenzündung durch Sauerstoffaufnahme hervorrufen. In viel geringerem Maße trägt auch der Schwefelkies in seiner feinsten Verteilung dazu bei.

Die **Brandgase** sind arm an Sauerstoff, reich an Stickstoff und Kohlensäure, und enthalten immer Kohlenoxyd, oft auch Grubengas und bisweilen höhere und schwere Kohlenwasserstoffe.

70. Heizwert der Kohle.

Die Wärmemenge, welche 1 kg Kohle bei vollständiger Verbrennung entwickelt, heißt ihr **Heizwert**. Man bestimmt ihn durch:

1. direkt auszuführende Heizversuche im großen;
2. Verbrennen von 1 g Kohle in einem Kalorimeter (Stahlbombe) mit reinem Sauerstoff; die dadurch verursachte Erwärmung von 1 kg Wasser, welches das Kalorimeter umgibt, dient zur Berechnung des Heizwertes.

Abb. 63 gibt einen Schnitt durch die Berthelot-Langbeinsche Bombe wieder; a dient zur Aufnahme eines Platinschälchens, in welchem die Kohle verbrannt wird, nachdem elektrischer Strom zur Zündung durch Draht c über einen Baumwollfaden, der zwischen c und a unter Berührung der Kohle gespannt ist, zugeleitet ist. Das Röhrchen b dient für die Zuleitung des verdichteten Sauerstoffs.

Zur Ablesung der Temperaturerhöhung verwendet man ein langes Beckmannsches Thermometer, das in Ganze und $1/_{100}$ Grade geteilt ist, so daß man mittels Lupe $1/_{1000}$ Grade ermitteln kann. Durch einen auf- und abgehenden Rührer sorgt man für gründliche Durchmischung des Wassers, in welchem die Bombe steht.

Durch eine Reihe von Vorversuchen hat man den Wasserwert des Kalorimeters festgestellt, d. h. die Anzahl von Wärmeeinheiten für 1^0 Temperaturerhöhung des Wassers beim Verbrennen von z. B. 1 g reinem Kohlenstoff (S. 59).

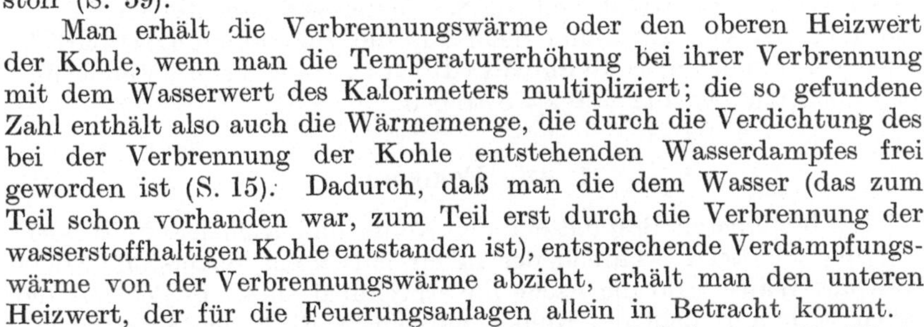

Abb. 63.

Man erhält die Verbrennungswärme oder den oberen Heizwert der Kohle, wenn man die Temperaturerhöhung bei ihrer Verbrennung mit dem Wasserwert des Kalorimeters multipliziert; die so gefundene Zahl enthält also auch die Wärmemenge, die durch die Verdichtung des bei der Verbrennung der Kohle entstehenden Wasserdampfes frei geworden ist (S. 15). Dadurch, daß man die dem Wasser (das zum Teil schon vorhanden war, zum Teil erst durch die Verbrennung der wasserstoffhaltigen Kohle entstanden ist), entsprechende Verdampfungswärme von der Verbrennungswärme abzieht, erhält man den unteren Heizwert, der für die Feuerungsanlagen allein in Betracht kommt.

3. Berechnung aus der Elementaranalyse, indem man die Werte für Kohlenstoff, Wasserstoff, Sauerstoff, Schwefel und Wasser in die Verbandsformel einsetzt:

$$\text{theoret. Hzwt.} = 81\ C + 290\left(H - \frac{O}{8}\right) + 25\ S - 6\ H_2O.$$

8*

Die in dieser Formel enthaltenen Zahlen für Kohlenstoff, Wasserstoff und Schwefel stellen die Heizwerte der reinen Elemente dar. Der in der Kohle enthaltene Sauerstoff verbrennt einen Teil des Wasserstoffs, der für den Heizwert verlorengeht.

$\left(H - \dfrac{0}{8}\right)$ gibt die Menge des für die Verbrennungswärme übrigbleibenden (disponiblen) Wasserstoffs an. Der Ausdruck $6\,H_2O$ berücksichtigt den Wärmeverlust, der durch die Verdampfung des in der Kohle enthaltenen Wassers entsteht.

Aufgabe: Wie groß ist der theoretische Heizwert einer Kohle, welche aus 79,0 % Kohlenstoff, 5,2 % Wasserstoff, 7,6 % Sauerstoff, 1,0 % Schwefel, 1,5 % Wasser und 5,7 % Asche besteht?

$$= 81 \times 79 + 290\left(5{,}2 - \frac{7{,}6}{8}\right) + 25 - 6 \times 1{,}5 = 7647 \text{ kal. theor.}$$

Um zu ermitteln, wieviel Kilogramm Dampf von 100⁰ aus Wasser von 0⁰ beim Verbrennen von 1 kg Kohle entstehen, muß man die Zahl der ermittelten Kalorien durch 637 dividieren; man erhält so den theoretischen Verdampfungswert. In unserem Beispiel also $\dfrac{7647}{637} = 12$ kg Wasserdampf.

In der **Praxis** treten nun zahlreiche Verluste an Wärme auf, die im wesentlichen auf unvollkommener Verbrennung der Kohle, hoher Temperatur der Rauchgase, sowie auf Strahlung und Leitung beruhen. Die Rauchgase enthalten oft außer Kohlensäure, Sauerstoff und Stickstoff auch Kohlenoxyd, andere brennbare Gase und Flugruß, ein Zeichen unvollständiger Verbrennung. Stets gelangt etwas Kleinkohle durch die Rostfugen unverbrannt in den Aschenfall. Erhebliche Wärmemengen gehen ferner durch das Anwärmen des Brennmaterials und der zutretenden Luft auf die Ofentemperatur, durch die hohe Wärme der Rauchgase (300⁰ C) in den Schornstein, sowie der Asche in den Aschenfall verloren. Berücksichtigt man ferner, daß der Kessel Wärme ausstrahlt und an das Mauerwerk ableitet, so ist ein Wärmeverlust von 25 % und mehr für die Dampfbildung erklärlich. Danach würde der praktische Verdampfungswert in unserem Beispiel höchstens ¾ × 12 = 9 kg betragen.

71. Die Feuerung.

Die brennbaren Bestandteile der Kohle sind Kohlenstoff, Wasserstoff und Schwefel, während der in ihr enthaltene Sauerstoff, Stickstoff, das Wasser und die Asche unverbrennbar sind. In den meisten Fällen verbrennt man die Kohlen auf einem Rost, den Kohlenstaub ohne denselben durch Zerstäubung. Man unterscheidet Plan-, Schräg-, Treppen- und Wanderrost. Die Luftzufuhr erfolgt bei ihnen von unten durch die Rostfugen.

Der Kohlenstoff verbrennt nur bei einem Überschuß von Luft vollkommen, d. h. liefert Kohlensäure nach der Gleichung: $C + O_2$

$= CO_2$. Bei einem Mangel an Luft ist die Verbrennung dagegen unvollkommen, d. h. neben Kohlensäure bildet sich auch Kohlenoxyd:

$$C + O = CO; \quad CO_2 + C = 2\,CO.$$

Entweicht nun ein Teil des Kohlenoxyds unverbrannt, so tritt dadurch ein größerer Wärmeverlust als durch einen geringen Luftüberschuß ein. Bei den Rostfeuerungen haben wir immer einen Überschuß von Luft nötig, da die Brennstoffschicht zu niedrig ist (Steinkohle 6—12 cm, Braunkohle 9—10 cm), so daß nicht sämtliche Sauerstoffteilchen mit der Kohle in Berührung kommen.

Die Verbrennungsgase geben einen großen Teil ihrer Wärme z. B. an den Kessel ab, durchstreichen den Rauchkanal (Fuchs) und gelangen in den Schornstein, wo sie wegen ihrer hohen Temperatur infolge von Auftrieb Saugwirkung hervorrufen. Der Kaminzug kann durch einen Rauchschieber im Fuchs vergrößert oder verringert werden.

Natürlich nimmt auch der Luftüberschuß an der Erwärmung auf die Verbrennungstemperatur teil, so daß durch zu viel zugeführte Luft ebenfalls ein Wärmeverlust eintritt. Daher muß der Heizer seine Feuerung so bedienen, daß weder zu viel noch zu wenig Luft zutritt; er soll die Kohle gleichmäßig und nicht in zu dicker Schicht aufgeben und dabei, sowie beim Schüren und Abschlacken, möglichst rasch arbeiten, damit die Feuertür nicht zu lange offen steht. Oft läßt ein Blick nach der Schornsteinmündung ihn schon erkennen, daß die Verbrennung mit starker Rauchentwicklung und somit großem Wärmeverlust stattfindet.

Das beste Mittel, um über die Art und Güte der Verbrennung Aufschluß zu erhalten, gewährt die Untersuchung der Verbrennungsgase (Rauchgase). Ist ihre Temperatur z. B. höher, als zur Bildung des Kaminzuges nötig ist (250^0), so erhöhen sich die Wärmeverluste mit steigender Temperatur der Rauchgase. Schon allein die Bestimmung des Kohlensäuregehalts derselben ist für die Beurteilung der Feuerung von größter Wichtigkeit, wie noch des näheren ausgeführt wird.

1 kg Kohlenstoff verbraucht beim Verbrennen $\dfrac{32}{12} = 2{,}667$ kg Sauerstoff; diese entsprechen $\dfrac{2{,}667}{0{,}21 \times 1{,}106} = 11{,}5$ kg Luft (2,667 kg O + 8,833 kg N). Durch Division dieser Zahl durch das Gewicht der Luft erhält man den Luftbedarf für 1 kg Kohlenstoff in Kubikmetern, also $\dfrac{11{,}5}{1{,}293} = 8{,}89$ cbm Luft.

Man gelangt zu dieser Zahl auch durch folgende Überlegung: Die zum Verbrennen von 12 kg Kohlenstoff erforderlichen 32 kg Sauerstoff besitzen bei 0^0 und 760 mm ein Normalvolumen von 22,4 cbm (S. 46). Folglich gibt 1 kg Kohlenstoff mit $\dfrac{22{,}4}{12} = 1{,}87$ cbm Sauerstoff auch 1,87 cbm Kohlensäure. Die Luft enthält auf 1 cbm O_2.. 3,76 cbm N; 1,87 cbm O_2 entsprechen demnach $3{,}76 \times 1{,}87 = 7{,}02$ cbm Stickstoff. 1 kg Kohlenstoff hat also zu seiner vollkommenen Verbrennung $1,87 + 7,02 = 8,89$ cbm Luft nötig und erzeugt dabei an Rauchgas 1,87 cbm CO_2 + 7,02 cbm N_2. Da diese 8,89 cbm Rauchgas 1,87 cbm CO_2 enthalten, so ergibt sich die prozentische Zusammensetzung derselben zu $\dfrac{1,87 \times 100}{8,89}$ = 21 % CO_2 (0 % O_2). Beim Verbrennen von reinem Kohlenstoff enthielte das Rauchgas unter der Annahme, daß so viel Sauerstoff verbraucht würde, als gerade zur Verbrennung erforderlich ist, 21 % Kohlensäure, also genau so viel, als Sauerstoff in der Luft enthalten ist.

Wird der Kohlenstoff mit z. B. 10 % Luftüberschuß verbrannt, so treten zu den 1,87 cbm O_2 + 7,02 cbm N_2 (8,89 cbm Luft) noch 0,187 cbm O_2 + 0,702 cbm N_2 (0,889 cbm Luft). Demnach ist der CO_2-gehalt der Rauchgase nicht 21 %, sondern

$$\frac{1,87 \times 100}{8,89 + 0,889} = 19,1 \%\ CO_2 \quad (1,9 \%\ O_2)$$

Bei 100 % Luftüberschuß:

$$\frac{1,87 \times 100}{2 \times 8,89} = 10,5 \%\ CO_2 \quad (10,5 \%\ O_2)$$

Es ergibt sich also, vollkommene Verbrennung vorausgesetzt, bei einem bestimmten Luftüberschuß und einem bestimmten Gehalt an Kohlensäure des Rauchgases ein bestimmter Wert, da die Summe des Sauerstoffs und der Kohlensäure gleich 21 ist. Verbrennt man reinen Koks (asche- und wasserfrei), so treffen diese theoretischen Erörterungen nahezu ein. Da der Koks geringe Mengen von Wasserstoff, Sauerstoff, Schwefel und Stickstoff enthält, so ist der Wert für $CO_2 + O_2$ im Rauchgase etwas kleiner, nämlich 20,5.

Der Luftbedarf von 1 kg einer Kohle mit 79 % C, 5,2 % H und 7,6 % O (S. 116) berechnet sich folgendermaßen:

$$0,79 \times 1,87 = 1,477 \text{ cbm } O_2$$
$$0,052 - 0,0095 = 0,0425 \times 5,6^1) = 0,238 \text{ cbm } O_2$$
$$= 1,715 \text{ cbm } O_2$$

1,715 cbm O_2 entsprechen $1,715 + 1,715 \times 3,76 = 8,163$ cbm Luft.

An Verbrennungsprodukten werden erzeugt:

$$0,79 \times 1,87 = 1,477 \text{ cbm } CO_2 \quad + 5,554 \text{ cbm } N_2$$
$$0,0425 \times 9 = 0,3825 \text{ kg } H_2O \quad + 0,896 \text{ cbm } N_2$$
$$+ 0,0095 \times 9 = 0,0855 \text{ kg } H_2O \quad \overline{6,450 \text{ cbm } N_2}$$

Unter Vernachlässigung des Wasserdampfes besteht also das Rauchgas aus:

$$\begin{aligned}
1,477 \text{ cbm } CO_2 \quad &= 18,6 \%\ CO_2 \\
\underline{6,450 \text{ cbm } N_2} \quad &= 81,4 \%\ N_2 \\
7,927 \text{ cbm } CO_2 + N_2 \quad &= 100,0
\end{aligned}$$

$^1)$ 4 kg Wasserstoff erfordern 32 kg = 22,4 cbm Sauerstoff
   1 kg   „   erfordert   8 „ = 5,6 „   „

Bei einem Luftüberschuß von 20 % treten zu den 1,715 cbm O_2 + 6,450 cbm N_2 noch 0,343 cbm O_2 + 1,290 cbm N_2 hinzu; das Rauchgas besteht dann aus:

1,477 cbm CO_2	= 15,5 % CO_2
0,343 cbm O_2	= 3,5 % O_2
7,740 cbm N_2	= 81,0 % N_2
9,560 cbm $CO_2 + O_2 + N_2$	= 100,0

Aus der Höhe des Gehaltes an Kohlensäure und des unverbrauchten (freien) Sauerstoffs in den Rauchgasen kann man auf die Vollkommenheit der Verbrennung schließen, da für gleichartige Brennstoffe die Summe von $CO_2 + O_2$ gleich groß ist.

Der theoretische Kohlensäurehöchstbetrag beläuft sich bei

Koks auf	20,5 % CO_2 max.
Magerkohle auf	19,2 % CO_2 max.
Steinkohle auf	18,8 % CO_2 max.
Braunkohle auf	18,2 % CO_2 max.

Aus diesen Zahlen (z. B. für Steinkohle = 18,8) und dem durch die Analyse des Rauchgases ermittelten CO_2-gehalt (z. B. CO_2 = 15,5 %) erhält man den Luftüberschuß, indem man den Kohlensäurehöchstbetrag des Brennstoffes durch den CO_2-gehalt des Rauchgases dividiert.

In unserem Beispiel ist also der Luftüberschuß $= \dfrac{CO_2 \text{ max.}}{CO_2} = \dfrac{18,8}{15,5}$ = 1,2fach. Enthält ferner z. B. das Rauchgas einer Braunkohlenfeuerung 5,9 % Kohlensäure, so ist der Luftüberschuß $= \dfrac{18,2}{5,9} = 3$fach.

Will man unvollkommene Verbrennung (Ruß, Kohlenoxyd) vermeiden, so muß man mindestens einen 1,3 bis 1,5fachen Luftüberschuß anwenden. Erfahrungsgemäß enthalten die Rauchgase von Kesselanlagen bei Handbeschickung nicht mehr wie 10—12 % CO_2, bei automatischer Beschickung nicht mehr wie 12—14 % CO_2, entsprechend einem Luftüberschuß von 1,9—1,6 bzw. 1,6—1,3.

Die Rauchgasanalyse erfolgt meistens mit dem Orsatapparat. Mit Hilfe von registrierenden Vorrichtungen (Schmid, Krell-Schultze usw.) wird der Kohlensäure- oder Sauerstoffgehalt der Abgase industrieller Feuerungen dauernd gemessen und aufgeschrieben. Der absolute Kohlenverlust bei Dampfkesseln usw. kann dann jederzeit z. B. für eine Temperatur der Abgase von 300° aus Zahlentafeln abgelesen werden.

Aufgaben: 1. Wie groß sind die theor. Flammentemparaturen des Kohlenstoffs bei einer a) vollkommenen (CO_2) und b) unvollkommenen (CO) Verbrennung an der Luft?

$$\text{a) T.} = \frac{8100}{1,87 \times 0,57 + 7,02 \times 0,36} = 2255°.$$

$$\text{b) T.} = \frac{2400}{0,93 \times 0,34 + 3,51 \times 0,34} = 1590°.$$

2 Wie groß ist die theor. Flammentemperatur einer Steinkohle mit 79,0 % C, 5,2 % H, 8,6 % O und 7,2 % Asche bei 50 % Luftüberschuß, wenn ihr Heizwert 7600 Kal. beträgt?

Die Menge des gebildeten Wassers beträgt:

$$\frac{0,086}{8} = 0,0108 \text{ kg } H_2 \text{ (S. 116)} \times 9 \qquad = 0,097 \text{ kg } H_2O$$

$$0,052 - 0,0108 = 0,0412 \text{ kg } H_2 \text{ verbrennt mit}$$

$$0,0412 \times 8 \quad = \frac{0,3296 \text{ kg } O_2}{0,3708}$$

$$\text{zu} \quad 0,371 \text{ kg } H_2O$$

$$\text{zusammen} \quad 0,468 \text{ kg } H_2O$$

Die Menge der gebildeten Kohlensäure:

0,79 kg Kohlenstoff verbrennt mit $0,79 \times 2,67 = 2,11 \text{ kg } O_2$

$$= 2,90 \text{ kg } CO_2$$

Der Luftbedarf beträgt:

Theor. erforderlicher Sauerstoff $= 0,37 + 2,11 \qquad = 2,48 \text{ kg } O_2,$

entsprechend $\dfrac{2,48}{0,2323} = 10,7 \text{ kg Luft} \qquad = 8,22 \text{ kg } N_2$

50 % Luftüberschuß erfordern: $1,24 \text{ kg } O_2 + 4,11 \text{ kg } N_2$.

Die Rauchgase enthalten demnach:

$0,468 \text{ kg } H_2O + 2,90 \text{ kg } CO_2 + 1,24 \text{ kg } O_2 + 12,33 \text{ kg } N_2$.

Die theoretische Flammentemperatur (geschätzt zu 1600°):

$$= \frac{7600}{0,468 \times 0,53 + 2,90 \times 0,27 + 1,24 \times 0,24 + 12,33 \times 0,27} = 1630°.$$

Der Orsatapparat (Abb. 64) besteht aus der Meßröhre A, den Absorptionsgefäßen B, C und D und der Niveauflasche E. Die Meßröhre vermag 100 ccm Gas zur Untersuchung aufzunehmen, besitzt in ihrem unteren verjüngten Teile eine Teilung in 0,2 ccm und befindet sich in einem mit Wasser gefüllten Glasmantel. Sie ist durch einen Schlauch mit der Niveauflasche verbunden, mit deren Hilfe man das Gas durch Senken und Heben ansaugt bzw. in die Absorptionsgefäße drückt. Die Pipette B ist zur Absorption von Kohlendioxyd mit 50 %iger Kalilauge, C zur Ermittelung des Sauerstoffs mit pyrogallussaurem Kalium und D zur Bestimmung des Kohlenoxyds mit ammoniakalischer Kupferchlorürlösung gefüllt. a b, und c sind einfache Glashähne, während d ein Dreiweghahn mit einer

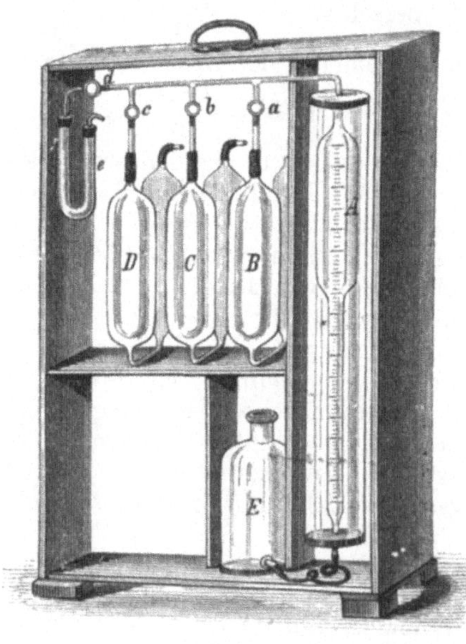

Abb. 64.

Längsdurchbohrung ist. Das U-Röhrchen C ist zur Reinigung des angesaugten Gases von Staub angeschlossen und mit Watte gefüllt.

72. Anwendung der Steinkohle.

Die einzelnen Kohlenarten werden nach ihren besonderen Eigenschaften verwandt. Zur Beheizung der Kessel von industriellen Anlagen und Lokomotiven dienen langflammige Kohlen, die wegen ihres hohen Gasgehaltes auch zur Gasfabrikation benutzt werden. Die Fettkohlen sind die eigentlichen Kokskohlen, die Eßkohlen eignen sich als Schmiede- und Küchenkohlen, während die Magerkohlen am vorteilhaftesten als Hausbrandkohlen, die Anthrazite als Füllofenkohle gebraucht werden. Es ist bereits ausgeführt, daß bei der Verbrennung der Kohle für Heizzwecke oder zur Krafterzeugung große Wärmeverluste eintreten; ferner gehen die chemischen Verbindungen verloren, die bei der Entgasung als Ammoniak, Benzol, Zyan usw. erhalten werden. Der Wert dieser Stoffe ist als Ausgangsmaterial wichtiger chemischer Verbindungen viel größer als ihr Verbrennungswert. Der Weg für eine bessere Ausnutzung, Veredelung der Kohle führt über ihre Entgasung und Vergasung.

Auf den Kokereien des Ruhrbezirkes werden meistens die Fettkohlen, die hier als Kokskohlen bezeichnet werden, zur Erzeugung von Hüttenkoks verwendet. Den Gaskohlen gegenüber ist die Kokskohle reicher an Kohlenstoff und ärmer an Wasserstoff und ergibt einen dichten, festen und wenig zerklüfteten Koks. Man nimmt an, daß das Backen der Steinkohle von pechartigen Produkten der Kohle sowie von den Abbauprodukten der Eiweißstoffe des ursprünglichen Materials herrühre, deren Mengen mit dem Stickstoffgehalt und dem Gehalt an organischem Schwefel zusammenhängen. Bei Kohlen mit 70—80 % Koksausbeute erscheint die Verkokungsfähigkeit am größten. Sie beginnt erfahrungsgemäß bei Kohlen mit einem Gasgehalt von 16—17 %, die deshalb auch den guten Kokskohlen zur Erhöhung der Koksausbeute zugesetzt werden. Einige Zechen verkoken reine Esskohle und die Zeche Deutschland sogar reine Magerkohle.

Im Ruhrbezirk nimmt die Koksausbeute in der Regel von den liegenden nach den hangenden Flözen ab; für viele Flöze hat sich die Tatsache ergeben, daß die Menge der flüchtigen Bestandteile von Osten nach Westen abnimmt, die Koksausbeute entsprechend zunimmt.

Infolge des großen Bedarfes an Koks zum Zwecke der Eisenerzeugung, reichten die Kokskohlen allein nicht mehr aus, vielmehr mußte man ihre Menge durch Vermischen von mageren, schlecht backenden Kohlen mit gut backenden, gasreichen Kohlen erhöhen. Bei der Feinheit der Korngröße, in welcher die Kohlen verkokt werden, läßt sich eine innige Mischung erzielen, die auch erforderlich ist, da der Kokskuchen sonst an den Stellen, die zu viel Magerkohle enthalten, leicht auseinander fällt.

Auch durch Feststampfen von schlecht backenden, also weniger gut geeigneten Kohlen in den Kammern der Öfen hat man die Backfähigkeit so weit gesteigert, daß man für hüttenmännische Zwecke durchaus brauchbaren Koks erhält. In der ersten Zeit geschah das

Stampfen der Kohle bzw. der Kohlenmischung im Ofen selbst, später
ging man dazu über, dieselben außerhalb des Ofens zu pressen und
die verdichtete Masse auf einmal durch die geöffnete Tür der Maschinenseite in die Ofenkammern zu schieben. Durch das Stampfen
wird die Berührungsfläche der einzelnen Kohlenteilchen und damit
die Backfähigkeit der Kohle erhöht. Da ferner die gepreßte Kohle
weniger Luft einschließt, wird durch den kleinen Sauerstoffgehalt der
Abbrand von Kohlenstoff geringer, d. h. die Koksausbeute größer.
Um den Ausbau des Stampfverfahrens haben sich u. a. verdient gemacht Ritter von *Mertens, Quaglio, Méguin, Hartung, Kuhn & Co.*

73. Veredelung der Steinkohle.

a) Entgasung, Verkokung der Steinkohle.

Die Verkokung der Kohle wurde zuerst in Gasanstalten zur Er-
zeugung von Leuchtgas vorgenommen, bei welcher nebenbei Koks
gewonnen wurde. Die Gasindustrie war frühzeitig gezwungen, das
Leuchtgas wegen des üblen Geruches und wegen der leicht eintretenden
Verstopfungen gut zu reinigen und wurde bald auf den Wert der sog.
Nebenprodukte aufmerksam.

Die Verkokung der Kohle auf den Zechen hat den Zweck, den
Eisenhütten einen hochwertigen Koks zur Erschmelzung und Veredelung des Eisens zu liefern. Im Laufe der Zeit ging man auch hier dazu
über, die Nebenprodukte aus den Destillationsgasen zu gewinnen.

In den Koksöfen werden 6—12 Tonnen Kokskohlen — auch durch
Mischen von mageren und gasreichen Kohlen zusammengestellt —
24—36 Stunden durch Gasbrenner (Bunsenbrenner) erhitzt, mit deren
Hilfe die Hälfte des durch die Verkokung gewonnenen Gases (Tabelle
S. 126) für diesen Zweck nutzbar gemacht wird.

Die Koksausdrückmaschine drückt den garen Koks als glühende
Mauer aus dem Ofen auf den Koksplatz, wo er auseinander gezogen
und mit Wasser abgelöscht wird.

Guter westfälischer Hüttenkoks ist grau bis silberglänzend,
hart und porös; sein Aschegehalt soll nicht über 10 %, sein Wassergehalt nicht über 5 % betragen. Der reine (asche- und wasserfreie)
Koks enthält außer dem Kohlenstoff noch geringe Mengen von Wasserstoff, Stickstoff und Schwefel.

Die Verkokungsgase nehmen ihren Weg durch das Steigrohr jeder
Ofenkammer in eine gemeinsame Vorlage, wo sich schon ein großer
Teil des Teers verdichtet, durchstreichen die Gaskühler und Gas-
wäscher, geben hier ihren Gehalt an Teer, Ammoniak und Benzol-
kohlenwasserstoffen ab und werden dann zur Beheizung der Koksöfen,
Beleuchtung der Städte (Fernleitung), Treiben von Gasmaschinen und
Erzeugung von Elektrizität benutzt, nachdem sie von Schwefelwasser-
stoff und Zyan befreit worden sind.

Der **Rohteer** wird zunächst bei mäßiger Temperatur entwässert
und aus schmiedeeisernen Blasen destilliert, wobei Leicht-, Mittel-
Schwer- und Anthrazenöl gewonnen werden und Pech zurückbleibt.

Produkte u. Nebenprodukte der Verkokung
Kohle
Koks
Eisengießerei.
Hochofenbetrieb.
Heizung.
Rohteer
Phenol u. Kreosot
Farbstoff.
Desinfektion.
Salizylsäure.
Pech
Firnis und Lacke.
Brikettierung.
Isolierung.
Bindemittel.
Anthracenfarbstoff.
Naphtalin
Betriebsstoffe.
Farbstoffe.
Konservieren von Fellen u. Stoffen.
Teeröl
Holzkonservierung.
Betriebsstoff. Feuerung, Motor.
Benzol.
Toluol.
Xylol.
Solventnaphta.
Pyridin
Lösungsmittel
Vergällen von Alkohol.
Benzol
Zahllose Farbstoffe
Lösungsmittel für Fette, Öle, ätherische Öle, Kautschuk u. Gummi. Reinigen von Kleidern.
Flüssiger Brennstoff für Beleuchtung und Motorbetrieb.
Roh-Benzole
Xylol
Farbindustrie.
Riechstoffe.
Harze.
Lacke.
Reinigen von Roh-Anthracen.
Wasserdichtung von Stoffen.
Wäschereizwecke.
Zur Kautschuklösung.
Solvent-Naphta
Toluol
Farbstoffe.
Sprengstoffe.
Riechstoffe.
Sacharin.
Salpetersaures Ammoniak
Sprengstoff.
Ammoniak-gas
Schwefelsaur. Ammoniak (Düngung)
Chlor-ammonium
Verzinkerei.
Zeugdruckerei.
Retortenkohle
Betriebsgase
Beleuchtung.
Dampfkesselheizung.
Gaskraftmaschinen.
Zeichnerischer Entwurf u. Ausführung von G. Haibach. Bochum, Bergschule (1920)

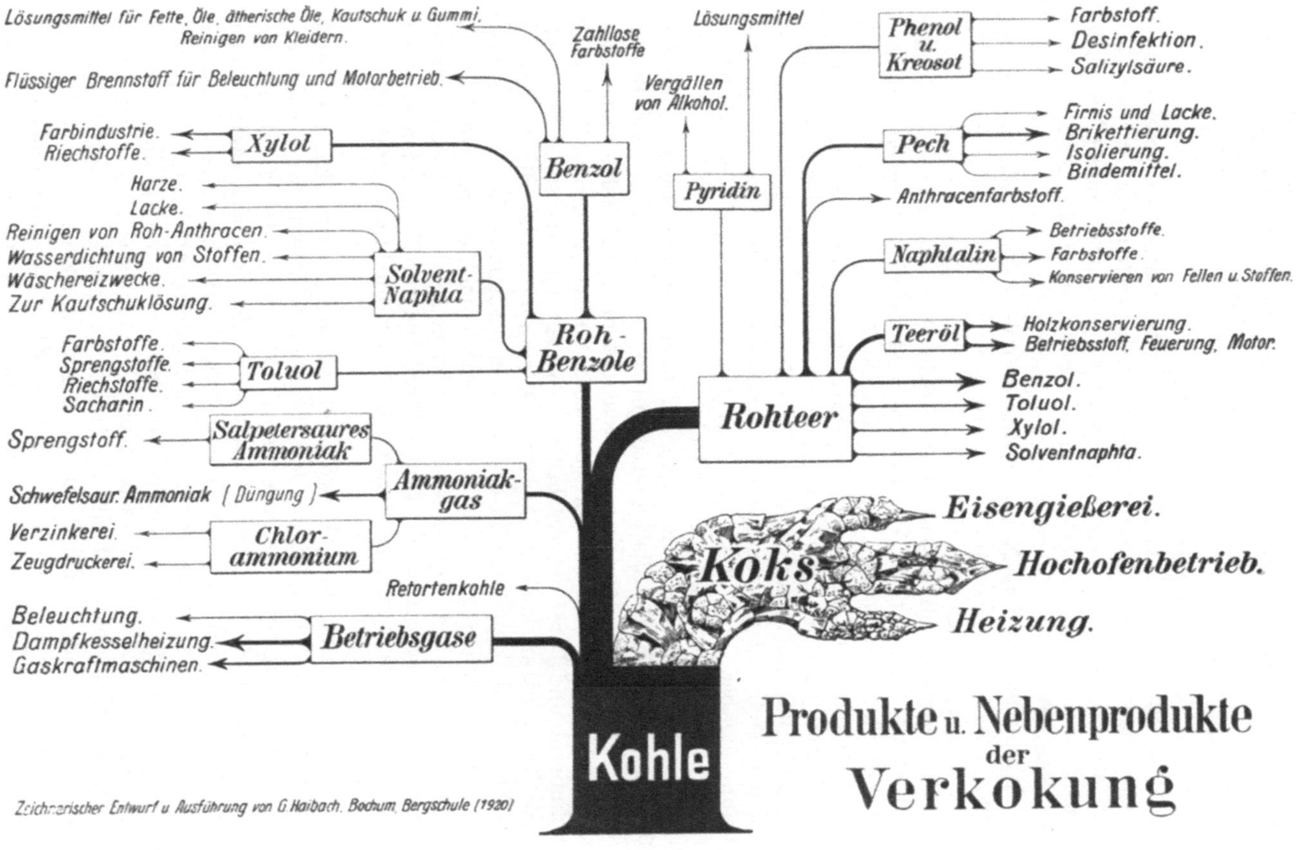

Abb. 65.

Leichtöl und gesättigtes Waschöl der Benzolwäscher werden weiteren Destillationen unterworfen, wodurch die Kohlenwasserstoffe in Benzol, Toluol, Xylol, Solventnaphtha getrennt werden. Diese flüssigen Kohlenwasserstoffe dienen als Ausgangsmaterial zur Herstellung von Farbstoffen, Sprengstoffen, Arzneimitteln, als Lösungsmittel und Treibmittel für Motore und zur Beleuchtung.

Das Mittelöl wird auf Naphthalin und Karbolsäure verarbeitet, aus welchen Farb- und Desinfektionsstoffe hergestellt werden. Schweröl und Anthrazenöl dienen nach Abscheidung des Anthrazens (Farbstoffe) zum Imprägnieren von Holz und als Schmiermittel. Abb. 65 stellt den Stammbaum der Verkokung der Steinkohle dar.

Ammoniak wird als Nebenprodukt der Verkokung teils im direkten, teils im indirekten Verfahren in Form von schwefelsaurem Ammoniak als Stickstoffdüngemittel gewonnen.

Ein großer Teil unserer hochentwickelten chemischen Industrie (Farbstoffe, Sprengstoffe, Medikamente) ist auf diesen Nebenprodukten der Verkokung aufgebaut. Aussichtsvolle Zukunft hat die Verkokung der Steinkohle bei niedriger Temperatur oder unter niedrigem Druck, wobei man die für unsere Industrie so wichtigen Schmieröle erhält.

Die Tieftemperaturentgasung (Urverkokung). Die Erforschung der bei der Tieftemperaturentgasung entstehenden Produkte ist eine der Hauptaufgaben des Kaiser-Wilhelm-Institutes für Kohlenforschung in Mülheim an der Ruhr.

Die bei Anwendung der eben nur ausreichenden Temperatur von 500^0 gewonnenen Destillationserzeugnisse der Steinkohle und Braunkohle, die sogenannten Urteere, stehen dem Erdöl nahe und lassen sich nach den Verfahren der Erdölindustrie zu Benzin, Leuchtöl, Treiböl, Schmieröl und Paraffin verarbeiten. Außer der Verkokung bei niedriger Temperatur kommt für ihre Gewinnung auch die Vergasung der Stein- und Braunkohle in Generatoren besonderer Bauart in Frage.

Die Urverkokung erfolgt in der Drehtrommel, einem zylindrischen Eisengefäß, das sich um seine wagerecht gelagerte Längsachse dreht und von unten geheizt wird. Durch Einblasen von Wasserdampf durch die hohle Achse wird das Forstchaffen der flüchtigen Produkte beschleunigt.

Nach Fischer und Gluud sind im allgemeinen die alten und jungen Kohlen Oberschlesiens den jüngsten Schichten der Gasflammkohlen in bezug auf Teerausbeute (10%) gleichzustellen. Um etwa 4% niedriger stellt sich die Urteerausbeute der rheinisch-westfälischen Gaskohle, während die Urverkokung der Fettkohle dieses Bezirkes wegen zu geringer Ausbeute nicht mehr in Betracht kommt. Dagegen haben sich die gesamten Kohlen des Saarreviers wegen ihrer großen Ergiebigkeit an Urteer als sehr geeignet zur Urverkokung erwiesen.

In der Drehtrommel bleibt ein Halbkoks zurück, der durch leichte Brennbarkeit und Entzündlichkeit ausgezeichnet ist, aber bröcklich und zerreiblich ist. Doch läßt sich nach Fischer durch einfache Einlagerung einer hinreichend schweren Walze in umlaufenden Vorrichtungen bei der Urverkokung von gemahlenen oder zerkleinerten Kohlen eine so erhebliche Verdichtung des Halbkoks herbeiführen, daß er als rauchlose Kohle brauchbar und versandfähig wird. Eine weitere Anwendung des Halbkoks liegt in seiner Vergasung in Generatoren sowie als Betriebsstoff · für Kohlenstaubfeuerungen nach vorhergegangener Zerkleinerung.

Für die technische Aufarbeitung des „Urteers" kommt entweder die Gewinnung von Schmieröl oder von Brennöl in Frage. Beim Arbeiten auf Schmieröl erhält man als Nebenprodukte das Steinkohlenparaffin, geringere Mengen von Brennölen und rote harzartige Erzeugnisse, die sich wohl als Lack oder Anstreichmittel verwenden lassen. Um diese verschiedenen Produkte zu gewinnen, muß man den Urteer entweder mit überhitztem Wasserdampf oder mit diesem im Vakuum destillieren.

Zur Gewinnung von Leuchtöl (Solaröl), Treibölen usw. aus Steinkohlen destilliert man nach Gluud den Urteer mit freiem Feuer, wobei man als Nebenprodukte ebenfalls Paraffin, dann Pech und Koks erhält. In beiden Fällen der Destillation besteht die Hälfte der Destillate aus alkalilöslichen, sauren Erzeugnissen, d. h. aus Phenolen, die sich leicht zu Benzol reduzieren lassen.

b) Vergasung der Steinkohle.

Unter Vergasung der Brennstoffe versteht man ihre unvollständige Verbrennung durch Zufuhr von Luft (Generatorgas), Wasserdampf (Wassergas) und von Luft und Wasserdampf (Mischgas), wobei neuerdings auch Nebenprodukte gewonnen werden.

Generatorgas. Koks und Anthrazit werden im Ofenschacht des Generators zum Glühen erhitzt. Luft wird dann von unten in zur vollständigen Verbrennung der Brennstoffe unzureichender Menge durchgeleitet, so daß der Vorgang möglichst nach der Formel $C + O = CO$ verläuft, indem die zunächst gebildete Kohlensäure durch den glühenden Kohlenstoff zu Kohlenoxyd reduziert wird.

Wassergas. Wassergas entsteht, wenn man im Ofenschacht statt der Luft Wasserdampf über die glühenden Kohlen leitet. Gemäß der Formel $C + H_2O = CO + H_2$ besteht das Wassergas aus Wasserstoff und Kohlenoxyd. Die Erzeugung des Gases vollzieht sich in zwei Abschnitten, da ja der Brennstoff zunächst zum Glühen gebracht werden muß. (Heißblasen.) Das hierbei entstehende Generatorgas wird abgeleitet und dient zur Dampferzeugung. Dann wird Wasserdampf über die glühenden Kohlen geblasen, wodurch Wassergas erzeugt wird. (Kaltblasen.) Die Glut geht allmählich so weit herunter, daß die Zersetzung des Wasserdampfes nachläßt. Durch Heißblasen wird die zu dieser Umsetzung nötige Temperatur rechtzeitig wiederhergestellt.

Leitet man Generatorgas und Wassergas gemeinsam ab, oder bläst man über den glühenden Brennstoff Luft und Wasserdampf, so entsteht Mischgas. Folgende Zahlentafel gibt einen Überblick über Zusammensetzung von Kokerei-, Generator-, Wasser-, Misch- und Naturgas.

	Kokereigas	Generatorgas	Wassergas	Mischgas	Gichtgas	Naturgas
Wasserstoff . .	58	6	50	15	2	—
Methan	30	2	—	1	1	85
Kohlenoxyd . .	5,5	25	40	26	25	—
Schwere Kohlen- wasserstoffe .	2,5	—	—	—	—	2
Kohlensäure . .	1	5	4	8	12	10
Stickstoff . . .	3	62	6	50	60	3
	100	100	100	100	100	100

Diese Vergasungsverfahren sind deshalb so wichtig, weil sich dazu auch minderwertige Brennstoffe, wie aschenreiche Kohle, Torf und Holz eignen. Die ununterbrochen nachgefüllten Brennstoffe werden zunächst bei mäßiger Temperatur verkokt. Die dabei entweichenden Gase können für sich abgezogen und ihrer Nebenprodukte (Teer, Ammoniak) beraubt werden. In Generatoren besonderer Bauart (z. B. von Thyssen, Ehrhardt und Sehmer) sind Vorrichtungen (Schwelglocke, Schwelschacht usw.) eingebaut, die ein getrenntes Absaugen der Destillationsgase und des Generatorgases erlauben. Die bei niedriger Temperatur entweichenden Destillationserzeugnisse werden also vor weiterer Veränderung geschützt und aufgefangen, ehe der Rückstand in die höhere Temperatur der Vergasungszone gerät. Die Destillationsgase werden nach ihrer Entteerung dem noch heißen Generatorgas wieder zugeführt, falls man sie nicht ihres hohen Heizwertes wegen für besondere Zwecke verwenden will.

Generator-, Wasser- und Mischgas finden hauptsächlich für Gaskraftmaschinen und als Heizstoff in der Industrie Anwendung.

74. Flüssige Brennstoffe.

Erdöl. Vorkommen. Erdöl kommt in größeren Mengen in den Vereinigten Staaten von Nordamerika, Rußland, Mexiko, Holländisch-Indien und Rumänien vor; ferner in Britisch-Indien, Galizien, Japan und Deutschland (z. B. Wietze in der Prov. Hannover). Von den Petroleum erzeugenden Ländern nimmt Deutschland die letzte Stelle ein.

Bildung. Die meisten Gelehrten nehmen an, daß das Erdöl aus Leichen von Tieren und fettreichen Pflanzen früherer geologischer Formationen entstanden seien. Ungeheure Mengen Leichen von Meertieren und Algen lagerten sich an der Meeresküste ab, gerieten unter Bedeckung von Wasser und Land und wurden so dem zerstörenden Einfluß des Sauerstoffs der Luft entzogen. Unter dem hohen Druck der Bedeckung machten sie einen Fäulnisprozeß durch und wurden zu Erdöl. Der Umstand, daß das Erdöl an seinen Fundorten stets von Salzwasser begleitet wird, und das gelegentlich beobachtete Massensterben von Fischen scheint diese Annahme zu bestätigen.

Die Gewinnung des Erdöls geschieht derart, daß Bohrlöcher so tief gelegt werden, bis sie auf eine Schicht mit selbst ausfließender

Naphtha stoßen. Genügt der Gasdruck nicht, um das Öl zutage zu fördern, so bedient man sich des Schöpflöffels oder der Pumpe; auch teuft man Schächte ab, um an die Erdöl führenden Schichten zu gelangen.

Eigenschaften. Das Erdöl ist ein Gemenge von vielen Kohlenwasserstoffen verschiedener Reihen und steht in seiner Zusammensetzung den Fetten sehr nahe. Das spez. Gewicht der verschiedenen Erdöle schwankt zwischen 0,80 und 0,96. Durch fraktionierte Destillation reinigt und trennt man das Erdöl in Benzin, Leuchtöl, Schmieröl,

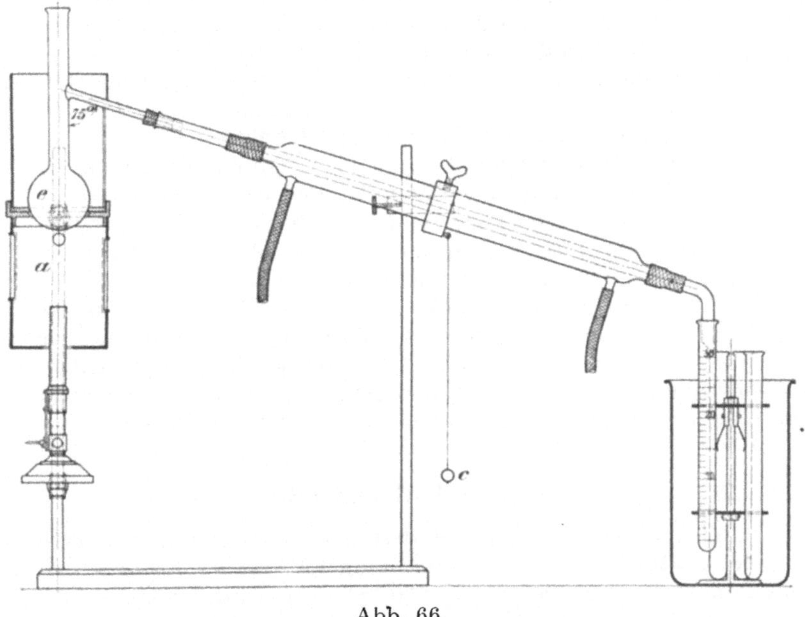

Abb. 66.

Vaselin, Paraffin und Pech. Gut gereinigtes Benzin soll farblos und von angenehmem Geruch sein; beim Verdunsten auf Filtrierpapier darf es keine Fettflecken hinterlassen. Benzin besteht aus 85 % Kohlenstoff und 15 % Wasserstoff. Infolge seiner Fähigkeit, Fette und Harze zu lösen, verwendet man Benzin als Fleckwasser; ferner dient es zum Betriebe von Benzinmotoren und zum Füllen der Grubenlampen. Die durch den Krieg notwendig gewordenen Ersatzmittel, Mischungen von Benzin mit anderen brennbaren Flüssigkeiten, sind Notbehelfe. Für die Grubenlampe hat sich die Dreimischung (50 % Spiritus, 30 % Benzin, 20 % Benzol) am besten bewährt.

Die **Siedeanalyse** gibt Auskunft über die Brauchbarkeit des Benzins als Wetterlampenbrennstoff; zu ihrer Ausführung dient der Ubbelohdesche Apparat (Abb. 66). Er besteht aus einem Englerkolben e von bestimmten Abmessungen, einem Liebigkühler und einer Anzahl von graduierten Reagenzgläsern, die auf einem Drehgestell angebracht sind. Zur gleichmäßigen Verteilung der durch einen fein regulierbaren Bunsenbrenner erzeugten Wärme steht der Kolben in einem Ofen. 100 ccm Benzin werden langsam auf die Siedetemperatur erhitzt; die Temperatur beim Fallen des ersten Tropfens wird abgelesen und aufgeschrieben (Siedebeginn). Die Flamme des Brenners wird so reguliert, daß in der Sekunde 2 Tropfen fallen; mit Hilfe des Pendels am Apparat läßt sich das Einstellen des Brenners leicht kontrollieren. Die Vorlagen werden bei den betreffenden Temperaturen gewechselt.

Leuchtöl oder Petroleum darf in Deutschland nur in den Handel gebracht werden, wenn sein Flammpunkt über 21^0 liegt. Neuerdings ist es gelungen, auch für Benzol, welches wegen seines höheren Kohlenstoffgehaltes leicht rußt, Lampen zu konstruieren.

Das **Erdölpech** stellt einen Brennstoff von sehr hohem Heizwert (10500—11500 Kal.) dar und wird durch Zerstäubung zur Verbrennung unter Dampfkessel und Destillierblasen gebracht.

Naturgas, Erdgas entströmt in manchen Erdölbezirken in so großen Mengen dem Boden, daß es industrielle Bedeutung erlangt hat. Am längsten sind die heiligen Feuer von Baku bekannt. Die größten Vorkommen sind in Pennsylvanien und in Ohio. Auch das Naturgas von Neuengamme bei Hamburg verdient Erwähnung.

Das Nachlassen des Druckes, unter welchem das Ausströmen solcher Erdgase stattfindet, läßt auf die baldige Erschöpfung mancher Vorkommen schließen. Naturgas (S. 126) besteht hauptsächlich aus Grubengas und mehr oder minder großen Mengen von höheren und schweren Kohlenwasserstoffen, Kohlensäure und Stickstoff.

75. Schmiermittel.

Durch das Schmieren vermindert man die Reibung von zwei aneinander gleitenden Flächen, deren unmittelbare Berührung durch das Schmiermittel mehr oder weniger aufgehoben wird, indem es die Unebenheiten der niemals völlig ebenen Gleitflächen ausgleicht und diese voneinander trennt. Ein gutes Schmiermittel muß möglichst schlüpfrig (klebrig), genügend flüssig und möglichst unveränderlich gegenüber der Einwirkung der Luft und den Änderungen von Druck und Temperatur sein. Das Schmiermittel haftet nur bei großer Klebrigkeit so fest an den Gleitflächen, daß diese fast vollständig und nachhaltig voneinander getrennt werden; als Widerstand bleibt also nur die verhältnismäßig geringe innere Reibung der Schmiere übrig. Ist das Schmiermittel nicht hinreichend flüssig, so wird seine innere Reibung zu groß; ist es zu leicht beweglich, so wird es bald aus den Gleitflächen herausgedrückt, so daß die Gefahr des Warmlaufens eintritt. Man bezeichnet die innere Reibung als Zähflüssigkeit oder Viskosität.

Unter der Einwirkung der Luft verharzen harzölhaltige Schmiermittel zumal bei höherer Temperatur und unter Beihilfe von Staub sehr leicht und bilden Krusten. Das Schmiermittel darf auch weder bei höherer Temperatur verdampfen, oder sich zersetzen, noch bei Wintertemperatur fest werden. Ferner müssen die Schmiermittel frei von

Säuren (Schwefelsäure, organischer Säure), damit sie die Metalle nicht angreifen, von festen Beimengungen, die als Schmirgel wirken würden, und von Wasser sein.

Für die Wahl des Schmiermittels sind der spezifische Druck der Gleitflächen, die Gleitgeschwindigkeit und die Temperatur, die durch das Schmiermittel erreicht wird, von ausschlaggebender Bedeutung.

Als Ausgangsstoffe zur Gewinnung von Schmiermitteln dienen Verbindungen des Kohlenstoffs und Wasserstoffs, die bei der Destillation des Erdöles sowie bei der Verkokung der Steinkohle, Braunkohle, des Torfes und der bituminösen Schiefer erhalten und als **Mineralöle** bezeichnet werden. Sie bleiben an der Luft unverändert, trocknen nicht ein, verdicken nicht und sind säurefrei.

Bei den Erzeugnissen der Erdölaufbereitung unterscheidet man Destillate, Raffinate und Rückstandsöle. Destillate sind durch Verdampfen und Wiederverdichten von Erdölfraktionen entstanden; durch chemische Reinigung werden diese von verharzenden, basischen und sauren Bestandteilen befreit und stellen dann die edleren Raffinate dar. Durch Destillation der Naphtharückstände, die bei der ersten Destillation des Erdöles im Kessel zurückbleiben, mit überhitztem Wasserdampf gewinnt man die Rückstandsöle.

Auch die Verbindungen der Fettsäuren mit Glyzerin (S. 100), die Pflanzen- und Tierfette, dienen als **fette Öle** zur Herstellung von Schmiermitteln. Werden Mineralöle mit solchen fetten Ölen in kleinen Mengen vermischt, so erhält man kompoundierte, d. h. zusammengesetzte Öle. Zusammensetzungen von Schmierölen aus Erdölen und solchen aus Braunkohle, Schiefer und Steinkohle nennt man Mischöle. Zähflüssige Teeröle wurden während des Krieges in großem Umfange als Ersatz für Mineralschmieröle verwendet. Die Anthrazenöle werden durch längeres Erhitzen unter gewöhnlichem oder erhöhtem Druck in Schmiermittel übergeführt und kommen unter dem Namen „Teerfettöle" in den Handel. Schmierfette sind konsistente Fette von salbenartiger Beschaffenheit; sie sind Gemische von Öl, Talg, Montanwachs, Rüböl, Kolophonium, Graphit usw. Nach den vom Verein deutscher Eisenhüttenleute aufgestellten Richtlinien für den Einkauf und die Prüfung von Schmiermitteln unterscheidet man:

I. Schmiermittel aus Erdöl
   Destillate, Raffinate, Rückstandsöle.

II. Braunkohlenteeröle, Schieferöle und Steinkohlenteeröle.

III. Mischöle.

IV. Schmierfette.

Nach Art, Verwendung und den zu stellenden Anforderungen teilt man die Schmiermittel ein; die wichtigsten sind: Transformatorenöle, Schalteröle, Dampfturbinenöle, Luftkompressoröle, Hochdruckluftkompressoröl, Naßdampfzylinderöl, Heißdampfzylinderöl, Dieselmotorenzylinderöl, Automobilmotorenöl, Großgasmaschinenöl, Spindelschmieröl, Kühl- und Bohröl, Elektromotoren- und Dynamoöl, Lagerschmieröl, Achsenöl, Drahtseilöl, hochschmelzende Maschinenfette,

Maschinenfette (Staufferfette), Wagenfette, Förderwagenspritzfette, Draht-Koepe-Trommelseilfette, Kammrad-Zahnradfette.

Zur **Bestimmung des Flammpunktes,** bei welchem die aus dem Schmiermittel entweichenden Dämpfe mit der Luft ein explosibles Gemisch bilden, erhitzt man z B. eine Probe im offenen Tiegel langsam auf einem Sandbad, bis die Flammenspitze des in die wagerechte Lage gebrachten Zündrohres ein kurzes Aufflammen der entwickelten Dämpfe bewirkt. Abb. 67 gibt die Versuchsanordnung nach *Holde* wieder. 20 bis 60⁰ oberhalb des Flammpunktes liegt der Brennpunkt, bei welchem die Oberfläche nach der Zündung durch eine vorübergehend genäherte Flamme brennen bleibt.

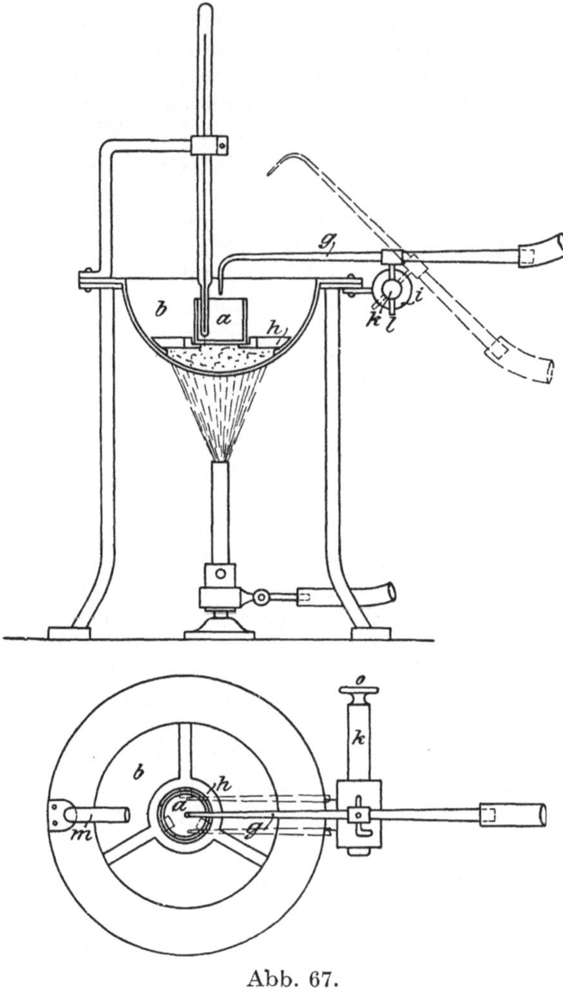

Abb. 67.

Die **Zähflüssigkeit oder Viskosität** ist der Quotient aus der Ausflußzeit von 200 ccm Öl bei der Versuchstemperatur und derjenigen von 200 ccm Wasser bei 20⁰. Man ermittelt sie mit dem Englerschen Viskosimeter (Abb. 68), welches aus einem Gefäß A mit dem Ausflußröhrchen a aus Platin besteht; dieses kann durch einen Holzstab b verschlossen werden. Das Gefäß A wird bis zur Spitze der Seitenmarken mit dem zu prüfenden Öle gefüllt und dieses durch das Heizbad und den kranzförmigen Brenner auf die gewünschte Temperatur erhitzt. Durch Hochziehen des Holzstabes gibt man die Ausflußöffnung frei und läßt 200 ccm in den darunterstehenden Meßkolben ab, wobei die Ausflußzeit mittels Stoppuhr bestimmt wird.

Zur Bestimmung des ungefähren Erstarrungspunktes füllt man das Öl bis zur Hälfte in ein mit Thermometer versehenes Reagenzglas (Abb. 69), welches in einer Eis-Kochsalzmischung abgekühlt wird. Von Zeit zu Zeit nimmt man das Glas aus der Kälte mischung heraus und prüft durch Neigen desselben die Formart des Öles. Durch einstündiges Einstellen des Öles in eine Kältemischung, dessen Gefrierpunkt dem ungefähren Erstarrungspunkt entspricht, wird der Versuch wiederholt, wobei man mit einem Glasstab prüft, ob derselbe im Öl fest haftet oder nicht. Im ersteren Fall ist das Öl bei der betreffenden Temperatur dicksalbig, im zweiten dagegen dünnsalbig.

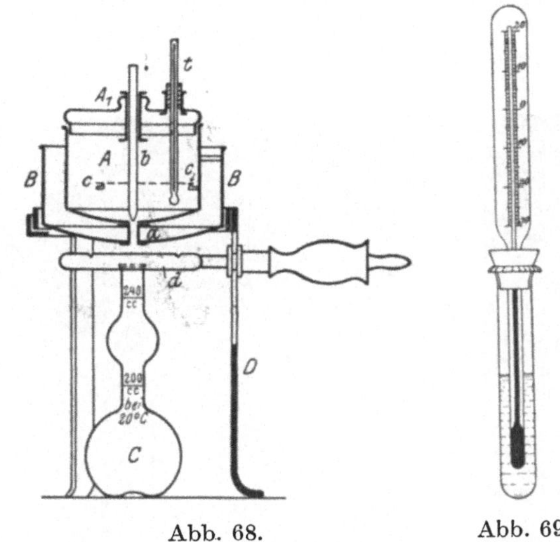

Abb. 68.

Abb. 69.

IV. Die Kokerei.

76. Aufbau und Handhabung der Öfen. Prinzip der Beheizung.

Eine Koksofenbatterie setzt sich aus einer großen Zahl von Ofen- und Heizkammern zusammen. Nach dem zum Bauen verwandten Material unterscheidet man das sogenannte Rauhgemäuer und das Kernmauerwerk.

Zum Rauhgemäuer gehören z. B. die gewaltige Betonplatte, auf die manche Öfen aufgebaut sind, und die mächtigen Stirnpfeiler, welche durch starke, über die Öfen sich hinziehende Anker verbunden sind. Da das Rauhgemäuer unter der Hitze wenig zu leiden hat, wird es aus billigeren Steinen hergestellt. Das Kernmauerwerk, zumal der Ofenkammern, ist einer dauernd wechselnden Beanspruchung durch das Füllen und Drücken der Öfen, dem Wärmeeinfluß und den physikalischen und chemischen Vorgängen bei der Verkokung ausgesetzt und wird daher aus feuerfesten Steinen (S. 80) aufgebaut. Zunächst bediente man sich der Schamottesteine und geht heute immer mehr zu den Silikasteinen über. Als Mörtel dient dasselbe Material, aus welchem die feuerfesten Steine hergestellt werden. Abb. 70 gibt einen ungefähren Überblick über die außerordentlich vielseitige Gestalt der Formsteine, die erforderlich sind, um dem Bau neben Standfestigkeit auch den Gasen

und der Luft gegenüber Dichtigkeit zu verleihen. Die Verkokungs-
und Heizkammern werden hauptsächlich aus „Läufern" und „Bindern"
aufgebaut. Das fertige Mauerwerk muß langsam trocknen und beim
Anheizen der Öfen geschont werden, damit sich nicht Risse bilden, die
die Kammern vorzeitig undicht machen.

Eine Koksofenbatterie besteht im wesentlichen aus den liegenden
Ofenkammern, den dazwischenliegenden Heizwänden, der Vorrichtung

Abb. 70. Bau der Versuchsanlage Dr. Otto & Co., Dahlhausen a. d. Ruhr 1914.

zum Beheizen, den Steigrohren mit der gemeinsamen Vorlage und
den Maschinen zum Füllen und Leeren der Kammern.

Die zur Aufnahme der Kohle dienenden Kammern sind von pris-
matisch länglicher Form und haben z. B. eine Länge von 10 m, mittlere
Breite von 0,5 m, Höhe von 2,0 m. Jede Ofenkammer faßt 7,5—9 t
nasse Kohle; die neuzeitlichen Kammern sind bis 3 m hoch und vermögen 12 t und mehr nasse Kohle aufzunehmen. Der Abstand der Ofenkammern von Mitte zu Mitte beträgt 1—1,5 m. Die Kammern sind
auf der Koksseite meist etwas breiter als auf der Maschinenseite,
um den garen Koks leichter aus der Kammer drücken zu können;
die Konizität beträgt je nach der Backfähigkeit der Kohle etwa
60—100 mm.

Die beiden offenen Enden der Kokskammern werden durch eiserne Türen verschlossen, welche zum Schutz gegen Verbrennung auf der Innenseite mit feuerfesten Steinen ausgefüttert sind; sie werden mit Hilfe der auf der Ofendecke beweglichen Kabelwinden bedient. Die Tür wird gegen seitliche oder an der Vorderseite der Kammer liegende Dichtungsflächen angedrückt und durch Lehmschmierung oder andere Hilfsmittel abgedichtet. Zum Planieren der Kohle nach ihrem Einfüllen in die Kammern dient eine in oder oberhalb der Tür angebrachte, verschließbare Öffnung. Gewöhnlich besitzt jede Kammer drei nach der Ofendecke führende Füllöcher und eine vierte Öffnung, welche die Kammer mit der Vorlage durch das abstellbare Steigrohr verbindet und zum Abführen des Koksgases dient. Zwischen je zwei Kammern liegt eine Heizwand, welche mit Vertikal- und Horizontalkanälen versehen ist. In den Vertikalzügen von rechteckigem oder quadratischem Querschnitt findet die Verbrennung des aus Brenner oder Düse ausströmenden Gases (Unterfeuerung) statt, während der obenliegende, mit sämtlichen Vertikalzügen verbundene Horizontalkanal das heiße, verbrannte Gas aufnimmt und es den nach unten gehenden Vertikalzügen zuführt, aus welchen es direkt, oder über den Sohlkanal, oder die Wärmespeicher in den Abhitzekanal gelangt. Der Wärmeinhalt des verbrannten Gases geht durch die Heizwand auf die Kohle über, welche dadurch allmählich auf etwa 800—900⁰ erhitzt und in Koks umgewandelt wird.

Das Koksgas gelangt von der Nebengewinnungsanlage durch ein Hauptrohr von etwa 500 mm Durchmesser zu den Öfen; hier zweigt für jede Heizwand eine Nebenleitung in Form von Rohren ab, auf welchen die Brenner sitzen, oder von Stutzen, die das Gas in Kanäle des Mauerwerkes leiten, aus welchen es in die einzelnen Düsen der Vertikalzüge gelangt.

Die zur Verbrennung dienende Luft tritt durch die Brenneröffnung und durch die Lücke zwischen Schornstein des Bunsenbrenners und feuerfestem Stein hinzu, so daß die Verbrennung an der Mündung der Schornsteine in den Vertikalzügen stattfindet (Abhitzeofen von Dr. *Otto*). Beim Abhitzeofen von *Koppers* gelangt die Luft aus einem unter der Kammer liegenden Luftzufuhrkanal vorgewärmt in die Mischdüse eines jeden Heizzuges; ähnlich dem Verfahren von Koppers führt *Collin* die Luft, nachdem sie zwecks Vorwärmung Kanäle des Grundgewölbes passiert hat, durch Schlitze in den Luftverteilungskanal und von dort durch schräg ansteigende Kanäle in jeden Heizzug. Beim Abhitzeofen, Bauart *Still*, wird die Verbrennungsluft aus dem oberen Teile von Fundamentkanälen durch Aussparungen des Mauerwerkes entnommen, in Kammern, die zwischen den heißen Abgaskanälen liegen, und, dadurch etwas vorgewärmt, durch schlitzartige Öffnungen in die Heizzüge geleitet.

Bei diesen **Abhitzeöfen** wird die erforderliche Verbrennungsluft vor ihrem Eintritt in die Heizzüge nur wenig vorgewärmt; infolgedessen ist ihr Gasverbrauch auch etwas höher als bei den Regenerativ- und Rekuperativöfen. Es läßt sich aber ihre Abhitze vorteilhaft in einer

Kesselanlage zur Dampferzeugung ausnutzen, so daß man durchschnittlich auf 1 t verkokter Kohle etwa 1 t Dampf erhält.

Vorrichtungen, welche die Wärme aus den Abgasen zur Vorwärmung der Verbrennungsluft bzw. des Heizgases nutzbar machen, nennt man Regeneratoren und Rekuperatoren.

Die **Regeneratoren** sind Kammern, die mit lose gehäuften oder in Form eines Gitterwerkes gemauerten, feuerfesten Steinen versehen sind (Abb. 71). Die heißen Verbrennungsgase werden durch diese Kammern geführt, bevor sie in den Abhitzekanal gelangen, und geben dabei den größten Teil ihrer Wärme an das Gitterwerk ab. Auf diese Weise entsteht ein Wärmespeicher, den man zum Vorwärmen der Luft nach Umstellen der Abhitze benutzt, während diese nun zum Heißmachen der zweiten Hälfte des Regenerators dient. Mit Hilfe dieser Vorrichtung sind sogenannte **Regenerativöfen** aufgebaut, die den Abhitzeöfen überlegen sind, so daß nur etwa die Hälfte des aus der Kohle gewonnenen Gases für die Heizung der Öfen erforderlich ist, während die andere Hälfte als Überschußgas für Kraft- und Leuchtzwecke zur Verfügung bleibt. Will man das Koksgas ganz, z. B. für metallurgische Zwecke, benutzen, so erfolgt die Beheizung der Koksöfen durch „Fremdgas“, z. B. Generatorgas, welches aber vorgewärmt werden muß, da es zu wenig

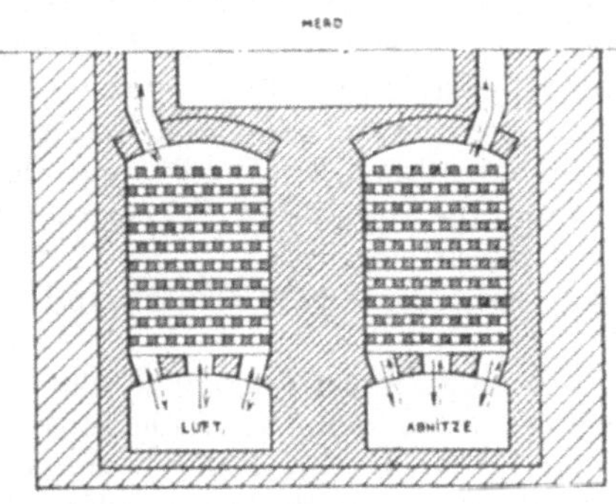

Abb. 71.

heizkräftig ist. In diesem Falle besteht die Regeneratoranlage aus vier Kammern mit Gitterwerk, von denen je zwei zum Vorwärmen der Luft und des Gases dienen. Da man diese Öfen so eingerichtet hat, daß man nach Belieben Fremd- und Koksgas verwenden kann, nennt man sie **Verbundöfen.**

Um die Beheizung den Regeneratoren anzupassen, wurde die Heizwand in zwei oder vier Teile geteilt, derart, daß z. B. die erste Hälfte der Züge zur Verbrennung des Gases mit Hilfe der regenerativ vorgewärmten Luft diente, während die verbrannte Luft aufwärts steigend über den Horizontalkanal zu den Zügen der zweiten Hälfte der Heizwand gelangte und abwärts durch die Züge nach dem Luftverteilungskanal und von da in den Regenerator und Abhitzekanal zog. Oder das erste und dritte Viertel der Heizwand wird für die Verbrennung, das zweite und vierte Viertel zur Ableitung der verbrannten Gase verwendet. Jede halbe Stunde wird die Beheizungsrichtung gewechselt, d. h. die Dreiweghähne für das Gas, die Schieber für die Abhitze und die Klappen für die Luft umgestellt. Das geschieht mit Hilfe einer Winde mit Drahttrosse.

Die **Rekuperatoren** sind aus einem System dünnwandiger Kanäle oder Röhren aufgebaut, durch welche Luft und Abgase getrennt von-

einander in Gegenstrom vorbeiziehen (Abb. 72). Die heißen Abgase
gehen beständig durch das eine Röhrensystem und geben dabei ihre
Hitze an die etwa 70—80 mm dicken Seitenwände ab. Durch diese
hindurch findet also die Erwärmung der Luft im zweiten Röhrensystem
statt, doch ist der Wärmeeffekt nach *Koppers* um etwa 20 % ungünstiger
als beim Regenerativverfahren. Diese Nachteile des Rekuperators
liegen zum Teil darin, daß seine Wände nicht dicht sind, so daß infolge
des im Rauchkanal herrschenden Unterdrucks Luft in denselben gelangt, wodurch die Abgase unnütz verdünnt werden, und die für den
Luftüberschuß gebrauchte Wärme in den Schornstein verlorengeht.
Rekuperativeinrichtungen haben z. B. Öfen der Firma *Brunck*, von
Bauer und ein neuer Ofen von Dr. *Otto & Co.*

Abb. 72.

Nach *Still* ist die größte und beste Ausnutzung der Wärme dann
vorhanden, wenn Heizgas, Verbrennungsluft und Verbrennungsprodukte
so geführt werden, daß an jeder Stelle des Ofenmaterials gleich viel
Wärme bzw. so viel davon übertragen wird, wie die einzelnen Stellen
bedürfen. Da die Heizgase von unten nach oben steigend einen Teil
ihrer Wärme nach und nach verlieren, so geht die Garung der unteren
Kohlenschichten schneller vonstatten. Man muß daher zur gleichmäßigen Beheizung die Heizwand unten etwas stärker als oben ausführen. Wegen der Konizität sollen die einzelnen Vertikalzüge nach
der Koksseite, d. h. mit der zunehmenden Kohlenmenge, stärker beheizt werden, um überall die gleiche Garungszeit zu erhalten. Man
muß daher die Gasdüsen kalibrieren, d. h. ihre Querschnitte von der
Maschinenseite nach der Koksseite allmählich größer werden lassen,
z. B. von 8 mm auf 12 mm Durchmesser. Desgleichen müssen die
Heizzüge an den Stellen ihrer Einmündung in den Horizontalkanal
Querschnitte besitzen, die eine durchaus gleichmäßige Verteilung der
abziehenden Gase ermöglichen. Zu diesem Zwecke hat *Still* z. B. die
Querschnitte der Heizzüge am Horizontalkanal seines Regenerativofens in der Mitte der Heizwand am engsten gewählt und sie von da

nach außen größer werden lassen, während *Koppers* die Querschnitte durch Schieber reguliert, die von der Ofendecke aus zugänglich sind.

Das Anheizen einer neuen Koksofenbatterie muß sehr vorsichtig geschehen, da das Mauerwerk der Kammern sonst durch Risse undicht wird. Die Ofenkammern erhalten auf beiden Enden den Einbau eines provisorischen Herdes aus Steinen und Eisenstäben, auf welchem ein Kohlenfeuer unterhalten wird; dabei sind die Türen bis auf die Höhe des Rostes heruntergelassen.

Die Verbindung von Kammer und Heizwand geschieht durch Fortnahme eines z. B. im Fülloch oder in der Sohle ausgesparten Steines, der erst endgültig eingemauert wird, wenn die Kammer an die Vorlage angeschlossen werden soll. Durch diese Öffnung gelangen die Abgase des in der Kammer unterhaltenen Kohlenfeuers in die Züge der Heizwand, den Abhitzekanal und Kamin, wo ein Holzfeuer entfacht wird, um den Zug hervorzurufen, der die in den Öfen sich bildenden heißen Gase absaugt. Etwa zehn Tage wird langsam gefeuert, um das Mauerwerk zunächst vollständig auszutrocknen. Die Kohle wird durch das Planierloch der Ofentüren nachgefüllt und fällt auf den errichteten Herd; Asche und Schlacke werden durch den Spalt unter den Türen entfernt.

Dann wird zwei bis drei Wochen stark gefeuert, so daß die Wandungen auf helle Rotglut gebracht werden. Ist dieser Zweck erreicht, so wird der Herd beseitigt und der Paßstein im Fülloch von Hand oder auf der Sohle mit Hilfe langer Eisenstangen eingesetzt. Es wird dann jedesmal der zweite Ofen mit Kokskohle gefüllt, während die leer gebliebenen Kammern am zweiten Tage in Betrieb gesetzt werden. Der Bedienung des Kaminschiebers ist während der ganzen Zeit besondere Aufmerksamkeit zuzuwenden. Sind drei bis fünf Öfen gefüllt, so kann man die Vorlage anschließen, wobei man an dieser und der Saugleitung die vorgesehenen Verschlußstopfen entfernt, damit die Luft entweichen kann. Sind Vorlage und Gassaugleitung mit dem Kokereigas vollständig gefüllt, so wird der Sauger (Gebläse) angestellt. Vorsichtig und langsam saugt dieser das Gas ab und drückt es durch die Umgangsleitung wieder zur Verteilungsleitung unter die Öfen. Die Zuführung in die Brenner kann natürlich erst erfolgen, wenn ein brennbares, luftfreies Gas nachströmt, was durch das Entlüftungsrohr am Ende der Gasverteilungsleitung kontrolliert wird. Solange Luft ausströmt, bleibt das Entlüftungsrohr offen. Ist das Gas luftfrei (Probe!), so wird es in die Heizwände der Kammern geführt, um ihre Heizung zu übernehmen. Dabei findet wiederum eine Regulierung des Zuges am Fuchs der einzelnen Öfen und am Schieber des Kamins statt, damit man einen gleichmäßigen Gang der Batterie erreicht. Nun können auch die Apparate der Nebengewinnung, die bisher ausgeschaltet waren, angeschlossen werden.

Droht nach Besetzen der Öfen ein Erlöschen der Batterie, so kann man das Anheizen dadurch retten, daß man die angegarten Öfen ritzt, d. h. durch Fortschlagen des Lehms am unteren Teile der Tür diese lüftet, damit Luft zutreten kann; es entsteht eine Flamme, die Gasentwicklung steigt, und damit auch die Temperatur der Ofenkammern.

Ist schon eine Batterie mit Gasüberschuß vorhanden, so wird dieser vorteilhaft zum Anheizen benutzt, indem man zunächst z. B. zehn Öfen auf die zum Verkoken nötige Temperatur bringt, was gewöhnlich acht Tage dauert. Wechselweise werden dann fünf Kammern gefüllt. Nach einiger Zeit werden auch die fünf fehlenden Öfen nacheinander beschickt, so daß die zehn Öfen in regelrechten Betrieb kommen und die Gasmenge so weit erhöhen, daß täglich zwei bis drei weitere Öfen angesteckt werden können.

Abb. 73.   Kohlenturm mit Füllwagen; Kokstransport und -Verladung.

Beim Stillsetzen einer Batterie drückt man die Öfen in der Reihenfolge der Garung, ohne sie wieder zu füllen. Das Gas zum Beheizen dieser leer gelassenen Öfen wird abgestellt; auch schließt man Luft- und Fuchsschieber. Sind nur noch fünf bis sieben Öfen in Betrieb, die noch einige Stunden zu garen haben, so wird das Gebläse still gelegt. Man schließt sämtliche Öfen von der Vorlage ab und läßt das Gas in die Atmosphäre entweichen; die Hauptgasschieber werden geschlossen. Bei längerer Stillsetzung empfiehlt sich eine Überdachung der Batterie zu ihrem besseren Schutz. Muß die Batterie vorübergehend still gelegt werden (Streik), so wird die Beheizung der Öfen abgestellt, und der Kaminschieber geschlossen; die gefüllten ausgegarten Öfen werden gut verschmiert und abgedichtet. Durch wiederholtes Ritzen kann die Ofenglut infolge teilweiser Verbrennung des Koks über längere Zeit erhalten bleiben. Im März 1920 war es möglich, Koks-

öfen 5—10 Tage warm zu halten, ohne daß es zu erheblichen Störungen
bei Wiederaufnahme des Betriebes gekommen wäre.

Die Beschickung der Ofenkammer mit Kohle (bis zu 10—12 mm
Korngröße) erfolgt gewöhnlich von oben durch die in den Ofengewölben ausgesparten Füllöcher, die ausgerichtet in langen Reihen hintereinander
liegen, so daß die Füllwagen auf Gleisen darüber hinwegfahren können.
Die Wagen fassen etwa 0,6 t Kokskohlen, werden aus dem Kohlen-
vorratsturm gefüllt und gelangen mittels Kettenbahn auf die Koksöfen.
Ihr weiterer Transport auf die Füllöcher geschieht von Hand. Nach
Öffnen des Bodenschiebers des konisch verlaufenden Wagenkastens
entleeren sich die Wagen selbsttätig in die Kammern, wo die Kohlen
durch die Planierstange geebnet werden.

Bei der neuzeitlichen Beschickung nimmt ein großer elektrisch
betriebener Füllwagen die ganze Ofenfüllung vom Kohlenturm auf
(Abb. 73) und fährt über die Füllöcher der Kammer, so daß der
ganze Inhalt (7,5—12 t) auf einmal entleert wird. Auf diese Weise
kann die Beschickung der Öfen durch einen Mann für jede Schicht
leicht geschehen.

Erfahrungsgemäß wird die geringe Backfähigkeit von Gas- und
Magerkohle durch Zusammendrücken erhöht, so daß diese Kohlenarten
für sich oder miteinander vermischt nach vorhergegangenem „Stampfen"
einen brauchbaren Koks ergeben. Man verfährt dabei z. B. folgendermaßen: Aus dem Kohlenvorratskasten der mit der Ausdrückmaschine
verbundenen Einsetzmaschine fällt die Kohle durch Schieber in den
Stampfkasten und wird dort lagenweise festgestampft. Der Antrieb
der Stampfer erfolgt z. B. durch einen Elektromotor. Zwischen den
einzelnen Kohlenlagen werden zur Verhinderung des Abbröckelns der
Köpfe während des Einschiebens an den Kopfenden Holzleisten von
1,5 m Länge und 25 × 3 mm Querschnitt flach eingefügt. Der um
etwa ein Fünftel verdichtete Kohlenkuchen wird dann vor die zu be-
schickende Kammer gefahren und mit Hilfe der Koksausdrückmaschine
samt dem Boden eingesetzt, wobei die Ofentür auf der Koksseite schon
heruntergelassen und verriegelt ist. Auf der Maschinenseite verhindert
ein Druckschild, das am Ende des Stampfbodens angebracht ist und
beim Zurückziehen des Bodens abgestreift wird, das Herausfallen der
Kohle. Diese wird vielmehr so zusammengehalten, daß sie nicht gegen
die Tür gepreßt wird; dadurch werden ungare Köpfe vermieden. Nach
Entfernung des Druckschildes wird auch die Tür auf der Maschinenseite heruntergelassen, verriegelt und verschmiert. Durch die Stampf-
arbeit wird die Festigkeit des Koks um etwa 25%, seine Ausbeute
ebenfalls wesentlich erhöht.

Nach dem Füllen, Planieren und Abdichten der Ofenkammern
wird das Tellerventil des Steigrohres geöffnet, so daß die Gase in die
Vorlage gelangen; diese ist ein langes eisernes Rohr von U-förmigem
Querschnitt (z. B. 1,2 m × 1,2 m).

Die unmittelbar an den heißen Ofenwänden lagernden Kohleteile
werden gleich nach dem Füllen verkokt; da sich in der Ofenkammer
noch Luft befindet, nimmt diese an dem Vorgange unter Bildung

von Verbrennungsprodukten teil. Man läßt diese sogenannten Füllgase entweichen (vgl. S. 194), bevor man das eigentliche Rohgas zur Vorlage und Nebengewinnungsanlage schickt. Aus der Kammerfüllung im großen Ganzen verdampft aber zunächst nur das Wasser (12—15 %), welches sich z. T. im Innern des Kohlenblocks wieder verdichtet. Von den glühenden Wänden aus beginnt die Zersetzung der Kohle (300⁰), die langsam nach dem Innern der Kohlenmasse fortschreitet, wobei die Kohlenwasserstoffe in den nächst gelegenen kühlen Kohlen zu Teer verdichtet werden. Dadurch entsteht in dem Kohlenblock entsprechend jeder Kammerwand eine 3—4 cm dicke Teerschicht, die „Verkokungsnaht", welche ebenfalls immer mehr nach der Mitte vorrückt. Gegen Ende der Verkokung steigt die Temperatur auf 850—950⁰.

Parallel zur Vorlage zieht sich das Saugrohr über die Batterie hin, welches durch Anschlußstutzen mit der Vorlage verbunden ist. Für eine bestimmte Anzahl von Öfen sind sogenannte Feldrohre vorgesehen, welche zur Entlastung der Ofenkammer vom Druck des Gases dienen, das sich beim Versagen des Gassaugers schnell ansammelt. Das Feldrohr ist ein langes Rohr, das z. B. auf den Verbindungsstutzen von Vorlage und Gassaugleitung angebracht ist; es besitzt einen Absperrschieber, welcher bei normalem Betrieb geschlossen ist. Der Schieber wird aber geöffnet, wenn die Gasabsaugung versagt, so daß die Gase der Ofenkammer durch Steigrohr, Vorlage und Feldrohr in das Freie entweichen können; sie werden an der Mündung des Feldrohres entzündet und verbrennen dort. Gegen Ende der Garungszeit überzeugt man sich durch Öffnen des Schaudeckels an den Türen der Koksseite von dem Fortschritt der Garung. Ist der Koks gar, so ist der Raum oberhalb desselben klar; es zeigt sich nur eine die Garung kennzeichnende fahle Flamme. Das nun erfolgende Ausdrücken der glühenden Koksmassen erfordert folgende Arbeitsvorgänge:

Zunächst muß die Kammer durch Schließen des Tellerventils am Steigrohr von der Vorlage getrennt werden, um ein Ansaugen von Luft zu verhindern; dann erfolgt das Öffnen der Ofentüren mittels Kabelwinde, die natürlich auch beim Schließen der Türen zur Anwendung kommt. Auf jeder Batterie befindet sich an jedem Kopfende der Kammer eine auf Schienen fahrbare Kabelwinde, die von Hand oder elektrisch betätigt wird. Durch Anbringung eines Gegengewichtes an der Kabelwinde hat man das schwere Gewicht der Ofentür nahezu aufgehoben, so daß nur ein Mann zur Bedienung nötig ist. Der Antrieb des Kabels erfolgt bei Handbetrieb durch eine Kurbel, welche durch eine selbsttätige Sperradbremse gesichert ist.

Zum Ausdrücken des garen Koks bedient man sich der Ausdrückmaschine, welche von einer Dampfmaschine oder einem Drehstrommotor angetrieben wird. Die Koksausdrückmaschine wird auf Gleisen an den einzelnen Öfen vorbeigefahren, und zwar auf einer Vierschienenbahn, damit die Maschine beim Drücken des Koks genügenden Widerstand hat.

Das Ausdrücken selbst erfolgt mit Hilfe einer 15 m langen Zahnstange, welche an ihrem vorderen Ende einen dem Querschnitt der

Ofenkammer· entsprechenden Druckkopf·trägt; Gleitrollen an beiden
Seiten des Druckkopfes und unter demselben ermöglichen eine sichere
Führung der Zahnstange in den Kammern. Durch ein Zahnradvor-

Abb. 74. Löschen des Koks.

gelege wird die Kraft des Motors oder der Dampfmaschine auf die
Zahnstange übertragen. Durch Einschalten eines besonderen Vor-
geleges wird die zum Ebnen der Kohle in den Kammern dienende

Plänierstange in Betrieb gesetzt, die ebenfalls auf der Ausdrückmaschine angeordnet ist. Ihre hin- und hergehende Bewegung regelt der Maschinist durch Umsteuern der Maschine. Die glühende Koksmauer wird sofort auseinander gerissen und mit Wasser (Grubenwasser) abgelöscht. Da die Verkokung der Kohle von den Wänden nach der Mitte der Ofenkammer fortschreitet, so bildet sich bei gleichmäßiger Hitze eine Trennungsebene genau in der Mitte; hier zerteilen sich beim Drücken die prismatischen Stücke, die durch Bildung von Spaltrissen infolge des Schwindens und Zusammenziehens der Koksmasse beim Verkoken entstehen (Abb. 74). Neue Kokslöscheinrichtungen nehmen die ganze Koksmauer in ihren eisernen Kasten auf, wo der Koks abgelöscht, gesiebt und in Eisenbahnwagen gestürzt wird.

Die Überwachung des Ofenbetriebes erstreckt sich auf alle Teile der Anlage, zumal hinsichtlich der Temperatur und des Druckes; bei den Revisionsgängen überzeugt man sich durch Beobachtung von Thermometer und Manometer davon, ob auch an den einzelnen Stellen die als zweckmäßig ermittelten Temperaturen und Drucke herrschen. Je nach Anzahl der Öfen, welche an einer Gasleitung hängen, soll der Druck des Gases vor den Düsen etwa 60—80 mm Wassersäule betragen. Die Düsen und Brenner müssen von Zeit zu Zeit nachgesehen und gereinigt werden, damit sie die für die einzelnen Wandstellen erforderlichen Gasmengen durchlassen. Durchgeschlagene Flammen sollen sofort in Ordnung gebracht werden, damit die Brennerrohre nicht beschädigt werden; namentlich bei stürmischem Wetter ist die Gefahr des Durchschlagens der Brenner hoch. Bei den Regenerativöfen muß neben der Dichtigkeit der Gashähne auch ihr guter Gang gewährleistet sein, damit sich das ½ stündige Umstellen mit Hilfe von Drahtseil und Winde leicht bewerkstelligen läßt. Durch häufige Benutzung der Schaulöcher der Heizkammern überwacht man den guten Gang der Feuerung jedes einzelnen Ofens. Bei zu hoher Temperatur der Heizwände leidet das Ofenmaterial, zumal die Schamottesteine, infolge von Schmelzvorgängen, während zu niedrige Temperatur die Leistung des Ofens herabsetzt. Es muß daher auch darauf geachtet werden, daß der Heizkammer außer der erforderlichen Gasmenge auch das richtige Luftquantum zugeführt, und der Schieber des Hauptkamins sowohl als auch der einzelnen Öfen auf Gleichmäßigkeit der Beheizung eingestellt wird. Undichtigkeiten der Öfen müssen rechtzeitig beseitigt werden, damit nicht die Koksausbeute durch Abbrand leidet, und die Zusammensetzung des Gases durch Verbrennungsvorgänge verschlechtert wird.

Beim Füllen der Ofenkammer soll man die Kokskohle grundsätzlich dem Turm entnehmen, der am frühesten gefüllt war und infolge der Lagerung schon Wasser abgegeben hat, denn ein hoher Wassergehalt der Kohle vermag die Ofentemperatur erheblich herabzusetzen und bewirkt eine frühzeitige Zerstörung der Wände aus Silikasteinen. Die Steigrohre müssen von Zeit zu Zeit gereinigt werden; Ansätze von Retortenkohle (S. 192) werden durch Ausklopfen oder Ausbrennen beseitigt. Große Aufmerksamkeit muß der Enfernung des Dickteers aus der Vorlage geschenkt werden; derselbe wird durch ausgiebige Spülung mit Dünnteer, der auch wohl vorgewärmt wird, und mit Hilfe von Kratzern beseitigt.

A. Ofensysteme.

77. Abhitzeöfen.

Der **Ottosche Unterfeuerungs-Abhitzeofen** wird, wie schon aus der Bezeichnung hervorgeht, von unten beheizt, und zwar aus begehbaren Fundamentkanälen, in denen die Heizleitungen untergebracht sind. Das von der Nebengewinnungsanlage zurückkehrende Gas wird durch die Gasleitung c (Abb. 75a) auf die ganze Länge der in einer Batterie nebeneinander angeordneten Öfen verteilt. Für jede Heizwand zwischen zwei benachbarten Öfen zweigt von der Hauptleitung c ein Rohr d ab, welches einerseits die Gasdüsen e speist, die in die feuerfesten Düsensteine einmünden. Die Düsenrohre e haben die Einrichtung eines Bunsenbrenners (S. 97), in welchem das Gas mit Primärluft gemischt wird; ferner wird infolge der Düsenwirkung der Brenner und des Auftriebes in den Heizzügen warme Sekundärluft aus den oberen Teilen der Gewölbegänge in regelbaren Mengen angesaugt. Aus den Düsensteinen steigt das brennende Gas in den senkrechten Wandheizzügen f hoch, sammelt sich in dem oberen Horizontalkanal g und fällt durch die beiden senkrechten Züge a wieder nach unten. Die Verbrennungsprodukte gehen dann durch Öffnung i in den Sohlkanal k unter der Ofensohle (Abb. 75b), wo sie noch Wärme abgeben, und darauf durch den vermittelst eines Schiebers regelbaren Fuchs z in den Abhitzekanal. Aus diesem werden die heißen Abgase zu Kesseln geleitet, in welchen ihre Wärme zur Wasserverdampfung ausgenutzt wird; dann ziehen sie durch den Kesselschornstein ins Freie.

Die Öffnungen p zwischen den Düsensteinen dienen lediglich zum Durchlassen der Verbrennungsgase beim Anheizen der Öfen und haben für den eigentlichen Ofenbetrieb mit Gewinnung der Nebenprodukte keine Bedeutung. In diesem Falle werden in den Ofenkammern a Heizfeuer unterhalten und die Gase treten durch die Öffnungen n aus den Öfen in die Wand, verteilen sich im Horizontalkanal g auf die einzelnen Züge f und gelangen durch die vorhin erwähnten Öffnungen p in den Sohlkanal q (Abb. 75c), treten von der Seite in den Fuchs l über und gehen dann in den Abhitzekanal m. Die Heizgase für die beiden Wandpfeifen ziehen durch Öffnung i, Sohlkanal k und Fuchs l ebenfalls zum Abhitzekanal. Bei der eigentlichen Beheizung aus den Gasleitungen wird der Sohlkanal q durch einen Schieber von dem Fuchs l abgeschlossen.

Die Füllung der Ofenkammer a mit Kokskohle erfolgt durch Füllöffnungen o in der Ofendecke, wobei man sich neuerdings meistens eines mechanisch angetriebenen größeren Wagens u bedient, der eine ganze Ofenfüllung faßt. Man kann auch die Kohle in einem Stampfkasten zu einem Kuchen stampfen und von der Seite durch die Türöffnung in die Ofenkammer einbringen.

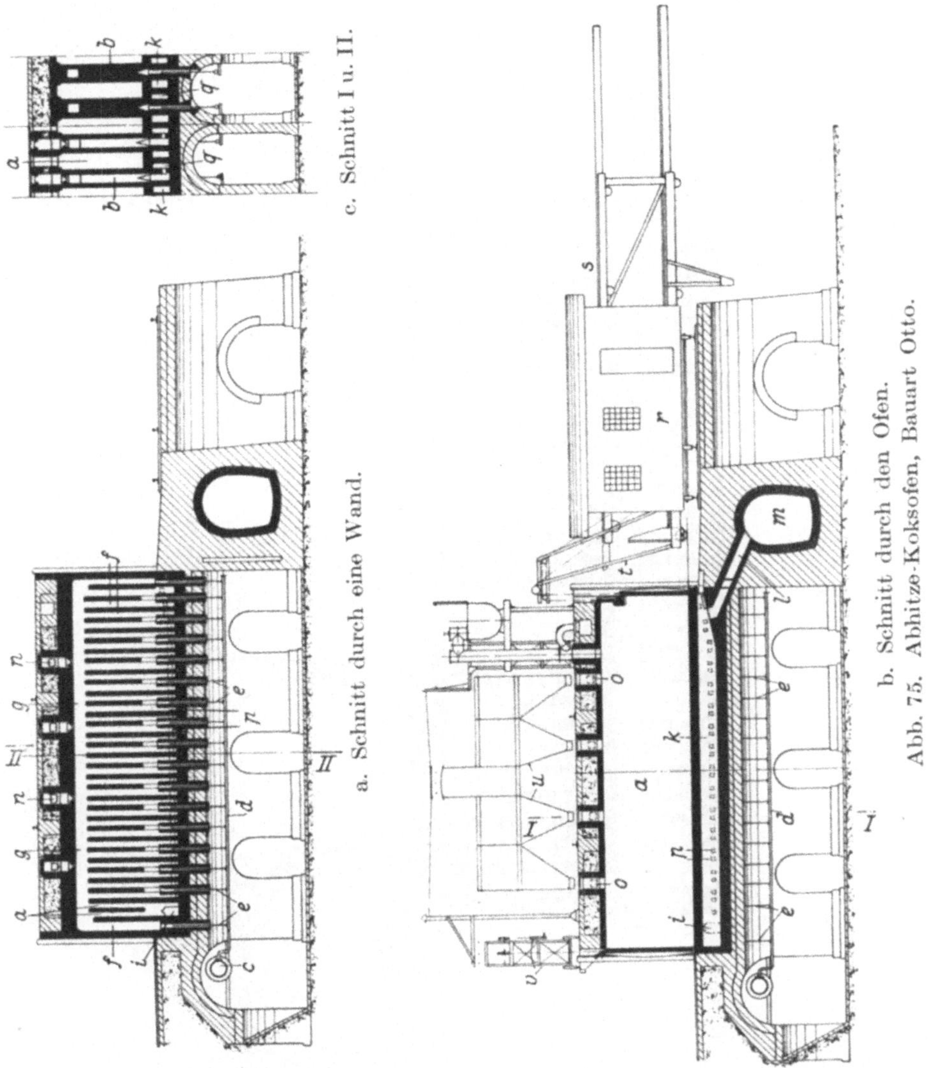

Das Einebnen der Kohle im Ofen geschieht durch eine auf der Koksausdrückmaschine r angebrachte und mechanisch angetriebene Planiervorrichtung s. Das Heben und Senken der Ofentüren geschieht auf der Koksplatzseite durch Kabel v, während die Türen der Ausdrückmaschinenseite durch eine an der Maschine angebrachte Hebevorrichtung t geöffnet und geschlossen werden.

Nachdem vor bzw. nach dem Einfüllen der Kohle sämtliche Öffnungen des Ofens bis auf die Steigrohröffnung geschlossen sind, entweichen die sich sofort stark entwickelnden Gase und gelangen durch

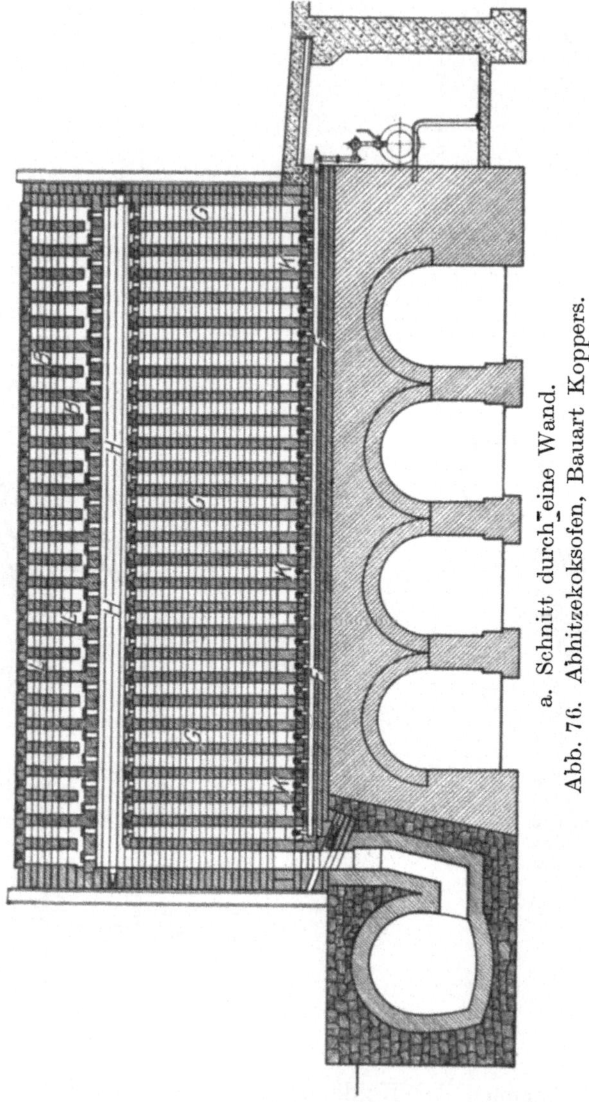

Steigrohre in eine allen Öfen gemeinsame Vorlage. Sie werden durch anschließende Rohrleitungen zu den Apparaten der Nebengewinnungsanlage geführt, in welchen sie von Teer, Ammoniak und Benzol befreit werden und kehren dann als Heizgase zu den Öfen zurück.

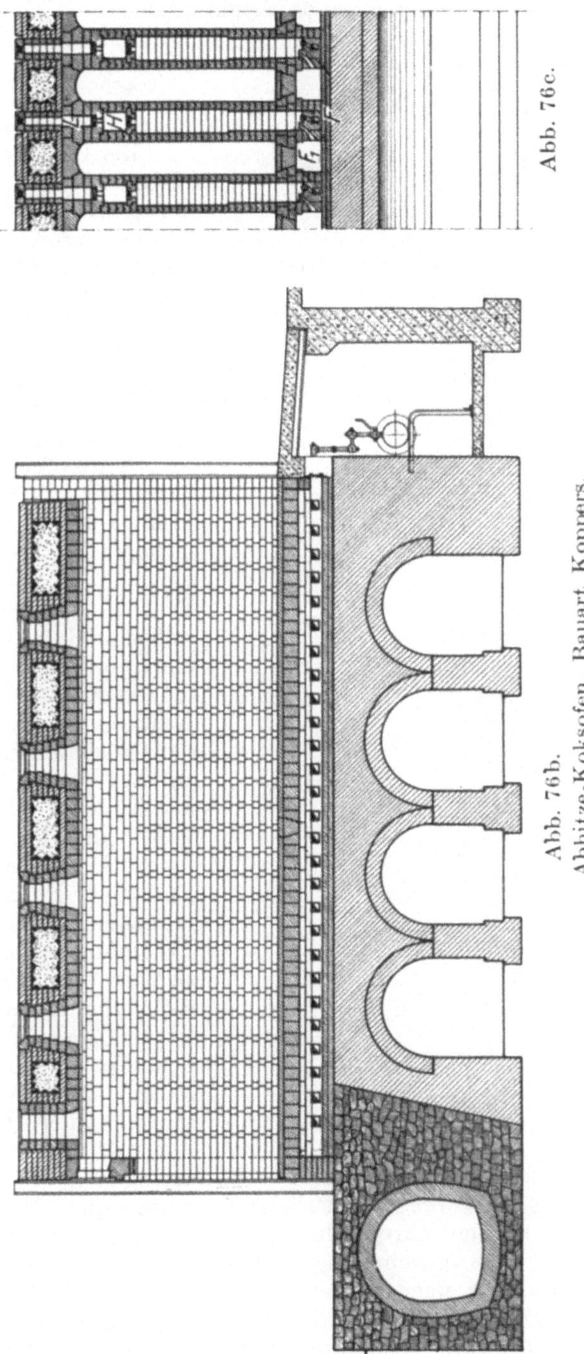

Abb. 76c.

Abb. 76b.
Abhitze-Koksofen, Bauart Koppers.

Die Öfen haben etwa folgende Abmessungen:

<table>
<tr><td>Länge zwischen den Türen . . . .</td><td>10500 mm</td></tr>
<tr><td>Höhe bis zum Scheitel . . . . . .</td><td>2600—3000 „</td></tr>
<tr><td>Mittlere Breite . . . .</td><td>450— 500 „</td></tr>
<tr><td>Entfernung von Mitte bis Mitte Ofen</td><td>1050 „</td></tr>
</table>

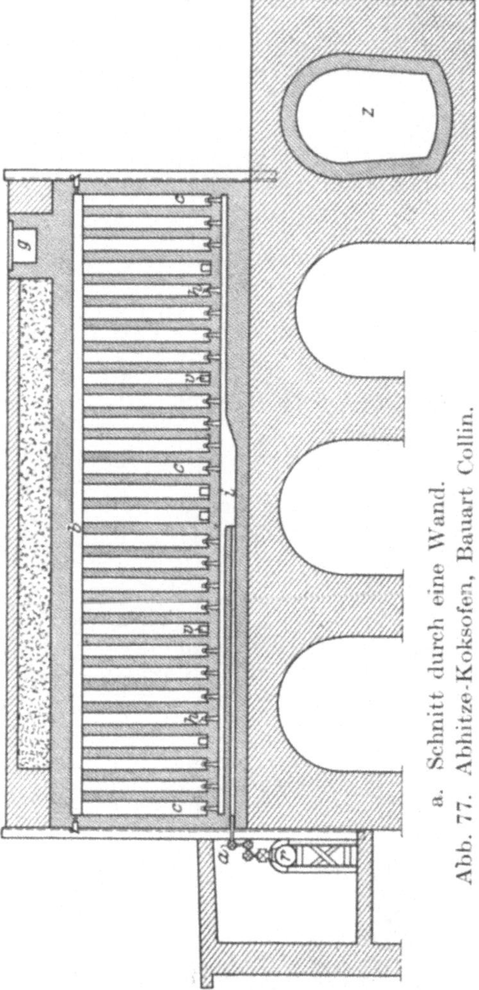

Der Ofen von 2600 mm Höhe faßt bei einem Einheitsgewicht der Kohle von 740 kg pro Kubikmeter nutzbaren Füllraumes rund 9 t trockene Kohle; die Garungszeit richtet sich nach dem Wassergehalt der Kokskohle und nach der schärferen bzw. schwächeren Beheizung.

Abhitzeofen von Koppers (Abb. 76a). Das Heizgas gelangt aus der Druckgasleitung mittels Abzweigungen in den Düsenkanal F, durchströmt denselben und tritt durch die einzelnen Mischdüsen K in die Heizzüge G. Neben dem Gaskanal liegt unterhalb der Ofenkammer der Luftzufuhrkanal F_1 (Abb. 76c), aus dem die Verbrennungsluft in die Mischdüse eines jeden Heizzuges eintritt. Das Gas brennt in den Heizzügen nach oben; die Verbrennungsgase sammeln sich in dem Horizontalkanal H und fallen in dem letzten Zug auf der Maschinenseite in den Abhitzekanal i, der zu den Kesseln führt. Jeder Heizzug hat seinen Brenner, der wie bei dem Regenerativofen von der Durchbrechung L in der Ofendecke aus zugänglich ist. Die erforderliche Luft wird für jede Heizwand beim Eintritt in den Luftzuführungskanal durch Schieber geregelt. Zur Erzielung einer gleichmäßigen Beheizung der ganzen Heizwand erhält jeder Heizzug einen Regulierschieber, der vor dem Eintritt des Heizzuges in den Horizontalkanal angeordnet ist. Diese Steinschieber werden ebenfalls von den Durchbrechungen in der Ofendecke aus bedient und eingestellt. Bei gasreicher Kokskohle kann ebenfalls ein beträchtlicher Gasüberschuß erhalten werden.

Der **Abhitzeofen von F. J. Collin** (Abb. 77a). Aus der Heizgasleitung r gelangt das Gas durch die Rohre a und Kanäle i in die Heizzüge c, an deren Fuße die Verbrennungsluft für jeden Wandkanal getrennt zu dem durch die kleineren Öffnungen h einströmenden Heizgas tritt. Die Entzündung desselben findet demnach in Höhe der Ofensohle statt. Die verbrannten Gase steigen in den Heizkanälen c hoch, fallen durch die Züge v wieder abwärts in die Ofensohlkanäle d (Abb. 77b) und gehen durch die Füchse o in den Sammelkanal z, welcher zu den Kesseln führt. Die Verbrennungsluft erfährt eine Vorwärmung in dem Fundamentgewölbe; sie gelangt durch Schlitze e in den Luftverteilungskanal m und so vorgewärmt mit Hilfe schräg ansteigender Kanäle nach jedem einzelnen Wandkanal. Ein in der Ofendecke vorgesehener, mit dem Kamin in Verbindung stehender Kanal g dient zur Abführung und Unschädlichmachung der beim Beschicken der Öfen entweichenden Gase (S. 194).

Abhitzeofen von Carl Still (Abb. 78a). Das Gas gelangt von der Kondensationsanlage

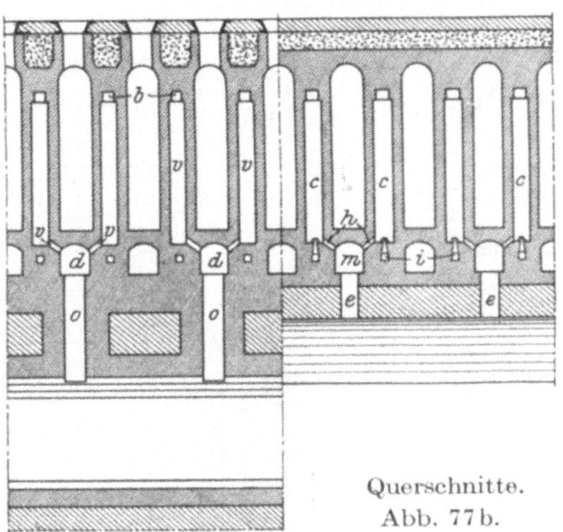

Querschnitte.
Abb. 77b.

durch die Druckgasleitung b und Abzweigleitungen c in die unter den einzelnen Heizwänden liegenden Gasverteilungskanäle g und von dort in die einzelnen Brennerdüsen h. Die Verbrennungsluft wird aus dem oberen Teil der Fundamentkanäle i durch Aussparungen k des Mauerwerks (Abb. 78b) entnommen und in die Kammern l eingeleitet, welche zwischen den Abgaskanälen p liegen, so daß die Luft beim Durchströmen der Kammern etwas vorgewärmt wird. Durch schlitzartige Öffnungen m tritt die Luft dann in die Heizzüge n über, in welchen die Verbrennung des durch die Düsen h zuströmenden Heizgases vor sich geht. Die Verbrennungsgase streichen in den Heizzügen n nach oben und durch unmittelbar danebenliegende Abgaszüge o wieder nach unten, wodurch eine gleichmäßige Beheizung der Kammerwände erzielt wird. Durch die Öffnungen d gehen die Gase dann in den Sohlkanal p und aus diesem durch den Fuchs q in den Abhitzekanal r, aus welchem sie z. B. zur Beheizung von Dampfkesseln abgeführt werden. Bei jedem einzelnen Ofen ist für den Fuchs q ein Regulierschieber s vorgesehen, der von der verschließbaren Öffnung u

10*

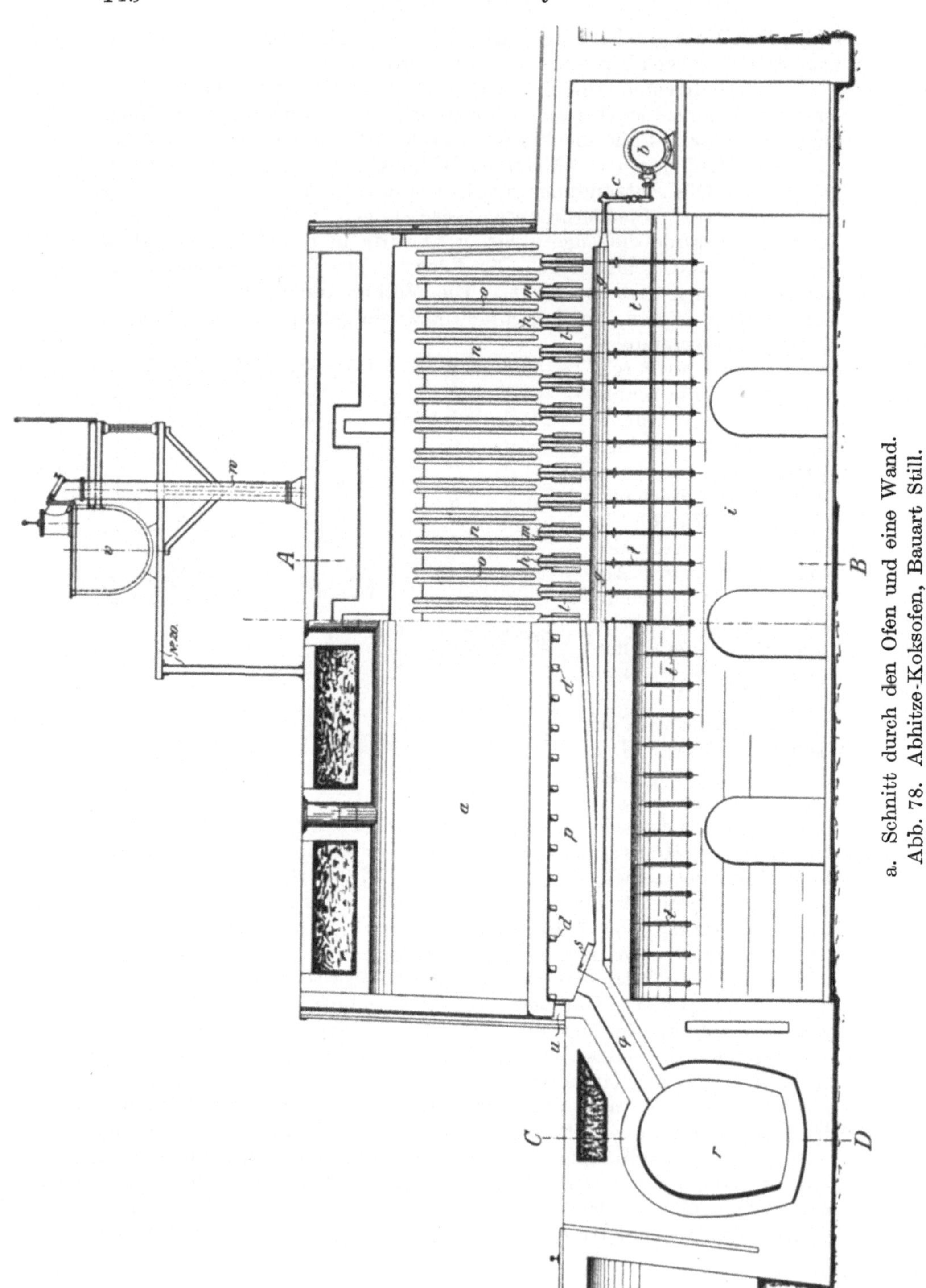

a. Schnitt durch den Ofen und eine Wand.
Abb. 78. Abhitze-Koksofen, Bauart Still.

aus zugänglich ist. Zur Beobachtung und Reinigung der Düsen sind unterhalb derselben in der Verlängerung ihrer Achse senkrechte Rohre t eingebaut, die am unteren Ende durch Schaugläser abgeschlossen sind.

78. Regenerativöfen.

Die Ottoschen Unterfeuerungs - Regenerativ-Koksöfen werden, ebenso wie die Abhitzeöfen, von unten aus begehbaren Fundamentkanälen beheizt. Die zur Verbrennung benötigte Luft wird in seitlich angeordneten, einräumigen Lufterhitzern vorgewärmt. Die Öfen sind als Reihenöfen nebeneinander in Batterien angeordnet; zwischen je zwei benachbarten Ofenkammern liegt eine gemeinsame Heizwand.

Ein Teil des von seinen wertvollen Nebenprodukten befreiten

Schnitt A—B.   Schnitt C—D.
Abb. 78b.

Gases kehrt zu der Gasverteilungsleitung a der Koksöfen zurück. Für jede Heizwand (Abb. 79a) zweigt von dem Hauptrohr a ein Stutzen b ab, der vermittelst eines Dreiweghahnes c abwechselnd die Rohrleitungen d und d_1 mit Heizgas speist. Das Rohr d trägt für die eine Wandhälfte die Düsenrohre e, das Rohr d_1 für die andere Wandhälfte die Düsenrohre e_1. Durch eine kalibrierte Düse in jedem Düsenrohr ist die Gasmenge für jede Brennstelle genau eingestellt. Die Düsenrohre treten von unten in die feuerfesten Düsensteine f ein; die Eintrittsstelle wird um das Rohr herum luftdicht abgeschlossen. Der Regenerativofen arbeitet mit einem Wechsel in der Beheizungsrichtung; bei dem Ottoschen Ofen wird abwechselnd die linke und rechte Hälfte der Heizwand unmittelbar beheizt, während die Heizgase durch die andere Hälfte abfallen. Tritt das Gas durch die Düsenrohre e ein, so wird die Luft durch die Luftklappe g für 4 Heizwände gemeinschaftlich zugeführt (Abb. 79b); sie tritt in einen Luftverteilungsraum h und von dort durch Kanäle i in die eigentlichen Regeneratoren k. Der Regenerator schickt Luft durch Fuchs l und Sohlkanal n und Öffnungen o zu den Düsen des ersten Wandviertels; durch Fuchs m, Sohlkanal p und Öffnungen q zu den Düsen des zweiten Viertels (Abb. 79d).

Die Verbrennung findet nun in den senkrechten Heizzügen r der
rechten Wandhälfte statt; die Heizgase vereinigen sich im oberen
Horizontalkanal s, treten zur linken Wandhälfte über und fallen in

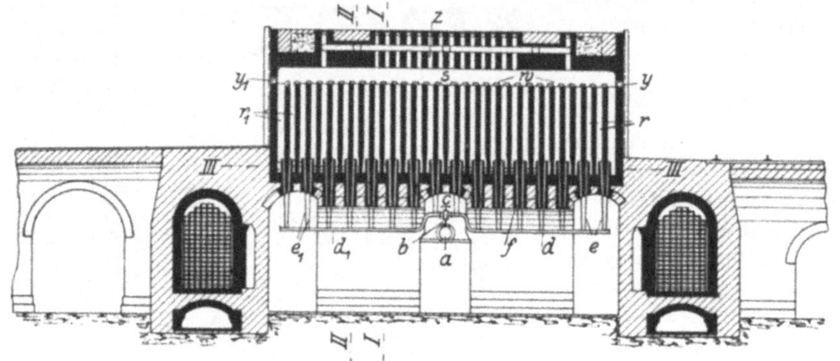

a. Schnitt durch eine Wand.

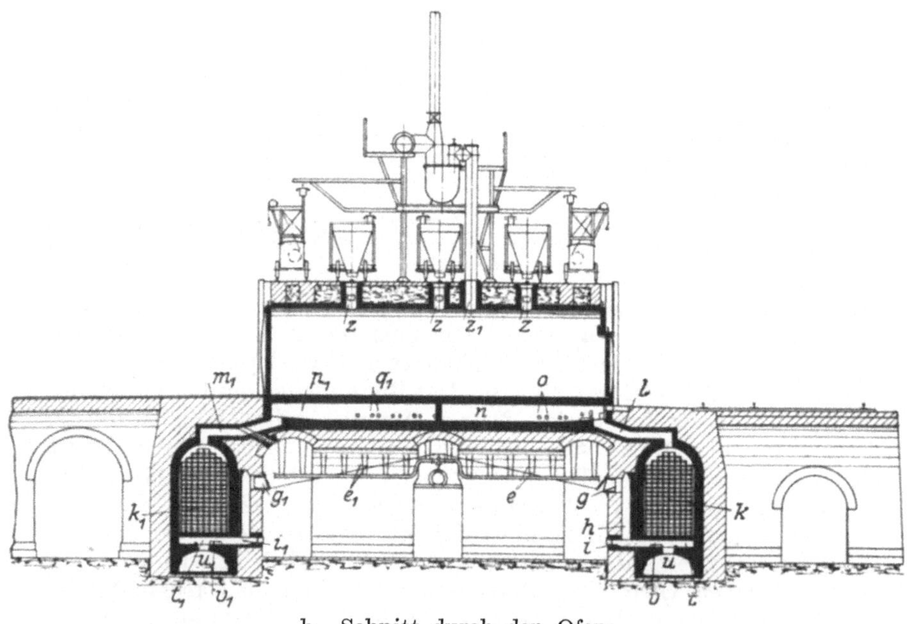

b. Schnitt durch den Ofen.
Abb. 79. Unterfeuerungs-Regenerativ-Ofen, Bauart Otto.

den Heizzügen r_1 nach abwärts, gehen durch Öffnungen o_1 bzw. q_1,
Sohlkanälen n_1 bzw. p_1, Füchse l_1 bzw. m_1 zum Regenerator k_1 des
linksseitigen Regenerators, alsdann durch Öffnungen t_1 zu dem Kamin-
kanal u_1 und zum Kamin.

Vor dem Kamin sind in den Kanälen u und u_1 Wechselschieber angebracht; bei der vorbeschriebenen Beheizungsrichtung ist der Schieber im Kanal u geschlossen und derjenige im Kanal u_1 geöffnet. In bestimmten Zeitabschnitten, etwa jede halbe Stunde, wird die Beheizungsrichtung gewechselt, und zwar werden die Dreiweghähne c und die Schieber in den Kanälen u und u_1 umgestellt, ferner die Luftklappen g geschlossen und die Luftklappen g_1 geöffnet. Alle Bewegungen der Umstellorgane werden von einer Winde gleichzeitig besorgt. In den Kanälen i bzw. i_1 sind Schieber v bzw. v_1 angeordnet vermittels welcher ein gleichmäßiger Kaminzug für alle Ofenwände eingestellt wird. Ferner sind an den oberen Enden der Vertikalzüge r bzw. r_1 Schieber w angeordnet, durch die der Zug in den Einzelzügen reguliert werden kann. Die mittleren Schieber sind durch Öffnungen z in der Ofenabdeckung, die vorderen durch Öffnungen y in der vorderen Wand zu erreichen (Abb. 79a).

Wie ersichtlich, sind alle Teile für die Beheizung in einfacher und übersichtlicher Weise angeordnet und alle Regulierorgane leicht zugänglich; dadurch ist eine gleichmäßige Beheizung der ganzen Wandfläche gesichert.

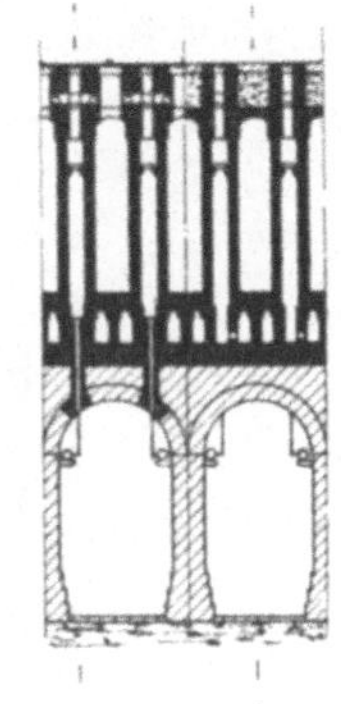

Schnitt I u. II.
Abb. 79c.

Die Füllung der Öfen mit Kohle findet durch Öffnungen z in der oberen Abdeckung statt, während die Destillationsgase durch die Öffnung z_1 entweichen (Abb. 79b).

Die Öfen haben etwa die bei dem Ottoschen Abhitzeöfen angegebenen Abmessungen; die Garungszeit beträgt etwa 24—28 Stunden.

Regenerativ-Ofen von Koppers (Abb. 80). Die Regeneratoren befinden sich unmittelbar unterhalb der Ofenkammern. Die Öfen erheben sich auf einer Betonplatte als einzelne Wände, die in halber Höhe derart geschlossen sind, daß der untere Teil den Regenerator, der obere Teil die Ofenkammer mit den Heizwänden bildet.

Die Verbrennungsluft tritt durch die gußeisernen Luftkniestücke A (Abb. 81) in die einzelnen

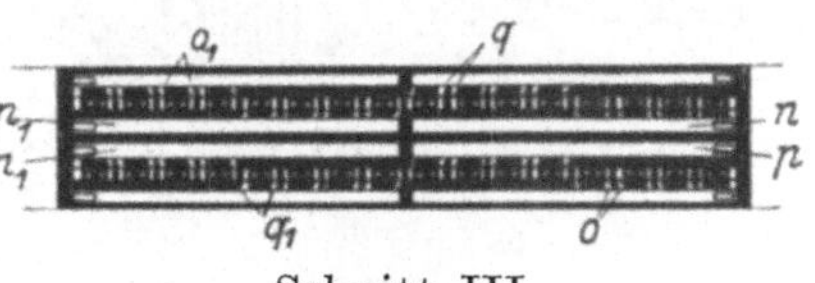

Schnitt III.
Abb. 79d.

Regeneratoren ein, wird vorgewärmt und gelangt nun durch die Luftschlitze in die Heizwände. Das Heizgas strömt aus der Leitung E durch die Abzweigungen in den Düsenkanal zu den einzelnen Brennerstellen, wo es mit der vorgewärmten Luft zusammentrifft, so daß die Verbrennung in der Heizwand erfolgt. Die Heizwände bestehen aus einer Anzahl von Heizzügen (28—30 Stück). Die Verbrennungsgase ziehen in den Heizzügen nach oben, durchstreichen den Horizontalkanal und fallen in der anderen Hälfte der Heizwand durch die Heizzüge in den Regenerator. Hier geben sie ihre Wärme an das Gitterwerk ab und entweichen durch das Luftkniestück A und den Abhitzekanal zum Kamin.

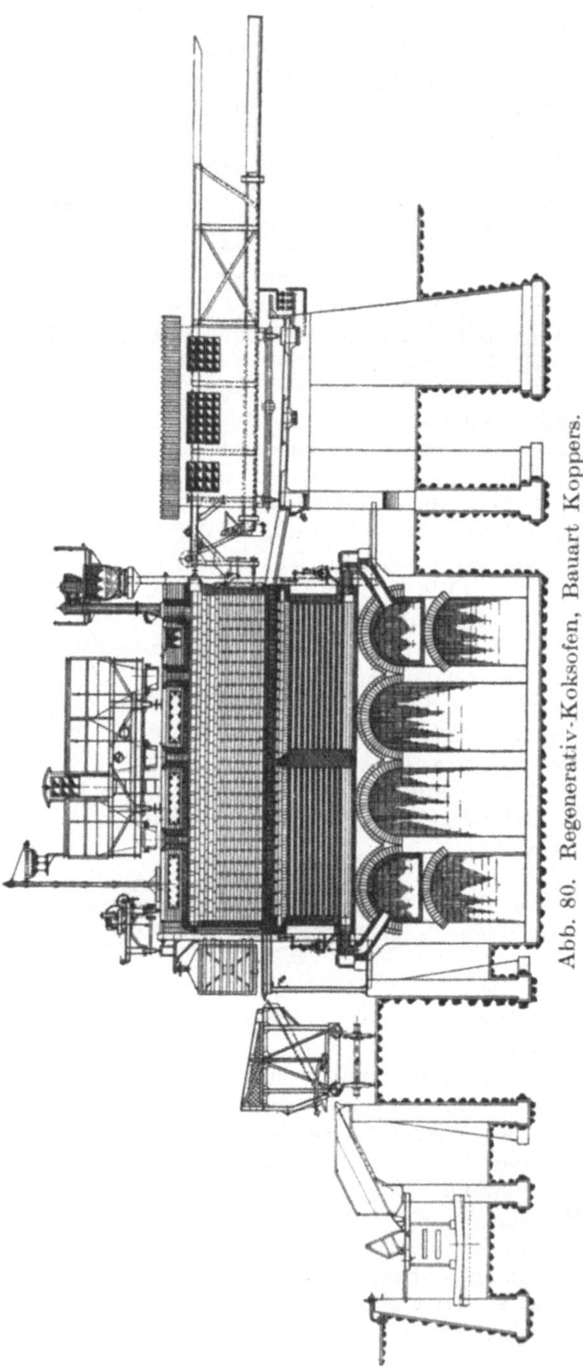

Abb. 80. Regenerativ-Koksofen, Bauart Koppers.

Auf diese Weise wird die eine Hälfte des Ofens ½ Stunde beheizt, dann wird die Verbrennung mit Hilfe einer am Ende der Ofenbatterie aufgestellten Winde, die auch die beiden Hauptschieber am Kamin bedient, gewechselt. Zur genauen Regelung der Gaszufuhr besitzt jeder einzelne Heizzug eine kalibrierte Düse, welche von der Ofendecke aus durch die Durchbrechungen nachgesehen und ausgewechselt werden kann. Die Zuführung der erforderlichen Verbrennungsluft wird durch die Drosselung des Eintrittquerschnittes in den Kniestücken A geregelt. Die ebenfalls durch die Durchbrechungen der Ofendecke zugänglichen Schieber regeln die Verbrennung in jedem einzelnen Heizzug. Durch diese Regelungsmöglichkeiten und die Zugänglichkeit zu jeder Heizwand von der Ofendecke wird eine gleichmäßige Beheizung des Ofens gewährleistet; die Temperaturunterschiede der beiden Wandhälften betragen nicht mehr als 50⁰.

Die Luftkniestücke A sowie die Gasleitung E sind in dem Begehkanal untergebracht (Abb. 81).

Der **Regenerativofen von F. J. Collin.** Das in der Kondensationsanlage von Teer- und Ammoniak befreite Gas gelangt durch die
Leitungen c nach dem Ofen (Abb. 82a) und wird abwechselnd durch

Abb. 81. Begehkanal einer Kopperschen Regenerativofen-Batterie.

die Gasröhren d und d' entweder in die unteren Gasverteilungsräume e
oder in die oberen Verteilungsräume e' gedrückt.

Die Verbrennungsluft kommt das eine Mal aus dem Regenerator f
durch Füchse g in die Ofensohlkanäle h (Abb. 82b); von hier aus ist
für jeden Wandkanal k eine Verbindung o vorgesehen. Das andere
Mal gelangt die Luft aus dem Regenrator f' durch Füchse g' in die
Ofensohlkanäle h', von welchen aus in jedem zweiten Binder ein Verbindungskanal i angeordnet ist, der in dem oberen Teile der Wand

in die Räume *n* ausmündet; dort trifft die Luft mit den von oben eingeführten Gasen zusammen.

Wird von unten beheizt, so steigen die durch die Zusammenführung von Gas durch die Düsen *q* und Luft durch die Öffnungen *o* erzeugten

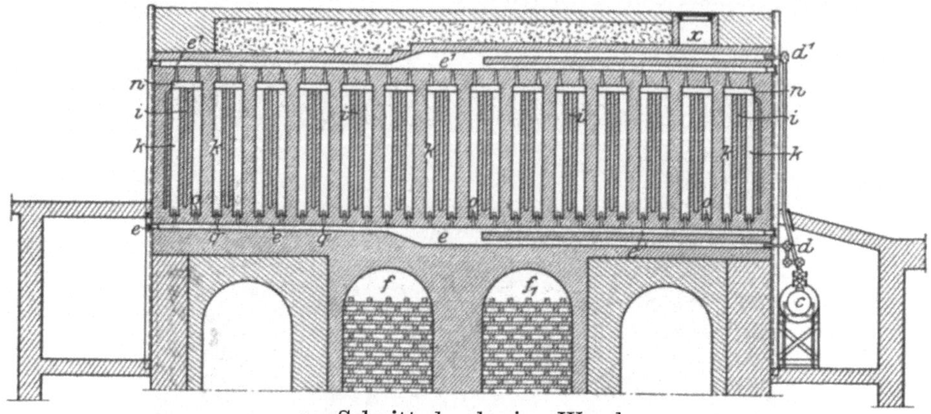

a. Schnitt durch eine Wand.

Abb. 82. Regenerativ-Koksofen, Bauart Collin.

Flammen in allen Wandkanälen *k* zugleich bis in die Räume *n* hoch; das verbrannte Gas geht dann durch die in den Bindern ausgesparten Kanälchen *i* zu den Sohlkanälen h' in den Regenerator f_1.

Wird die Zugrichtung gewechselt, so erfolgt die Beheizung umgekehrt von oben nach unten; die eigentliche Entzündung und Verbrennung der Gase findet aber gleichzeitig in allen Heizkanälen *k* statt, so daß eine Temperaturschwankung in der Ofenwand ausgeschlossen ist. Die Zugumkehr geht also, abweichend von den anderen Systemen, abwechselnd steigend und fallend in senkrechter Richtung unter fortwährender Beheizung aller Heizkanäle auf kürzestem Wege vor sich.

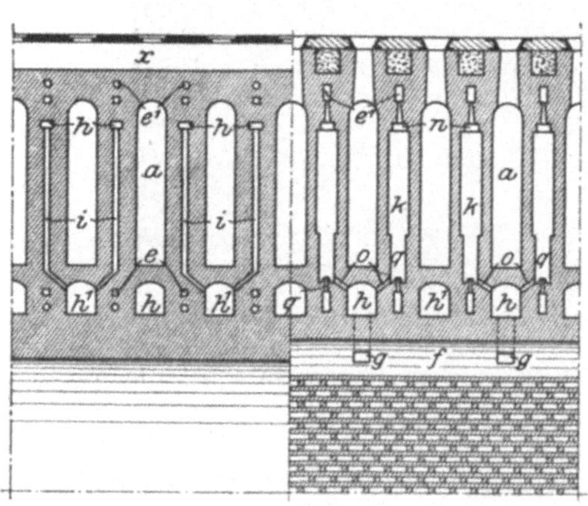

b. Querschnitte.

Regenerativofen von Carl Still. Der Koksofen mit senkrechten, von unten her beflammten Heizzügen wird als Regenerativofen derart betrieben, daß die Verbrennungsgase abwechselnd in der einen Heizwandhälfte hochbrennen und in der anderen Heizwandhälfte nieder-

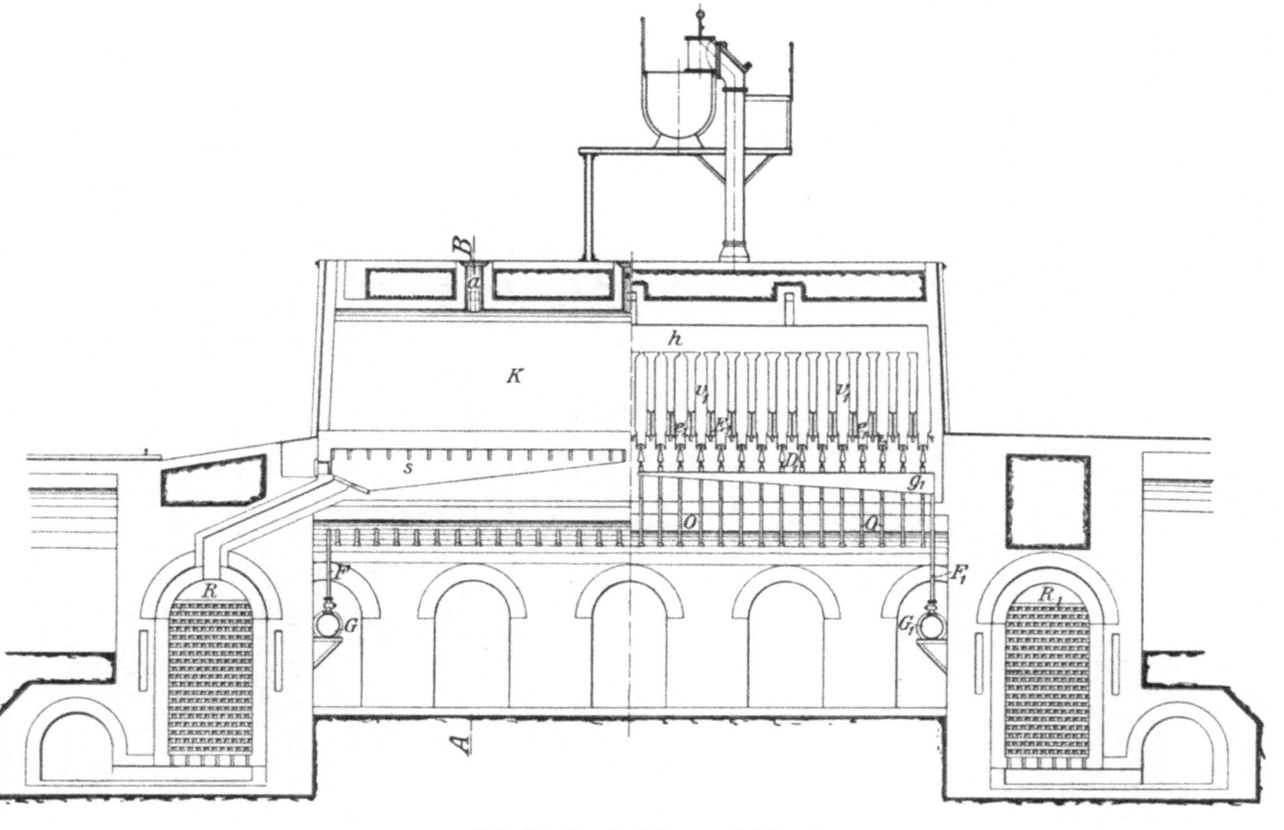

a Schnitt durch Ofen und Wand.
Abb. 83. Regenerativ-Koksofen, Bauart Still.

156   Kokerei. A. Ofensysteme.

fallen. Das Heizgas wird der ganzen Ofenbatterie durch zwei in
den Fundamentkanälen verlegte Gasleitungen G bzw. G_1 zugeführt
(Abb. 83a), tritt durch Abzweigrohre F bzw. F_1 in die unter jeder
Heizwand liegenden Gaskanäle g bzw. g_1 und von dort durch die
Düsen D und D_1 in die einzelnen senkrechten Heizzüge v und v_1.
Die Verbrennungsluft wird abwechselnd in dem einen oder anderen
der beiden Regeneratoren R und R_1, welche entlang der ganzen
Ofenbatterie eingebaut sind, stark vorgewärmt und dann in den
unter der Ofenkammer liegenden Verteilungskanal s und s_1 geführt.
Ihre Verteilung auf die einzelnen Heizzüge erfolgt hier durch Ab-
zweigkanäle. Diese durchsetzen die zwischen den senkrechten Heiz-

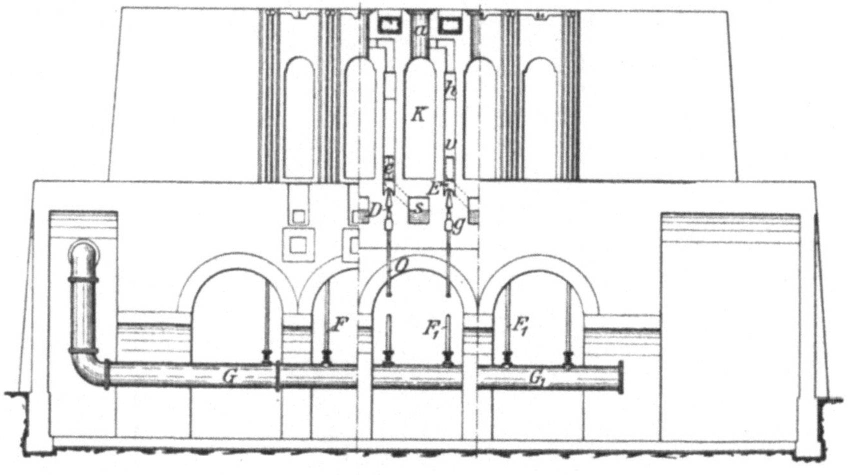

b. Querschnitte.

Abb. 83. Regenerativ-Koksofen, Bauart Still.

zügen befindlichen Binder der Heizwände in vertikaler Richtung
und sind mit seitlichen Auslässen e, e_1 versehen.

Dient z. B. die rechte Heizwandhälfte zur Verbrennung, so gelangen die verbrannten Gase aus den Heizzügen v_1 in den darüber
liegenden Horizontalkanal h, gelangen von diesem aus in die Heizzüge v der linken Wandhälfte und durch die sonst zur Luftzufuhr be-
nutzten Auslaßöffnungen e in den Sammelkanal s (Abb. 83b). Von
hier aus treten sie in den linksseitigen Regenerator R und entweichen
nach Abgabe ihrer Wärme an diesen in den Schornstein.

Die seitlichen Auslässe e und e_1 der Kanäle in den Bindern sind
verschieden hoch angeordnet; daher tritt zu der Düsenmündung des
einströmenden Heizgases nur ein Teil der zur Verbrennung insgesamt
erforderlichen Luft ein, während der Rest durch die darüber liegende
Luftaustrittsstelle zugeführt wird. Es wird dadurch ereicht, daß sich
die Verbrennung über ein längeres Stück des einzelnen Heizzuges verteilt, so daß die Wärmeabgabe über dessen Höhe gleichmäßiger er-

folgt. Es wurde bereits erwähnt, daß die Heizzüge an den Stellen ihrer Einmündung in den oberen Horizontalkanal *h* mit verschieden großen Durchgangsquerschnitten versehen sind (S. 135).

79. Rekuperativ-Öfen.

Von den Rekuperativöfen möge der **Ottosche Unterfeuerungs-Gleichzugkammerofen** besprochen werden. Eine verschieden große Anzahl solcher Kammern, welche, durch heizbare Wände voneinander getrennt, nebeneinander aufgeführt sind, bilden einen Ofenblock.

Die Beheizung kann wahlweise durch Schwach-, Misch- oder Starkgas erfolgen; das Gas nimmt hierbei in allen Fällen den gleichen Weg.

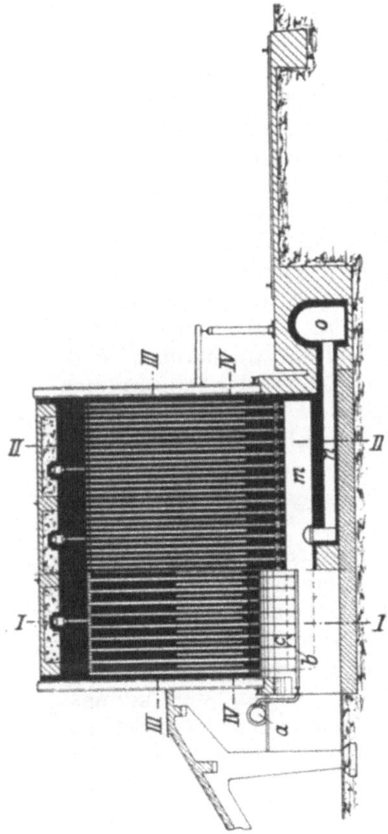

a. Schnitt durch eine Wand.

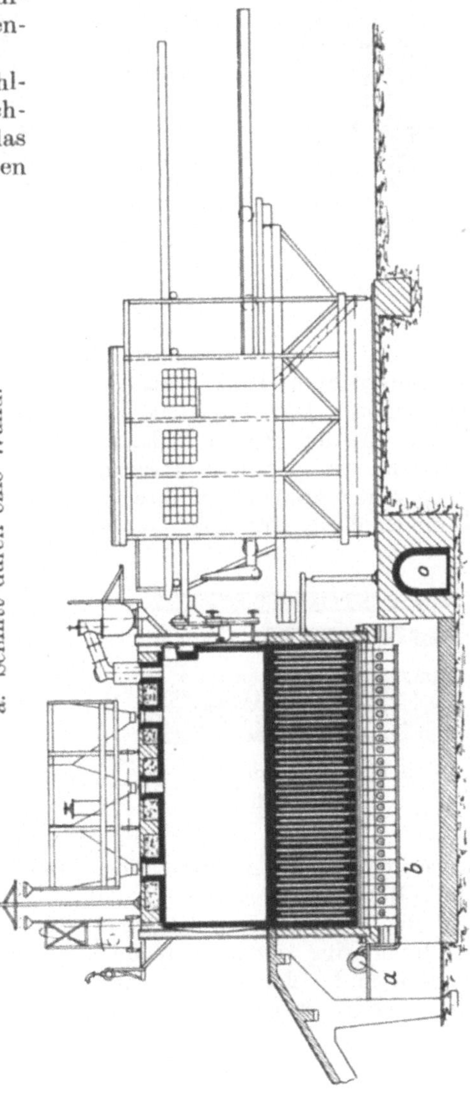

b. Schnitt durch den Ofen.

Abb. 84. Unterfeuerungs-Gleichzugkammerofen Bauart Otto.

Die Gas- und Luftzufuhr sowie die Regulierung der einzelnen Brennstellen erfolgt aus begehbaren Gewölbegängen, die unterhalb der eigentlichen Ofenkonstruktion liegen.

Die Füllung der Kammer geschieht von oben durch Öffnungen mittels eines Beschickwagens, der eine volle Kammerfüllung faßt (Abb. 84b). Das Einebnen der Kohle in der Kammer erfolgt maschinell durch die an der Koksausdrückmaschine angeordnete Planierstange. Die Destillationsgase entweichen durch Öffnungen in der Ofendecke zu einer gemeinsamen Vorlage und von dort zur Nebengewinnungsanlage. Zur Beheizung der Kammern wird das Gas durch die Gasverteilungsleitung a auf der einen Ofenseite zugeführt (Abb. 84a) und in die unter jeder Heizwand befindlichen Düsenleitungen b verteilt. Aus diesen gelangt das Gas durch die Düsenrohre c in den Vorwärmungsraum d (Abb. 84c). Die Verbrennungsluft wird den begehbaren Gewölbegängen e entnommen und durch Öffnungen f den Vorwärmungsräumen g zugeführt. In der Höhe der Ofensohle treten Gas und Luft stark erhitzt in

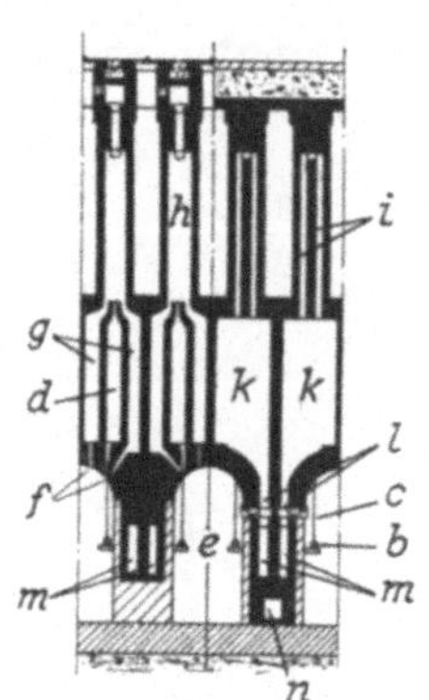

Schnitt I und II.
Abb. 84c.

die senkrechten Heizwandzüge h, in denen sie sich mischen und verbrennen. Die durch die Verbrennung entstehenden heißen Gase steigen in den Zügen h hoch und treten durch den Horizontalkanal in die geteilten Heizzüge i, fallen in diesen abwärts und geben einen großen Teil ihrer Wärme durch die Wandungen an die Kammerfüllung für die Verkokung ab. Die Abgase gelangen aus den Heizzügen i in die Kühlräume K, welche in der Längsrichtung der Heizwand so angeordnet sind, daß sie mit den Verbindungsräumen für Heizgase d und für Verbrennungsluft g abwechseln. Diese Räume sind voneinander nur durch dünne Wände getrennt, welche die Wärme der zu kühlenden Abgase an das vorzuwärmende Heizgas bzw. die Verbrennungsluft abgeben. Die

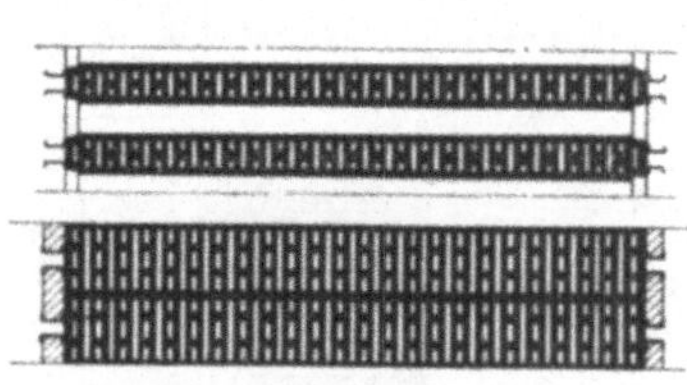

Schnitt III und IV.
Abb. 84d.

Abgase nehmen nun ihren Weg durch die regulierbaren Öffnungen l zum Horizontalkanal m in den Fundamentmauern. Nachdem hier die Abgase aller Heizzüge der Wand gesammelt sind, treten sie durch eine ebenfalls regulierbare Öffnung in den Verbindungskanal n und gelangen dann durch den Rauchkanal O zum Schornstein und ins Freie.

B. Die Gewinnung der Nebenprodukte.

Ammoniak ist in Wasser außerordentlich leicht löslich; verdichtet sich ammoniakhaltiger Wasserdampf, so wird neben flüssigem Wasser auch Ammoniak niedergeschlagen. Durch starke Kühlung des Kokereigases wird demnach ein Teil des Ammoniaks als Teerwasser, der Rest durch Waschen des Gases mit Wasser gewonnen.

Die Benzolkohlenwasserstoffe sind in den sogenannten Mittelölen (Waschölen) des Teers löslich; daher wird mit jeder Verdichtung von Teerdämpfen ein Teil jener niedergerissen, so daß der Teer die eine Quelle der Gewinnung von Benzolkohlenwasserstoffen darstellt. Selbst bei restloser Abscheidung des Teers bleibt noch die Hauptmenge Benzol in dem Gase, weil dasselbe und seine Homologen zum Teil leicht flüchtig sind, was durch die Gegenwart von Wasserdampf in erhöhtem Maße der Fall ist (S. 26). Diese Benzolkohlenwasserstoffe können nach Entfernung von Teer und Ammoniak durch Waschen des Gases mit Teerölen gewonnen werden.

Auf diesen theoretischen Grundlagen beruht das alte indirekte Verfahren der Gewinnung der Nebenprodukte z. B. des Ammoniaks, wobei das durch Abkühlung und Waschung des Gases erhaltene Ammoniak mit Hilfe des Abtreibeapparates frei gemacht und dem Sättiger zugeführt wird.

80. Indirektes Verfahren der Ammoniakgewinnung.

Die Verkokungsgase nehmen ihren Weg mit einer Temperatur von 600—500° durch die Steigrohre[1]) jeder Ofenkammer in eine gemeinsame Vorlage aus Schmiedeeisen von U-förmigem Querschnitt, wo sich schon ein großer Teil des Teers verdichtet.

Zur Vermeidung von Verstopfungen der Vorlage durch Dickteer wird diese ständig mit Leichtteer gespült, der mit Hilfe einer Pumpe aus der Sammelgrube zugeführt wird. Auch enthält der Deckel der Vorlage in meterweiten Abständen verschließbare Löcher, durch welche der Dickteer durch Kratzer bewegt werden kann.

Das Gas kühlt sich in der Vorlage auf 250—300° ab und wird nun zur Nebenproduktenanlage abgesaugt, wobei man in den Kammern der Öfen noch einen geringen Überdruck läßt, um das Eindringen von Luft durch undichte Stellen (Tür, Heizwand) zu verhindern.

Die Absaugeleitung besitzt ein Gefälle zur Vorlage, diese ein solches nach dem einen Ende oder nach der Mitte der Batterie, so daß die sich aus dem Gase mit der weiteren Abkühlung abscheidenden Teer- und Wassermengen nach der Sammelgrube abfließen können, nachdem der Dickteer durch eine Teersenke zurückgehalten worden ist, aus der er von Zeit zu Zeit beseitigt wird. In den meisten Fällen taucht eine unten offene Abzweigung der mit Gefälle versehenen Absaugeleitung

---

[1]) Zwischen Steigrohr und Vorlage befindet sich ein Tellerventil, mit dem die Kammer von der Vorlage abgesperrt werden kann.

in eine Teergrube, welche Spülteer und Kondensat aufnimmt. Der
Dickteer scheidet sich am Boden der Grube ab und wird von Zeit zu
Zeit entfernt, während der flüssige Teer und das ammoniakhaltige
Wasser nach der Sammelgrube fließen. Der schwere Teer sinkt zu
Boden, das leichtere Ammoniakwasser schwimmt obenauf, so daß beide
getrennt der Teer- und Ammoniakgrube durch Überläufe zugeführt
werden können.

Das Gas, welches sich allmählich auf 100—180° abgekühlt hat, muß
durch Kühlung in seiner Temperatur weit herabgesetzt werden, damit
Teer und Wasser möglichst vollständig zur Abscheidung gelangen. Das
geschieht in Luft- und Wasserkühlern (S. 24 u. 25), welche das Gas
auf 20—25° abkühlen, wobei der ausgeschiedene Teer der Luftkühler
mit wenig Ammoniakwasser, das Ammoniakwasser der Wasserkühler
mit wenig Teer durch Tauchtöpfe in die Scheidegrube fließen.

Durch die Kühlung des Gases in den Wasserkühlern[1]) wird neben
Teer der größere Teil des Ammoniaks abgeschieden. Das aus vier
Wasserkühlern einer Anlage abfließende Ammoniakwasser hat durch-
schnittlich z. B. folgenden Gehalt an Ammoniak:

$$\begin{array}{lll}
\text{Wasserkühler I} & \dots\dots\dots\dots & 0{,}58\,\%\ NH_3 \\
\text{,,} \quad\ \ \text{II} & \dots\dots\dots\dots & 0{,}90\,\%\ NH_3 \\
\text{,,} \quad\ \text{III} & \dots\dots\dots\dots & 1{,}30\,\%\ NH_3 \\
\text{,,} \quad\ \text{IV} & \dots\dots\dots\dots & 1{,}90\,\%\ NH_3 \\
\end{array}$$

Aus den Wasserkühlern gelangt das Gas in den Teerwascher,
welcher die Aufnahme von Naphthalin aus dem Gase durch den Waschteer bezweckt, um nach Möglichkeit der Ausscheidung desselben und
der damit erfolgenden Verstopfung der Apparate und Rohrleitungen
vorzubeugen. Der Teerwascher kann auch zweckmäßig zwischen dem
zweiten und dritten Wasserkühler eingeschaltet werden.

Der Teerwascher ist ein zylindrischer, aus Eisenblech hergestellter,
7—8 m hoher Behälter, dessen Durchmesser 2 m ist. Mit Hilfe eines
doppelten Bodens ist ein Raum von ungefähr 1 m Höhe geschaffen, in
welchen die Gase zunächst eintreten. Der obere Boden besitzt vier oder
mehr Durchgangsöffnungen mit Rohrstutzen, die mit übergestülpten,
gezackten Glocken versehen sind. Die Glocken tauchen in den bis zum
Abflußrohr sich sammelnden Spülteer, so daß das Gas ihn durchströmen
muß, um in den eigentlichen Waschraum zu gelangen. Dieser ist mit
30 und mehr Lagen horizontal übereinandergeschichteter hölzerner
Horden beschickt. Jede Horde besteht aus einzelnen unter sich zu
einer Lage verbundenen 15—20 cm hohen und 2—4 cm dicken Stäben,
deren Unterkante mit Zacken (Tropfzacken) versehen sind. Um nun
eine möglichst weitgehende Abscheidung des Teers (Naphthalins) zu
erreichen, hat man die einzelnen Lagen in einem rechten Winkel zu-
einander angeordnet, oder in einem solchen von 30°, so daß somit die
vierte Lage Horden rechtwinklich zu der ersten zu liegen kommt. Der
Waschteer gelangt durch fünf und mehr Einlauftrichter, die zwecks

---

[1]) Außer den Wasserkühlern mit senkrecht liegenden Kühlröhren,
kommen solche mit Horizontalkühlröhren immer mehr zur Anwendung.

Absperrung der Luft mit doppelt U-förmig gebogenen Röhren verbunden sind, durch den Deckel des Waschers auf die Verteiler und von da auf die Horden, die er langsam durchsickert. Dem Teer entgegen wird das Gas gesaugt, gibt den Hauptgehalt an Naphthalin (nebst Teer) an ersteren ab und tritt oben seitlich aus dem Wascher aus. Nach dem Durchsickern der Horden kommt der Teer durch einen Tauchtopf zum Abfluß in die Scheidegrube.

Der Teerscheider von Pelouze-Audoin, der sich gut bewährt hat, beruht auf der Stoßwirkung des Gases, welches man durch zahlreiche feine Löcher hindurchzwängt, wodurch der Teernebel fast restlos verdichtet wird. Abb. 85 gibt einen solchen Teerscheider der Firma Schirmer, Richter & Co., Leipzig-Connewitz wieder. Das Gas tritt unten in das Gehäuse des Teerscheiders ein, und zwar in einen Rohrstutzen, der mit einer oben geschlossenen, sechseckigen Blechglocke überstülpt ist, welche an einem Seile hängt und deren Schwere durch ein Gegengewicht ausgeglichen ist.

Die Seitenwände dieser Glocke, welche in Teer taucht, sind doppelwandig; das innere Blech ist mit vielen wagerechten Reihen feiner Löcher, das äußere Blech, gegen die Lochreihen

Abb. 85.
Teerscheider nach Pelouse-Audoin.

versetzt, mit länglichen Schlitzen ausgestattet. Beim Durchgange durch die Löcher und Schlitze der beiden Blechwände prallt das Gas so oft auf, daß die Bläschen des Teernebels zerplatzen und der Teer in Tropfen herabfließt. Er sammelt sich im Unterteil des Teerscheiders, geht durch einen Tauchtopf und fließt in die Teergrube, während das Gas oben durch einen Seitenstutzen zu den drei Ammoniakwäschern geführt wird. An Stelle der einzigen Stoßglocke dieses Apparates ordnete *H. Koppers* fünf solcher Glocken nebeneinander im Kreise an (Abb. 86). Dabei verlegte er die erforderliche Flüssigkeitsdichtung für die Durchführung der Aufhängestange der auf und ab beweglichen Stoßglocken in das Innere des Teerscheiders. Auch wurde der Tauschabschluß dadurch vermieden, daß die Auf- und Abbewegung der Glocken durch eine horizontale Welle im oberen Gasraum bewirkt wurde, welche durch eine Stopfbüchse nach außen herausgeführt war. Seit einiger Zeit wendet *Koppers* Teerscheider mit liegender drehbarer Glocke an.

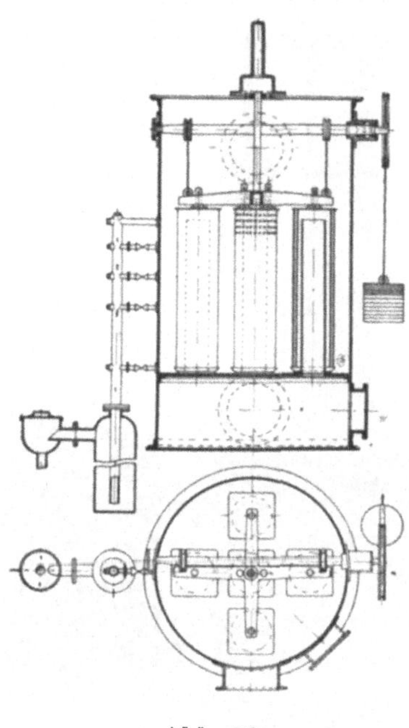

Abb. 86.

In den Ammoniakwäschern wird das noch in den Gasen enthaltene Ammoniak durch Wasser absorbiert, welches den in den Ammoniakwaschern aufsteigenden Gasen entgegenrieselt. Es sind dies zylindrische Gefäße von 2,5 m Durchmesser und 10—15 m Höhe, welche einen doppelten Boden von 0,8—1,0 m Zwischenraum besitzen. Auf dem oberen Boden sitzen kurze Rohrstutzen, welche durch Hauben überdeckt sind; dieselben sollen das Eindringen von Tropfwasser in den Zwischenraum der beiden Böden sowie in die Gasleitung verhindern.

Oben sind die Behälter durch einen Deckel abgeschlossen, welcher neun Einlauftrichter trägt, deren Rohre doppelt U-förmig gebogen sind, um ein Eindringen von Luft zu verhindern. Das Innere der Wäscher ist mit Horden ausgelegt (Hordenwascher, Skrubber), die eine innige Berührung von Gas und Wasser ermöglichen. Das Gas tritt in den Raum zwischen den beiden Böden des ersten Wäschers ein und strömt durch die im oberen Boden angebrachten Stutzen dem ständig in feinem Regen abtröpfelnden Ammoniakwasser entgegen (Abb. 87). Das angereicherte Ammoniakwasser fließt von dem oberen Boden durch einen Tauchtopf in die Grube des starken Ammoniakwassers. Auch in dem zweiten Wäscher dient Ammoniakwasser zum Waschen des Gases, während der dritte (Ausgangs-) Wäscher mit frischem Wasser beschickt wird, um den Rest des Ammoniaks zur Absorption zu bringen. Dieses dadurch entstandene schwache Ammoniakwasser fließt in die Grube, welche das aus den Wasserkühlern stammende Ammoniakwasser enthält, wird von dort in den Hochbehälter des zweiten Wäschers gepumpt, durchfließt denselben und fließt weiter angereichert in eine zweite Ammoniakgrube. Letztere enthält also das Ammoniakwasser für den ersten Wäscher.

Die folgenden Zahlen geben einen Überblick über den Ammoniakgehalt der verschieden starken Wässer im Liter, nämlich des Wassers aus der

starken Grube . .8 — 10 g
mittelstarken Grube 5 — 8 g
schwachen Grube . 2 — 4 g.

Bevor das mittelstarke und schwache Ammoniakwasser wieder zum Waschen des Gases benutzt wird, muß es durch Kühler abgekühlt werden. Diese Ammoniakwasserkühler bestehen aus einem Röhrensystem, welches mit Wasser gekühlt wird, und liegen z. B. zwischen den Ammoniakwäschern *I* und *II* und *II* und *III*.

Die Bewegung der Gase durch die genannten Rohrleitungen und Apparate wird mittels eines Gassaugers (z. B. Körtingschen Dampfstrahlapparates) bewirkt, welcher dabei z. B. folgende Saug- bzw. Druckhöhen erzeugt:

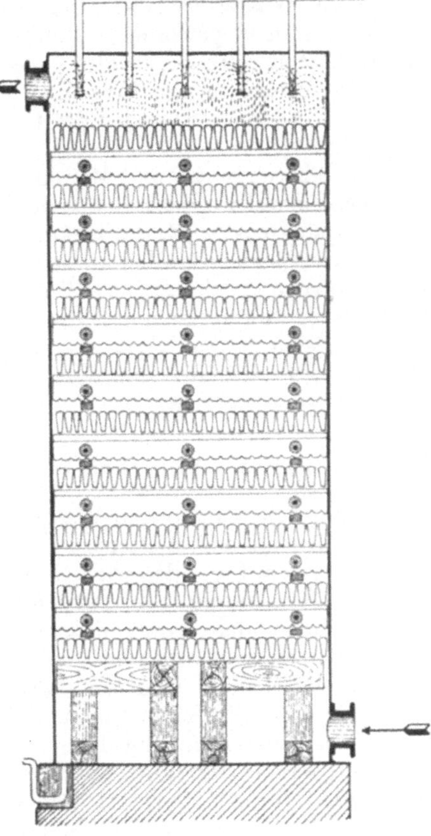

Abb. 87.

vor den Luftkühlern . . .	10 — 15 mm	Wassersäule	Saughöhe
vor den Wasserkühlern . .	40 — 70 mm	,,	,,
vor den Teerausscheidern .	80 — 90 mm	,,	,,
vor den Waschern	110 — 150 mm	,,	,,
vor dem Strahlsauger . .	160 — 240 mm	,,	,,
hinter dem Strahlsauger . .	150 — 300 mm	,,	Druckhöhe.

Da die Gastemperatur in den Gassaugern infolge der Kompression um 5—10⁰ steigt und das Gas bei Anwendung eines Dampfstrahlapparates auch Wasserdampf aufnimmt, so muß es, bevor es zu den Benzolwäschern gelangt, nochmals stark gekühlt werden. Das geschieht in dem sogenannten Schlußkühler derart, daß das Gas durch die Rohre des Röhrenwasserkühlers streicht, während das Kühlwasser die Rohre umspült. Wird dem Gase das Benzol nicht entzogen, so wählt man zweckmäßig zur Abscheidung des Wasserdampfes auf Stoßwirkung beruhende Wasserabscheider, bei welchen die durch die Kompression im Strahlsauger gewonnene höhere Temperatur für den Heizprozeß der Koksöfen nutzbar erhalten bleibt.

Die sowohl im Schlußkühler als auch im Wasserabscheider erhaltenen Kondensate werden der Grube für schwaches Ammoniakwasser zugeführt.

Die Thermometer und Manometer müssen bei den Revisionsgängen stets beobachtet werden. Bei zu hoher Temperatur des Gases in Kühlern und Wäschern ist z. B. die Gefahr vorhanden, daß das Ammoniak aus dem Gase nicht gründlich beseitigt wird. Daher gelangt es bei der Benzolwäsche in das Waschöl und bewirkt in der Benzolfabrik ein schnelles Zerstören der schmiedeeisernen Heizrohrschlangen.

In vielen Fällen weist ungewöhnlicher Druck auf Verstopfungen (Dickteer, Naphthalin) hin, die auf diese Weise leicht erkannt und beseitigt werden können.

81. Die Verarbeitung des Ammoniakwassers.

Das durch Kühlen und Waschen des Gases gewonnene Ammoniakwasser mit rund 1 % NH_3 wird in der Ammoniakfabrik auf s c h w e f e l - s a u r e s und auf v e r d i c h t e t e s A m m o n i a k verarbeitet.

Die Herstellung von schwefelsaurem Ammoniak.

Nachdem das Ammoniakwasser den Röhrenvorwärmer passiert hat, tritt es von oben in die Hauptkolonne des **Feldmannschen Apparates** und fließt in dieser durch Überlaufrohre von einer Abteilung zur anderen. Die Abteilungen stellen einzelne Abtreibekolonnen mit gezackten Hauben dar, an denen vorbei oder über die das Ammoniakwasser zwangläufig hinwegströmt. In jeder Abteilung wird das Ammoniak durch entgegenströmenden Dampf ausgekocht und gelangt vom nicht gebundenen Ammoniak befreit durch ein Überlaufrohr auf den Boden der Kalkkolonne. In diese wird durch eine kleine Dampfpumpe beständig Kalkmilch zur Zersetzung der Ammoniakverbindungen eingeführt, während durch eine besondere Dampfbrause das einlaufende Ammoniakwasser innig mit der Kalkmilch vermischt wird. Dadurch wird das gebundene Ammoniak z. B. nach folgender Gleichung frei:

$$2NH_4 \cdot Cl + Ca(OH)_2 = CaCl_2 + 2H_2O + 2NH_3 \,.$$

Das zersetzte Ammoniakwasser fließt aus der Kalkkolonne in die Nebenkolonne; in den verschiedenen Abteilungen derselben wird das Ammoniak ebenfalls ausgekocht.

Das nunmehr von Ammoniak befreite und mit Kalk und Kalksalzen gemischte Wasser sammelt sich in der unteren Abteilung der

Nebenkolonne und fließt, nachdem es zuvor zum Vorwärmen des rohen Ammoniakwassers gedient hat, beständig durch ein Abflußrohr in die Klärteiche. Die Abwässer werden dort geklärt, gekühlt und mit den übrigen Abwässern der Zeche abgeführt. Der Ammoniakgehalt der Abwässer soll nicht über 0,05 % betragen.

Der zur Destillation erforderliche Wasserdampf wird den Dampfkesseln der Zeche entnommen; er tritt mit zirka 2 Atm. Überdruck zuerst in die Nebenkolonne, streicht in jeder Abteilung durch das entgegenströmende Ammoniakwasser und geht durch das Verbindungsrohr in die Hauptkolonne. Auch hier streicht der Dampf durch alle Abteilungen, gelangt mit Ammoniak stark angereichert durch einen Wasserscheider in gußeiserne Leitungsrohre in die Sättigungskästen.

Der **Otto-Ruppertsche Apparat** vereinigt beide Kolonnen in einem Apparate derart, daß sein unterer Teil einen inneren Zylinder enthält, um den sich die Nebenkolonnen ringförmig legen. Nachdem das vorgewärmte

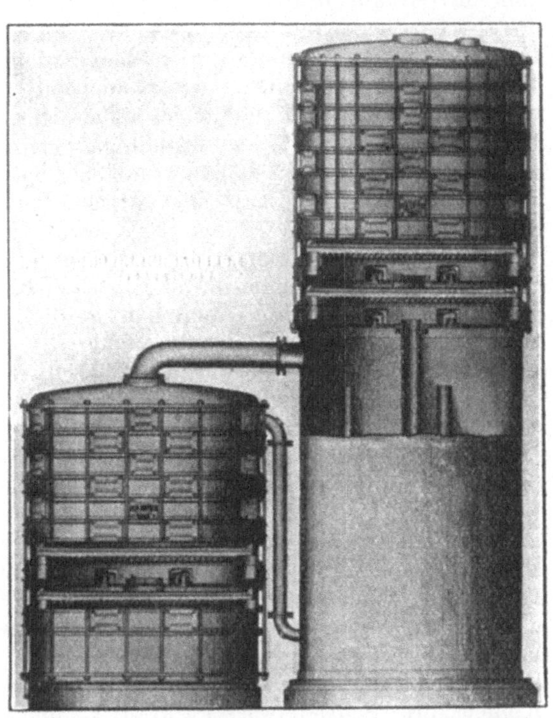

Abb. 88.
Ammoniakabtreibeapparat, Bauart Koppers.

Ammoniakwasser die einzelnen Kammern des oberen Teiles durchflossen hat, wobei es vom flüchtigen Ammoniak befreit ist, gelangt es durch zwei Abfallrohre in die untere Abteilung, in welcher es sich mit der durch Dampf aufgewirbelten Kalkmilch mischt. Nach Zersetzung des Gaswassers tritt das Gemisch auf die ringförmige Nebenkolonne über und wird hier vom Ammoniak befreit, welches durch die einzelnen Kammern der oberen Abteilung nach dem Sättiger strömt, während das kalkhaltige Abwasser unten abfließt.

Dem **Ammoniakwasserdestillierapparat nach Koppers** (Abb. 88) liegt der Gedanke einer vollkommen zwangläufigen Führung von Ammoniakwasser und Dampf bei ihrem Durchgang durch den Apparat zugrunde. Diese Zwangläufigkeit wird dadurch erreicht, daß das

Ammoniakwasser in jeder einzelnen Kolonne über zwei in gewissem Abstand voneinander angeordneten langgestreckten Dampfhauben hinwegströmt, während der Dampf durch die Zähnung der nach der Innenseite des Apparates zu liegenden gezähnten Kante der Haube hindurch dem in dünner gleichmäßiger Schicht überfließenden Wasser entgegentritt. Die einzelnen Kolonnen sind vollkommen gleichartig ausgebildet und nur jedesmal um 90° versetzt angeordnet, so daß das aus dem Mittelraum beiderseits seitlich abfließende Ammoniakwasser in der darunterliegenden Kolonne wieder über die Haube strömen muß. Der Apparat ist zweiteilig. Die obere Kolonne dient zur Abtreibung des flüchtigen Ammoniaks, der Kohlensäure und des Schwefelwasserstoffs. Unter dieser Kolonne befindet sich ein Kalkmilchmischgefäß. Die Abtreibung des fixen Ammoniaks erfolgt in der daneben angeordneten besonderen Kolonne mittels der zugemischten Kalkmilch. Der erforderliche Abdampf oder Frischdampf" tritt im Unterteil der Kolonne mit etwa 0,2—0,25 Atm. Überdruck ein.

Diese Bauart des Apparates hat noch den Vorzug, daß die Hauben in den einzelnen Kolonnen durch seitliche Öffnungen, die durch Deckel geschlossen sind, herausgenommen werden können, ohne daß der Apparat abgebaut zu werden braucht.

Die Sättigungskästen aus Holz oder Eisen sind mit Blei von 8 bis 10 mm Stärke ausgeschlagen, um sie gegen die Schwefelsäure widerstandsfähig zu machen. Durch Mischen von Schwefelsäure von 60 Bé (78 % H_2SO_4, spez. Gewicht = 1,71) mit Wasser wird diese auf 40° Bé angesetzt und auf dieser Stärke gehalten.

Die aus dem Abtreiber austretenden Ammoniakgase gelangen durch ein Rohr aus Hartblei in einen drei Viertel mit Säure gefüllten Sättigungskasten, wo sie durch das Tauchrohr unter einer Bleiglocke austreten. Durch die zwischen Ammoniak und Schwefelsäure stattfindende Reaktion wird so viel Wärme frei, daß die Flüssigkeit unter der Glocke bzw. dem Deckel stets im Kochen bleibt. Das Ammoniak wird von der Schwefelsäure gebunden, während die nicht absorbierten Gase, wie Kohlensäure, Schwefelwasserstoff u. a., mit den Wasserdämpfen sich unter der Glocke sammeln, von wo aus sie durch ein Abzugsrohr in einen Kondenstopf gelangen, in dem sie von den mitgerissenen Säureteilchen gereinigt werden. Alsdann treten sie in die Gassaugleitung und kommen unter den Öfen zur Verbrennung. Die Wärmeentwicklung im Sättiger ist so groß, daß die Temparatur des Bades ungefähr 105—108° beträgt, und das Wasser aus Gas und Säure verdampft. Die Säurezufuhr ist so zu regeln, daß der Säureüberschuß 5—10 % beträgt; eine Neutralisation des Säurebades ist zu vermeiden, da sonst erhebliche Verluste an Ammoniak eintreten, zumal bei Anlagen, die ihre Abdämpfe nicht wieder in die Kondensation zurückleiten. Das beginnende Neutralwerden des Bades ist an der orangegelben Färbung des Bades leicht zu erkennen.

Sobald die Salzabscheidung unter der Bleiglocke des Bades in genügendem Maße erfolgt ist, wird das Salz mit Krücken nach dem vorderen Teil des Kastens gezogen und mit Hilfe von Kupferlöffeln auf eine mit Blei beschlagene Abtropfbühne ausgeschöpft. Die dem Salz anhaftende Lauge fließt von der Abtropfbühne in einen Kasten ab und wird wieder zum Verdünnen der frischen Schwefelsäure benutzt. Das Salz wird in Zentrifugen von der anhaftenden Mutterlauge befreit und zur Nachtrocknung auf das mit Dampfheizung versehene Lager gebracht.

Die neuzeitlichen Sättiger arbeiten ununterbrochen, und zwar nach dem sogenannten **Wiltonschen System.** Die Sättigungskästen von 4

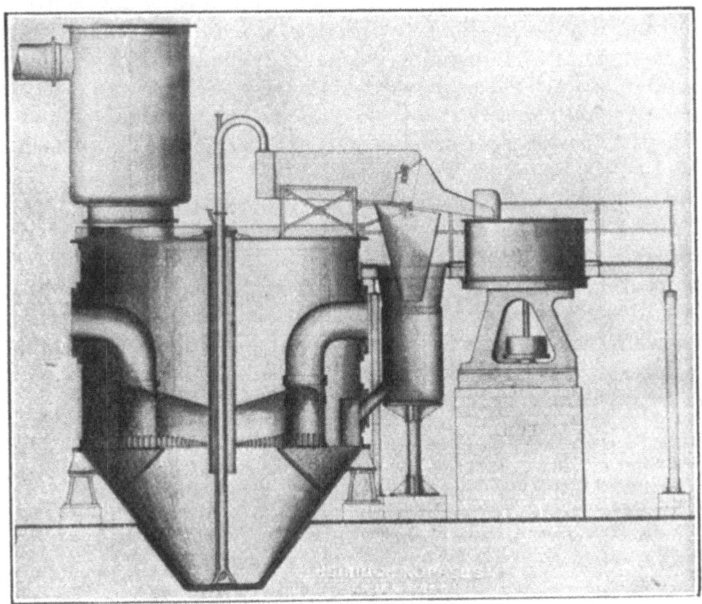

Abb. 89. Sättigungskasten, Bauart Koppers.

bis 5 m Höhe und 1,5—2,5 m Durchmesser bestehen aus Eisen; außen besitzen sie eine Holzverschalung und innen eine Verkleidung aus Blei oder säurefesten Steinen. Die Ammoniakgase treten durch das Eintrittsrohr in ein siebartiges Verteilungsrohr des sich trichterförmig verjüngenden Bodens, auf welchem sich das Salz sammelt, um von dort mit Hilfe eines mit Dampf oder Preßluft getriebenen Ejektors auf die Salzpfanne befördert zu werden. Von hier fließt die Lauge wieder in den Sättigungskasten zurück, ebenso die Lauge vom Trockenschleudern des Salzes in der Zentrifuge.

Die Abgase (CO_2, H_2S) werden durch ein Rohr abgeführt, nachdem sie in einem Scheidetopfe von mitgerissener Säure befreit worden sind.

Das so gewonnene schwefelsaure Ammoniak wird zum weitaus größten Teile als Düngemittel verwandt; es soll möglichst einen Gehalt von 25,0 % NH_3 und nur wenige Zehntel Prozent freie Säure und

Wasser haben. Soll das Salz noch verbessert werden, so wird es auf einer sogenannten Darre getrocknet und dann gemahlen; dadurch läßt sich der Ammoniakgehalt auf 25,25—25,50 erhöhen.

Der Verkauf des schwefelsauren Ammoniaks erfolgt durch die Deutsche Ammoniak-Verkaufs-Vereinigung zu Bochum.

Abb. 89 stellt einen neuzeitlichen **Sättiger nach Koppers** dar. Das Gas tritt durch zwei Leitungen in den Gasverteilungskörper, dessen Schlitze eine innige Berührung mit der Schwefelsäure bewirken. Das Gas zieht durch den Säureabscheider ab, in welchem es die mitgerissene Säure zurückläßt. Das schwefelsaure Salz wird mittels Ejektors auf die Abtropfbühne gehoben, wo die anhaftende Salzlauge in den Sättiger zurückgelangt. In der Turbine wird das Salz trocken geschleudert. Der Sättiger wird mit einer Schicht von säurefesten Schamotteplatten ausgekleidet, so daß die innere Bleiauskleidung des schmiedeeisernen Sättigermantels wesentlich dünner ausgeführt werden kann.

Das schwefelsaure Ammoniak ist nur selten rein weiß, vielmehr häufig durch färbende Beimengungen grau, blau, rot, braun und gelb gefärbt, eine Folge von unreiner Schwefelsäure oder von Betriebsstörungen. So soll ein geringer Eisengehalt der Säure unter Mitwirkung von Zyan des Gases sowohl die Bildung von Berlinerblau als auch von Rhodaneisen (rot), Arsen Gelbfärbung (Arsensulfid) hervorrufen. Teer und harzartige Bestandteile aus dem Gase sollen das Salz leicht grau bis braun verfärben (vgl. auch S. 71).

Aufgabe: In einem Ammoniakwasser-Destillierapparat sollen 5 cbm Ammoniakwasser mit einem Gehalt von 1,35 kg/cbm fixem Ammoniak abgetrieben werden. Wie groß ist der Bedarf an Kalkwasser, wenn der gebrannte Kalk 85 % wirksamen Kalk enthält, ein 10 %iger Überschuß davon genommen wird, und die Lösung 4° Bé haben soll (S. 75).

$$2NH_3 : CaO = 1,35 : x.$$

$$x = \frac{1,35 \times 56}{34} = 2,2 \text{ kg} \quad \text{oder bei } 85\% \text{ wirksamem Kalk und}$$

$$10\% \text{ Überschuß } \frac{2,2}{0,85} = 2,59 + 0,26 = 2,85 \text{ kg Kalk pro Kubik-}$$

meter. 5 cbm Ammoniakwasser erfordern also einen Kalkzusatz von $5 \times 2,85 = 14,25$ kg Kalk. Eine Lösung von 4° Bé enthält

$$36 \text{ g Kalk auf 1 l Wasser; demnach sind erforderlich: } \frac{14,25}{0,036} = 396 \text{ l}$$

Kalkwasser.

Aufgabe: Wie groß ist der Bedarf an Schwefelsäure von 60° Bé zur Herstellung des schwefelsauren Ammoniaks, wenn der Gesamtgehalt des Ammoniakwassers an Ammoniak 9 kg/cbm beträgt und 100 cbm abgetrieben werden sollen?

$$2NH_3 : H_2SO_4 = 900 : x.$$

$$x = \frac{900 \times 98}{34} = 2594 \text{ kg wasserfreie Schwefelsäure.} \quad \text{Säure von}$$

60° Bé (spez. Gew. = 1,710) enthält 78% reine H_2SO_4 (S. 53).

Demnach $\dfrac{2594 \times 100}{78} = 3326$ kg oder 1945 l Schwefelsäure (60° Bé).

Das Ausbringen an 25%igem Ammonsulfat beträgt für die Kokereien von

Westfalen etwa 1,05 — 1,50 %
Saarkohlen ,, 0,8 — 0,9 %
Oberschlesien ,, 0,7 — 0,8 %.

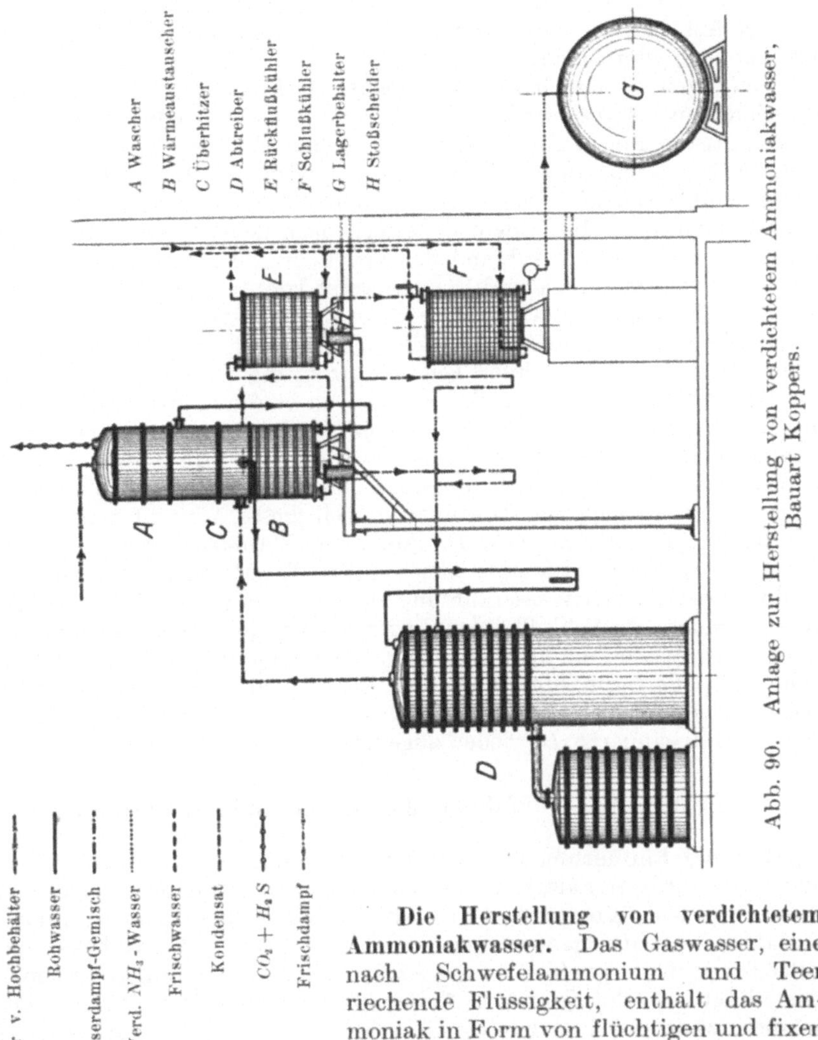

Abb. 90. Anlage zur Herstellung von verdichtetem Ammoniakwasser, Bauart Koppers.

Die Herstellung von verdichtetem Ammoniakwasser. Das Gaswasser, eine nach Schwefelammonium und Teer riechende Flüssigkeit, enthält das Ammoniak in Form von flüchtigen und fixen Verbindungen. Die flüchtigen Verbindungen sind vor allem Karbonate, aber auch Sulfide, Sulfhydrate und Zyanide des Ammoniaks, Salze, die beim Kochen zerlegt werden. Die fixen Verbindungen, wie Sulfate, Sulfite, Chloride, Rhodanide u. a. sind beständiger; sie werden erst beim Kochen mit starken Basen (Kalk) zersetzt. Das Auskochen des Gaswassers muß daher zur vollständigen Gewinnung des Ammoniaks in zwei Abschnitten erfolgen. Indem das abzutreibende Wasser zunächst bis zum Sieden erhitzt wird, damit die Karbonate, Sulfide usw. zerlegt werden, erfährt es eine weitere Wärmebehandlung unter Zusatz von Kalkmilch, wodurch die fixen Ammoniakverbindungen zersetzt werden.

Die Arbeitsweise einer Ammoniakwasser-Verdichtungsanlage, Bauart Koppers, ist folgende (Abb. 90):

Das vom Hochbehälter kommende Rohwasser durchfließt die Waschkolonne A; es nimmt hier das mit der ausgetriebenen Kohlensäure mitgenommene Ammoniak zum großen Teil wieder auf. Durch die Berührung mit den heißen Dämpfen wird das Rohwasser schon etwas vorgewärmt und gelangt nun in den Wärmeaustauscher B, einen Plattenapparat; es durchfließt denselben nach dem Gegenstromprinzip von oben nach unten, während das von dem Abtreiber D kommende Gemisch von Ammoniak und Wasserdampf von unten nach oben geht. Ein Teil dieses Gemisches wird verdichtet; dabei wird das Rohwasser durch die Wärmeabgabe auf zirka $70-75^0$ vorgewärmt. Das Rohwasser tritt daher mit dieser Temperatur in die Überhitzerkolonne C des Kohlensäureabscheiders ein, in welchem es durch Frischdampf auf die erforderliche Temperatur von $90-95^0$ erwärmt wird. Je nach dem Gehalt des Rohwassers an Kohlensäure werden $70-75\%$ davon durch Wärmespaltung im Kohlensäureabscheider ausgetrieben. Das entsäuerte Wasser fließt von dem unteren Teil dieses Apparates unmittelbar auf den Destillierapparat D. Aus dem Wärmeaustauscher B tritt das Ammoniak-Wasserdampfgemisch in den Rückflußkühler E ein und wird in diesem durch Wasserkühlung auf den geforderten Verdichtungsgrad gebracht. Im Schlußkühler F wird das auf diese Weise verdichtete Ammoniak-Wasserdampfgemisch kondensiert und auf zirka $25-30^0$ gekühlt. Das Fertigprodukt fließt dem Lagerbehälter G unmittelbar zu. Die Kondensate des Wärmeaustauschers und Rückflußkühlers werden dem Abtreibeapparat D wieder zugeführt.

82. Direktes Verfahren der Ammoniakgewinnung.

Um die Einführung des sehr einfachen und übersichtlichen Verfahrens der direkten Salzgewinnung haben sich vor allem die Industriellen Brunck, Otto, Koppers, Collin und Still verdient gemacht; ihren Verfahren liegt der gemeinsame Gedanke zugrunde, die Rohgase unmittelbar in die Schwefelsäure des Sättigers zur Gewinnung von reinem, kristallisiertem schwefelsaurem Ammoniak zu leiten. Das ist aber nur möglich, wenn der Teer zuvor restlos aus dem Gase entfernt wird, da er das Salz verunreinigen würde. Dieses fällt nur dann im Sättiger aus der Lösung aus, wenn die Schwefelsäure genügend stark und warm ist, da sonst im Bade eine Verdichtung von Wasserdampf aus dem Gase erfolgt, wodurch die Konzentration der Säure immer schwächer wird. Der Hauptunterschied der verschiedenen direkten Verfahren liegt in der verschiedenen Behandlung des Rohgases bis zum Einführen in den Sättiger.

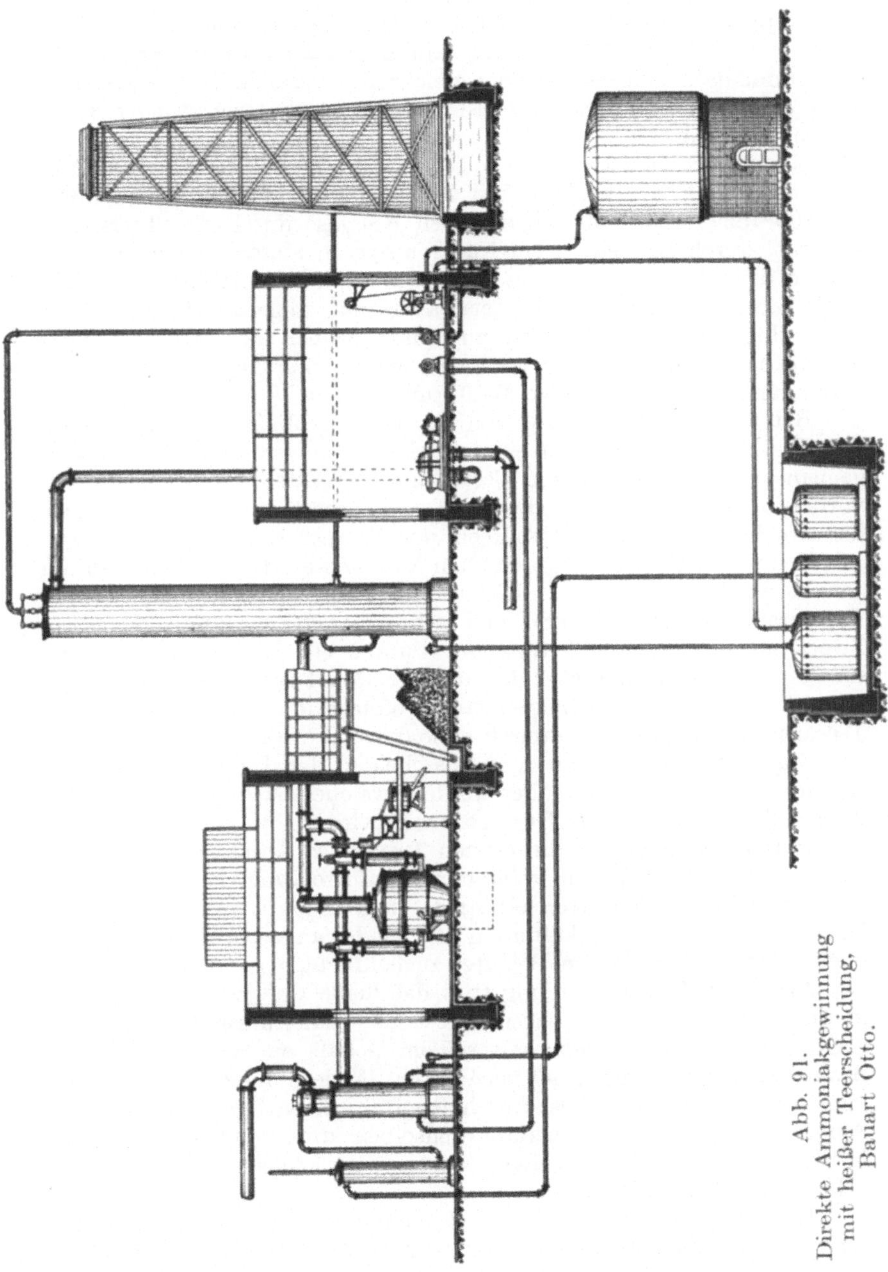

Abb. 91.
Direkte Ammoniakgewinnung
mit heißer Teerscheidung,
Bauart Otto.

Brunck und Dr. Otto scheiden den Teer aus dem heißen Gase oberhalb seines Taupunktes für Wasser, der je nach Kohlensorte und Wassergehalt derselben etwa zwischen 55 und 81 ° schwankt — heißes Verfahren.

Koppers, Collin, Still und Dr. Otto in seinem Regenerativverfahren dagegen scheiden den Teer durch Kühlung des Gases aus und führen das Ammoniak, welches mit dem gleichzeitig verdichteten Wasser ausgeschieden ist, dem Gase vor Eintritt in den Sättiger wieder zu — kaltes Verfahren.

Nach dem Verfahren von Dr. Otto strömen die von den Öfen kommenden, in der Vorlage und Gassaugleitung mittels Luftkühlung auf 200⁰ bzw. 120—100⁰ abgekühlten Rohgase durch den Teerstrahlapparat, durch den eine Zentrifugalpumpe in stetem Kreislauf Teerwasser drückt. Bei dem ersten in den Kokereibetrieb eingeführten Teerstrahlgebläse wurde das Teerwasser mit ungefähr 1 Atm. Überdruck durch eine einzige Düse zugeführt, wobei Gas und Teer unter derselben an einer verengten, durch einen Spitzkegel regulierbaren Durchgangsöffnung in innige Berührung kamen.

Bei dem neuen Gebläse von Dr. Otto (Abb. 91) ist eine Anzahl von Einzelstrahlgebläsen in einem Gehäuse so vereinigt, daß sie eine gemeinsame Gaskammer und Teerkammer erhalten, damit die Einzelvorrichtungen unter genau gleichen Druckverhältnissen arbeiten. Auch können die Mengen des Waschteers der Temperatur und dem Dampfgehalt des unmittelbar von den Öfen kommenden heißen Gases so angepaßt werden, daß Gas und Waschmittel die Vorrichtung mit einer Temperatur von nicht über 80⁰ und nicht unter 60⁰ verlassen. Zu diesem Zweck ist in die Druckleitung der Pumpe ein Röhrensystem eingeschaltet, das die Temperatur des umlaufenden Teerwassers auf eine bestimmte Höhe einzustellen gestattet, wodurch die Temperatur bei der Teerausscheidung in der Taupunkthöhe (normal etwa 76⁰) gehalten wird.

Statt Teerwasser kann zum Ausscheiden der Teernebel ebensogut Ammoniakwasser[1] angewendet werden, welches nach der Angabe von *Menzel* durch eine einzige Düse gedrückt wird.

Durch die innige Berührung von Teer- bzw. Ammoniakwasser und Gas findet eine technisch vollkommene Entteerung des Gases statt. Zum Zurückhalten der vom Gasstrom etwa mitgerissenen Teerspritzer ist in dem Teeraufsaugbehälter ein Abscheider angeordnet, aus dem der abgeschiedene Teer in den Behälter zurückfließt.

Nach der Teerabscheidung tritt das heiße Gas, welches bisweilen in den mit Wasserdampfröhren versehenen Zuleitungsröhren eine geringe Wärmezufuhr erhält, mit seinem Gehalt an Wasserdampf und Ammoniak durch Hauben mit verzahnten Rändern in den geschlossenen, mit verdünnter Schwefelsäure halbgefüllten Sättiger, wo es vom Ammoniak befreit wird, verläßt denselben durch einen Abscheider, in dem die mitgerissenen Laugespritzer zurückgehalten werden und gelangt zur Kühlanlage.

Die Menge des Teers in dem Sammelbehälter des Strahlgebläses erhöht sich natürlich infolge der ununterbrochenen Ausscheidung des

---

[1] Auch nach dem direkten Verfahren der Ammoniaksalzgewinnung kann man die Abscheidung von Wasser und somit von Ammoniak nicht ganz vermeiden, so daß es genau genommen ein direktes Verfahren nicht gibt.

Teers aus dem Gase. Durch einen Überlauf fließt ein Teil des Teers der Teersammelgrube zu, ein anderer Teil zur Zentrifugalpumpe, die den warmen Teer wieder den Teerstrahlapparaten zuführt.

Die Fortbewegung des Gases erfolgt durch einen Gassauger, der die Gase von den Öfen durch die Gassaugeleitung, den Teerstrahlapparat, Sättiger, sowie die Kühlanlage saugt und die noch folgenden Apparate drückt. An den verschiedenen Stellen der Ottoschen Anlage müssen zweckmäßig bestimmte Temperaturen und Drucke festgehalten werden, z. B.

<pre>
vor den Teerstrahlgebläsen . . 100 mm Wassersaughöhe
nach den Teerstrahlgebläsen . 240 mm   ,,
vor dem Sättiger . . . . . . 360 mm   ,,
nach dem Sättiger . . . . . 840 mm   ,,
nach den Kühlern . . . . . . 880 mm   ,,
nach dem Gebläse . . . . . 110 mm Wasserdruckhöhe.
</pre>

Verfahren von Koppers. Da die Gase infolge der Kühlung nicht nur den Teer abgeben, sondern mit dem Wasser auch größere Mengen Ammoniak abscheiden, stellt diese Arbeitsweise ein sogenanntes halb direktes Verfahren dar.

Nach Koppers durchstreicht das von den Öfen kommende Rohgas zunächst den Wärmeaustauscher (Luftkühler), der nach Art des Röhrenkühlers konstruiert ist, und zwar geht das Gas durch die Röhren. Dann passiert es nacheinander zwei Wasserkühler und wird hierauf mit einer Temperatur von 30^0 durch den Gassauger auf dem Wege über einen rotierenden Teerscheider, der die letzten Reste Teer beseitigt, zurück zu dem Wärmeaustauscher gedrückt, dessen Röhren es von außen umspült. Das gekühlte Gas dient also als Kühlmittel für das von den Öfen kommende Rohgas und wird hierbei auf Kosten der Wärme des letzteren auf etwa 75^0 wieder erwärmt und in den Sättiger geleitet.

Die in den Gaskühlern ausgeschiedenen Kondensate, Teer und Ammoniakwasser, fließen in den Scheidebehälter und werden durch ihre spezifischen Gewichte getrennt. Aus dem Behälter für Ammoniakwasser bringt eine Pumpe dasselbe auf einen Destillierapparat, wo es mit Dampf und Kalkmilch behandelt wird.

Die übergehenden Ammoniakwasserdämpfe werden entweder dem Hauptgasstrom vor den Kühlern oder nach Durchgang durch einen Dephlegmator, der einen Teil des Wasserdampfes niederschlägt, unmittelbar dem Sättiger zugeführt. Hier wird das Ammoniak an die Schwefelsäure unter Bildung von festem Salz abgegeben; das Gas verläßt den Sättiger durch einen Säureabscheider und gelangt in die Kühleranlage. Die Abb. 92 gibt eine Abänderung dieses Verfahrens wieder. An Stelle des Wärmeaustausches sind sogenannte Gaserhitzer getreten, in denen das Gas durch ein Röhrenbündel tritt, welches von Frisch- oder Abdampf umspült und und geheizt wird. Das erhitzte Gas tritt mit einer Temperatur von 60^0 in den Sättiger ein.

Das Verfahren von **Collin** ist ebenfalls halb direkt. Das von den Öfen kommende Rohgas wird durch Kühler so weit herabgekühlt, daß

in dem dann folgenden Teerscheider der Teer praktisch vollständig zur
Abscheidung gelangt. Das vom Teer befreite Gas wird mittels Gas-
saugers durch den Sättiger geleitet, wobei das noch im Gase enthaltene
Ammoniak von der Schwefelsäure gebunden wird.

Die Kondensate der Kühler, Teer und Ammoniakwasser, werden
in der üblichen Weise getrennt. Die im Destillierapparat erhaltenen
Ammoniakdämpfe werden derart getrennt in den Sättiger eingeführt,
daß eine Vereinigung mit dem Koksofengas nicht stattfindet.

Verfahren von Still (Abb. 93). Still überträgt die Wärme der
Rohgase zunächst an direkt mit denselben in Berührung gebrachtes
Wasser und führt aus diesem die aufgenommene Wärme später wiederum

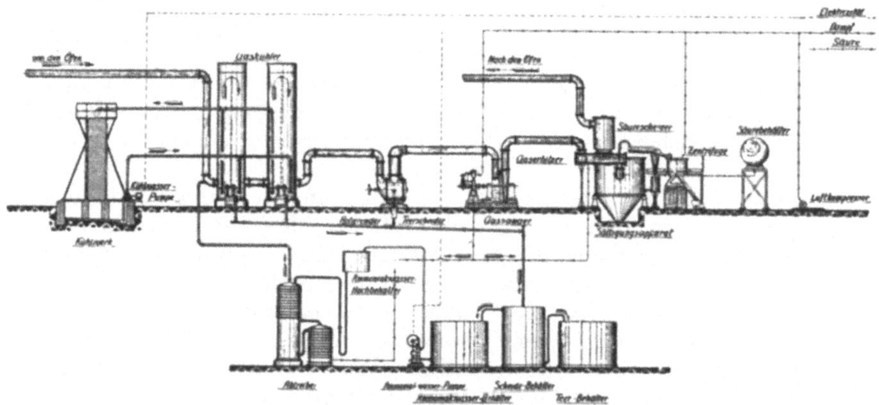

Abb. 92. Verfahren zur direkten Sulfatgewinnung. System Koppers.

durch direkte Einwirkung auf die Gase in diese zurück. Auf diese Weise
kann das Kühlwasser als Wärmeträger ständig im Betrieb zirkulieren,
da es eine nennenswerte Vermehrung durch Kondensate des Gases nicht
erfährt.

Das von den Öfen kommende Rohgas tritt unter der Wirkung des
Gassaugers G mit einer Temperatur von 80—100⁰ bei a in den oberen
Teil des Verdichters A ein, geht nach oben und tritt dabei in Berührung
mit dem durch die Verteiler c von oben eingespritzten Strome kalten
Wassers (bzw. Ammoniakwassers), welches durch eine Reihe von Sieb-
böden rieselt. Das Gas kühlt sich hierbei auf etwa 30—40⁰ ab, während
das eingespritzte Wasser auf etwa 70—80⁰ erwärmt wird. Gleichzeitig
werden aus dem Gase Teer und Ammoniakwasser ausgeschieden und
sammeln sich mit dem Einspritzwasser zusammen in dem als Teer-
scheidebehälter ausgebildeten unteren Teile E des Verdichters, aus dem
der Teer warm durch das Rohr n abfließt.

Das abgekühlte Gas wird dem Zwischenkühler C zugeleitet, in
welchem es durch gewöhnliches Kühlwasser bis auf die Temperatur der

Umgebung abgekühlt wird. Dadurch wird ein Temperaturabfall erzeugt, mit dessen Hilfe allein die Benutzung ein und derselben Wassermenge in einem ununterbrochenen Kreislauf im Wechsel zwischen dem Verdichter A und dem Verdunster B möglich ist. In diesem Kühler (Röhrenkühler) werden die letzten Reste des Teernebels aus dem Gase entfernt, welches nun mit Hilfe des Gassaugers G (z. B. Turbogebläses) dem Verdunster B zugeführt wird. Der Verdunster ist in gleicher Weise wie der Verdichter mit Prallblechen ausgerüstet und wird durch die Verteiler h mit dem vom Verdichter abfließenden heißen Kondensat (70—80°) berieselt, welches das Gas durch direkte Berührung wieder auf 70°

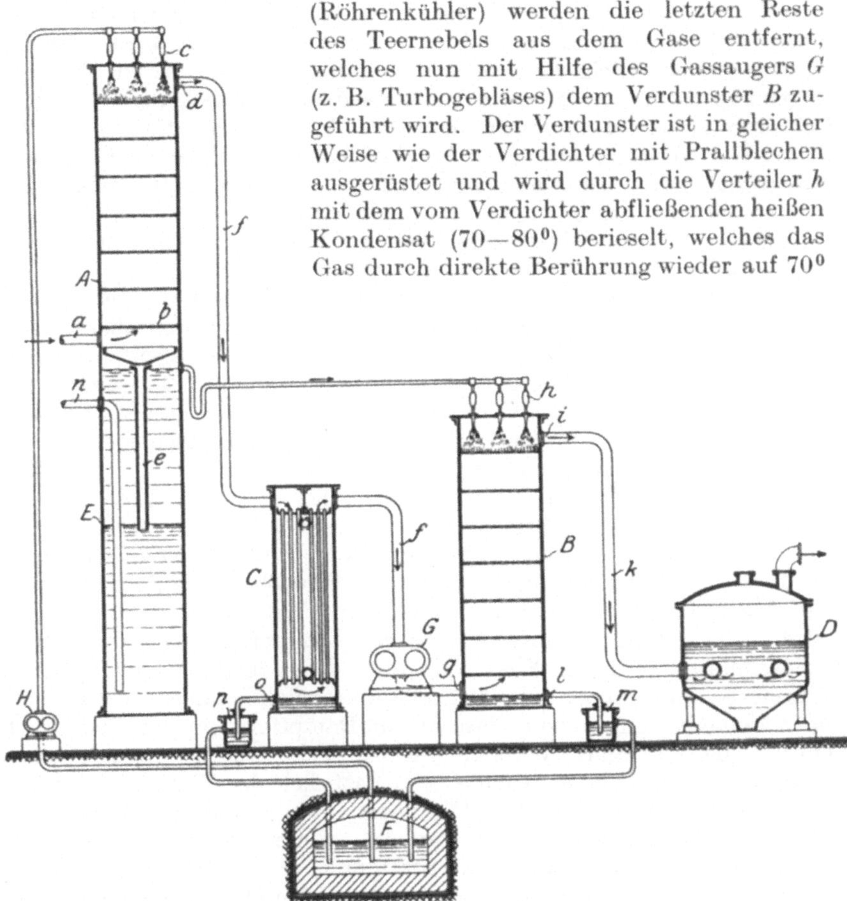

Abb. 93.   Direkte Ammoniakgewinnung, Bauart Still.

erwärmt. Gleichzeitig nimmt das Gas mit dem Wasser fast das ganze flüchtige Ammoniak des Kondensates auf und wird durch i in einer wärmegeschützten Leitung K dem Sättiger D zugeführt, nachdem es vorher noch Ammoniak aus der Abtreibevorrichtung aufgenommen hat.

Dr. Ottos Regenerativverfahren. Das Regenerativverfahren der Firma Dr. Otto & Co. stimmt in der Grundidee wesentlich mit dem Verfahren von *Still* überein; beide Firmen haben ihre Arbeitsweise unabhängig voneinander auf- und ausgebaut.

Das von den Öfen kommende heiße Gas tritt in die obere Hälfte eines mit Horden ausgefüllten Blechzylinders, des sogenannten Wasserdampfregenerators, und steigt nach oben. Ihm entgegen rieselt kaltes Ammoniakwasser, das mit stets gleicher Menge einem ständigen Kreisprozeß unterzogen ist, und nimmt einen Teil der Wärme und der Kondensate des Gases auf. Durch ein Turbogebläse wird dasselbe angesaugt und nach Kühlung und Reinigung im oberen Teil des Regenerators in den unteren Teil desselben gedrückt, den es gleichfalls von unten nach oben durchstreicht. Durch die hier stattfindende Berührung mit dem herabrieselnden erwärmten Gaswasser nimmt das Gas flüchtiges Ammoniak und Wasserdämpfe wieder auf und gelangt in den Sättiger. Dadurch, daß das warme Berieselungswasser zuvor einen Teerscheider passiert hat, ist es von allen Teerbestandteilen befreit worden.

Das im unteren Teil des Regenerators aufgefangene Gaswasser wird durch eine Pumpe einem Röhrenkühler und von dort den oberen Einläufen des Regenerators wieder zugeführt. In ständigem Kreislauf reichert sich das Gaswasser allmählich mit fixen Ammoniakverbindungen an; die Konzentration des Wassers kann aber dadurch geregelt werden, daß ständig ein Teil des Umlaufwassers mit dem ausgeschiedenen Teer dem Kreisprozeß entzogen wird.

Nach Austritt aus dem Sättiger wird das Gas durch Röhrenkühler gekühlt, um dann den Benzolwäschern zugeführt zu werden.

Die Vorgänge im Sättigungsbade. Beim Einleiten von Ammoniak in die Schwefelsäure des Bades bildet sich zunächst saures Ammoniumsulfat, aus diesem das neutrale Ammoniumsulfat; durch diese Vorgänge wird Wärme frei. Würde wasserfreies Ammoniak und wasserfreie Schwefelsäure bei 18^0 in Reaktion treten, so ergäben je 34 g NH_3 einen Wärmegewinn von 66,9 WE. Mit dem Ammoniak kommen aber größere oder kleinere Mengen von Wasser[1]) in Dampfform in das Bad, auch enthält die 60er Säure Wasser. Die zur Verdampfung dieser Wassermengen aufzuwendende Wärme geht natürlich der Wärme des Bades verloren, so daß aus je 34 g NH_3 unter Bildung von festem Salz nur etwa 40 WE als Gewinn frei werden. Weitere Wärmeverluste entstehen durch Abkühlung und Strahlung des Sättigers und durch Energieänderung des Gases, welches beim Durchstreichen des Bades Arbeit verrichtet und innere Energieänderung durch die Temperaturerhöhung im Bade erfährt.

---

[1]) Kokskohlen geben nach Peters auf 1 cbm (0^0, 760 mm) trockenes Rohgas 10,2—12,6 g Ammoniak, ferner je nach Feuchtigkeitsgehalt 144—747 g Wasserdampf; im ungünstigsten Falle also 10,2 g NH_3 und 747 g H_2O. Bei der Abkühlung schlägt sich von diesem Dampf soviel nieder, daß das Gas gesättigt bleibt; von den 747 g z. B. bei 0^0: 747—4,7 = 742,3 g (S. 18), bei 25^0 747—22,5 = 724,5 g, bei 40^0 747—50,9 = 696,1 g, bei 80^0 42 g, beim Taupunkt 81^0 und darüber nichts nieder. Dieses Kondenswasser enthält alles fixe Ammoniak und so viel flüchtiges, daß dessen Spannung aus dem Wasser der des im Gase verbleibenden gleich ist. Bei gewöhnlicher Temperatur würde etwa die Hälfte des Ammoniaks abgeschieden.

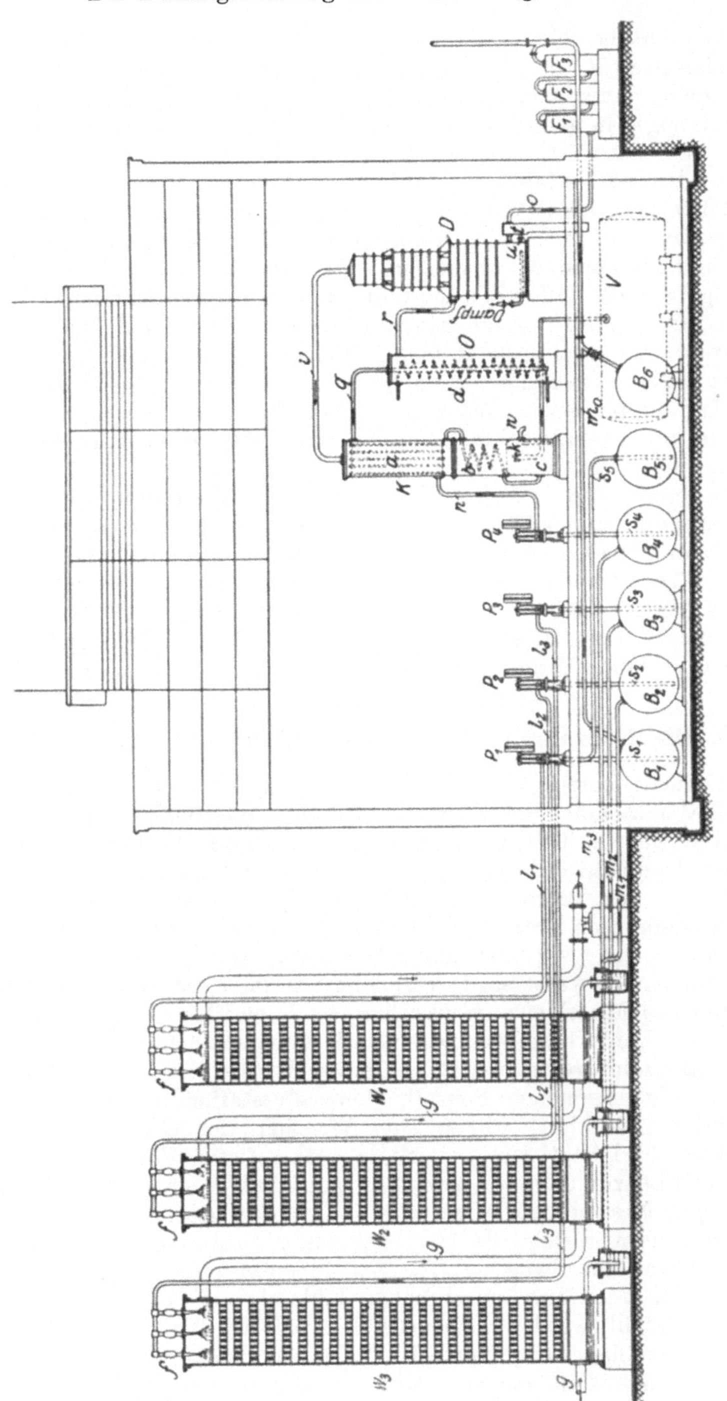

Abb. 94. Anlage zur Gewinnung von Benzol-Vorprodukt, Bauart Still.

Still hat berechnet, daß bei allen Gaseintrittstemperaturen von
77^0 bis herab zu 10^0 die als einzige Wärmequelle erscheinende Reaktionswärme nicht nur genügt, um sämtliche Wärmeverluste zu decken, sondern daß sogar in allen Fällen ein beträchtlicher Wärmeüberschuß ver-
fügbar ist. Dieser ist unmittelbar beim Taupunkte am geringsten;
bei den „heißen Verfahren" der direkten Ammonsalzgewinnung wählt
man daher die Eintrittstemperatur des Gases etwas oberhalb des Taupunktes, um das mit Unterschreitung desselben verknüpfte Ausfallen
von Kondenswasser zu vermeiden. Das erreicht z. B. Dr. Otto zuverlässig dadurch, daß er das Gaszuführungsrohr durch Dampf erwärmt,
so daß das Gas die richtige Eintrittstemperatur erlangt. Die „kalten
Verfahren" sind praktisch an einen Höchstwert der Gaseintritts- bzw.
Kühltemperatur gebunden, der nach Still etwa $35—40^0$ betragen
mag. Durch die Reaktionswärme im Sättiger wird die Temperatur
des Gases um $10—12^0$ erhöht, so daß es den Sättiger mit ungefähr 50^0
verläßt.

Das heiße Verfahren der Teerscheidung und direkter Ammoniakgewinnung erscheint außerordentlich einfach, da der Dentillierapparat
für Ammoniakwasser und somit das lästige Abwasser fortfallen. Da
aber die Teerstrahlgebläse den Teer nicht immer restlos beseitigen,
und die Verdichtung von Wasserdampf und somit von Ammoniak
nicht gänzlich vermieden werden kann, dürfte den „Kalten bzw. halb-
direkten Verfahren" die Zukunft gehören.

83. Die Benzolgewinnung durch Waschung des Gases.

Es wurde bereits erwähnt, daß die um 300^0 siedenden Teeröle
(Mittelöle, Waschöle) die Eigenschaft haben, die Benzolkohlenwasserstoffe wie Benzol, Toluol, Xylol und sogenanntes Lösungsbenzol bei
niedriger Temperatur in sich aufzunehmen. Deshalb findet mit jeder
Verdichtung der Teerdämpfe auch eine Kondensation von Benzolkohlenwasserstoffen statt, die aber selten über $5—6\%$ des Gesamt-
benzoles des Rohgases ausmacht. Die bei weitem größere Menge der
wertvollen Kohlenwasserstoffe verbleibt also im Gase und wird daraus
mit Hilfe des Mittelöls ausgewaschen, nachdem Teer und Ammoniak
zuvor zur Abscheidung gelangt sind. Das angereicherte Öl wird dann
in dem Benzolabtreibeapparat bei einer Temperatur von $125—135^0$
von den aufgenommenen Benzolkohlenwasserstoffen befreit, um nach
genügender Abkühlung wieder zum Waschen des Gases zu dienen.
Der Firma Carl Still ist es zuerst geglückt, diesen Vorgang der Aufnahme von Benzolkohlenwasserstoffen und ihre Wiederabgabe zu einem
beständigen Kreisprozeß zu gestalten. Das Gas gelangt aus den Ammoniakwäschern durch die Gasleitungen g (Abb. 94) mit ungefähr
$20—25^0$ in die Benzolwäscher W_3, W_2, W_1 unten ein; bei dem direkten
Verfahren muß es durch nochmalige Kühlung auf diese Temperatur
heruntergebracht werden. Es enthält vor den Benzolwäschern ungefähr 25 bis 30 g Benzol und Homologe in einem Kubikmeter und
gibt diese an das in den Wäschern im Gegenstrom aus den Tropf-

apparaten f herunterrieselnde Waschöl bis auf ungefähr 1—1,5 g/cbm ab. Die Benzolwäscher sind den Ammoniakwäschern sehr ähnlich.

Das Waschöl durchfließt die drei Wäscher nacheinander derart, daß das ganze frische Öl im Wäscher W_1 mit dem fast benzolfreien, das mit Benzol angereicherte Öl zuletzt im Wäscher W_3 mit frisch ankommendem, stark benzolhaltigem Gase zusammentrifft. Die Pumpen P_1, P_2 und P_3 befördern das Öl aus den Sammelbehältern B_1, B_2, B_3 durch die Tropfapparate f auf die Wäscher mit Hilfe der Saugleitungen s_1, s_2, s_3 und Druckleitungen l_1, l_2, l_3. Das Öl fließt nach Durchströmen der Wäscher durch die Rohrleitungen m_1, m_2, m_3 den Sammelbehältern B_2, B_3, B_4 zu; der letzte Behälter B_4 nimmt das sogenannte gesättigte Waschöl für die weitere Behandlung auf.

Die Pumpe P_4 befördert das gesättigte Öl aus dem Behälter B_4 durch die Leitungen s_4 und p in den als Röhrenkühler ausgebildeten oberen Teil a des Kühlers K, wo es als Kühlmittel für die von der Destillierkolonne D kommenden heißen Benzol- und Wasserdämpfe dient; dadurch erfährt das Öl eine Vorwärmung bis etwa 80°. Durch die Leitung q gelangt das Öl nun in den Ölerhitzer O, in welchem das Öl mittels einer Dampfheizschlange d auf die Destillationstemperatur (125—135°) erhitzt wird. Aus dem Ölerhitzer geht das Öl durch die Rohrleitung r in die Destillierkolonne D, wo es von den aufgenommenen Kohlenwasserstoffen befreit wird. Dadurch, daß ein schwacher Dampfstrom von unten durch das die einzelnen Kolonnenböden abwärts durchfließende Waschöl getrieben wird, gehen nicht nur die bei der gerade herrschenden Temperatur schon flüchtigen Kohlenwasserstoffe, sondern auch höher siedende über (Wasserdampfdestillation S. 26).

Die Benzol- und Wasserdämpfe verlassen den obersten Teil der Destillierkolonne durch die Leitung v und gelangen in den Kühler K, in dessen oberem Teil a sie verdichtet werden und gleichzeitig das abzutreibende Waschöl vorwärmen. In den von Kühlwasser umspülten Kühlschlangen b des mittleren Teiles erfolgt die völlige Abkühlung des Destillats, welches sich in dem als Sammelbehälter ausgebildeten Fuß c sammelt und hier in Benzolvorprodukt und Wasser trennt. Das unten befindliche schwerere Wasser fließt durch das Abflußrohr W, das darüber lagernde Vorprodukt dagegen bei K ab und wird in dem Vorproduktbehälter V aufgesammelt. Durch Schaugläser kann dieser Vorgang jederzeit beobachtet werden.

Das im Fuß der Destillierkolonne D angesammelte, abgetriebene Waschöl fließt bei u durch den Tauchtopf t in die Leitung o und von hier aus durch mehrere von Kühlwasser durchströmte sogenannte Flachkühler F_1, F_2, F_3 ab. Durch die Leitung m_0 gelangt es in den Behälter B_1 und beginnt den oben beschriebenen Kreislauf von neuem.

Eine Vorwärmung des angereicherten Waschöls ist aber erforderlich, da sonst die von unten aufsteigenden Benzoldämpfe durch das oben in den Abtreiber zugeführte kältere Öl wieder verdichtet würden. Die Abtreibeapparate haben eine Höhe von z. B. 5 m und einen Durchmesser von 1 m; sie sind ganz ähnlich den Ammoniakabtreibern eingerichtet. Die Kolonne von *Hirz* z. B. besteht aus einzelnen

Becken mit haubenbedeckten Durchgängen für die Dämpfe. In jedem dieser Becken befindet sich auf dem Boden eine Dampfheizschlange; alle Dampfheizschlangen stehen derart miteinander in Verbindung, daß der Heizdampf, welcher durch das oben befindliche Ventil in die oberste Schlange einströmt, von hier aus durch sämtliche Schlangen der Böden nach unten gelangt, hier aus der Kolonne abgeht und sich in einem Kondenstopf spannt. Infolgedessen hat der Dampf in allen Schlangen oder Böden dieselbe Temperatur, welche auf Winkelthermometern abgelesen werden kann. Zum Einlassen von direktem Dampf dient ein unten angebrachtes Ventil.

Nach der neuen Anordnung von Koppers erfolgt die Vorwärmung des Waschöls zunächst in dem ersten von zwei Wärmeaustauschern durch die heißen Benzol- und Wasserdämpfe, welche den Abtreibe-apparat verlassen, auf etwa 55^0; eine weitere Vorwärmung geschieht im zweiten Wärmeaustauscher durch das heiße, vom Benzolabtreiber kommende Waschöl, welches seine Wärme zum großen Teil an das ab-zutreibende Öl abgibt und dessen Temperatur auf $90-100^0$ erhöht. Zur Erwärmung der für die Abtreibung des Benzols und seiner Homo-logen nötigen Temperatur von $125-135^0$ bedarf demnach das abzu-treibende Waschöl im Ölerhitzer nur verhältnismäßig wenig Dampf, welcher diesem Apparat durch eine Dampfheizschlange zugeführt wird.

Mit einer Temperatur von $125-135^0$ tritt das Waschöl in den oberen Teil des Benzolabtreibeapparates, wo das im Öl enthaltene Benzol durch Einwirkung von direktem Dampf leicht in Dampfform übergeführt wird, während das Waschöl die einzelnen Böden abwärts durchfließt.

Die Benzol- und Wasserdämpfe verlassen den Abtreibeapparat oben und gehen durch den ersten Wärmeaustauschapparat, wo sie ver-dichtet werden, indem sie ihre Verdampfungswärme auf das abzu-treibende Öl übertragen. Eine völlige Verdichtung der Dämpfe und Abkühlung des Kondensats erfolgt in einem mit Wasser gespeisten Leichtölkühler, dessen unterer Teil als Sammelbehälter des Flüssig-keitsgemisches dient.

Das abgetriebene Waschöl verläßt den Abtreibeapparat unten, gelangt in den zweiten Wärmeaustauscher, wo es seinen Wärmeinhalt zum großen Teil an das vorzuwärmende angereicherte Öl abgibt. Es wird dann Kühlern besonderer Bauart zugeführt, in welchen es durch Kühlwasser vollständig gekühlt wird, so daß es nun seinen Kreislauf von neuem beginnen kann. Bewährt haben sich neuzeitliche Kühler, in welchen das heiße Waschöl in direkte Berührung mit kaltem Wasser gebracht wird.

Aber nur bei einem „scharfen Abtreiben" wird nach Still das Waschöl wieder in vollem Maße aufnahmefähig für die Benzol-kohlenwasserstoffe, die sonst nur unter großen Verlusten aus dem Gase ausgewaschen werden. Auch durch immer weitergehende Auf-nahme von Naphthalin und teerartigen Produkten aus dem Gase verliert das Waschöl im Laufe des Gebrauchs seine Aufnahmefähigkeit für die Benzole. Es muß das verbrauchte Waschöl daher von Zeit zu Zeit aus dem Betrieb genommen und durch frisches ersetzt werden. Das unbrauchbar gewordene, dickflüssige Waschöl wird nach dem

Abtreiben in Pfannen abgelassen und gekühlt, wodurch das Naphthalin auskristallisiert; das davon befreite Waschöl ist dann wieder gebrauchsfähig. Eine gründliche Wiederbelebung des Waschöls kann nur durch besondere Destillation in Anlagen ähnlich den Teerdestillationen erreicht werden.

84. Die Benzoldestillation.

Das Vorprodukt von gelber Farbe muß noch „rektifiziert" werden, d. h. durch fraktionierte Destillation in seine einzelnen Bestandteile (Benzol, Toluol, Xylol, Lösungsbenzol, Waschöl) zerlegt werden. Die dazu erforderliche Einrichtung z. B. nach *C. Still* besteht im wesentlichen aus folgenden Teilen:

1. der Destillierblase R (Abb. 95) mit Heizschlangen und Dampfbrause,
2. dem Kolonnenaufsatz C,
3. dem Dephlegmator E,
4. dem Kühler H.

Die stehende oder liegende Blase aus Schmiedeeisen nimmt unten die Heizschlangen auf, durch welche das Vorprodukt mit Hilfe von gespanntem Wasserdampf (12 Atm.) allmählich erwärmt wird. Außer diesem „indirekten" Wasserdampf wird auch „direkter" Wasserdampf benutzt, welcher der Blase durch ein Rohr mit Dampfbrause (Spinne) zugeführt wird. Wegen der unmittelbaren Berührung des Wasserdampfes mit dem Inhalt der Blase vollzieht sich die Destillation auch der höher siedenden Öle leichter; für diese kommt auch statt des direkten Wasserdampfes die Vakuumdestillation zur Anwendung.

Der Deckel der Blase steht in unmittelbarer Verbindung mit einer Kolonne aus gußeisernen Ringen, ähnlich derjenigen, die beim Abtreiben des Waschöls gebraucht wird. Auf der Spitze der Kolonne befindet sich ein mit Kühlwasser bespülter Röhrenkühler, der Dephlegmator. Der Kühler für die Verdichtung der Benzoldämpfe ist in seinem Unterteil als Scheider für die Benzolkohlenwasserstoffe und das mitübergegangene ammoniakhaltige Wasser ausgebildet.

Die Destillation beginnt, sobald das in der Blase eingefüllte Vorprodukt durch die Dampfheizschlangen genügend erhitzt ist, wobei zuerst die niedrig siedenden Bestandteile vorzugsweise übergehen, also viel Benzol mit wenig Toluol, Xylol und Lösungsbenzol, später vornehmlich die höher siedenden Bestandteile, z. B. im wesentlichen Xylol mit weniger Toluol und Benzol. Die Dämpfe dieser Bestandteile erfahren nun in dem Dephlegmator eine weitere Trennung, indem dieser Rückflußkühler nur die jeweils am niedrigsten siedenden Bestandteile nach dem eigentlichen Kühler durchläßt, während er die höher siedenden Bestandteile verdichtet und nach den Kolonnen zurückfließen läßt. Das herabträufelnde Kondensat wirkt hemmend und kühlend auf die aufsteigenden Dämpfe ein, so daß auch schon dadurch die höher siedenden Bestandteile zurückgehalten werden. Das zurückfließende

Kondensat des Dephlegmators wird in der Kolonne natürlich wieder erwärmt, was auch erforderlich ist, da sonst durch die kalte, in die Blase zurückfließende Flüssigkeit Störungen der Destillation hervorgerufen würden.

Die aus der Blase aufsteigenden Dämpfe nehmen im Kolonnenaufsatz ihren Weg unter den Glocken her und müssen dabei die kondensierten Destillate durchdringen.

Aus dem Dephlegmator gelangen die Dämpfe des Vorlaufs, der bis zirka 83⁰ abgenommen wird, in den Kühler und werden hier verdichtet. In den Scheidekästen des Kühlers erfolgt die Trennung von Ammoniak-

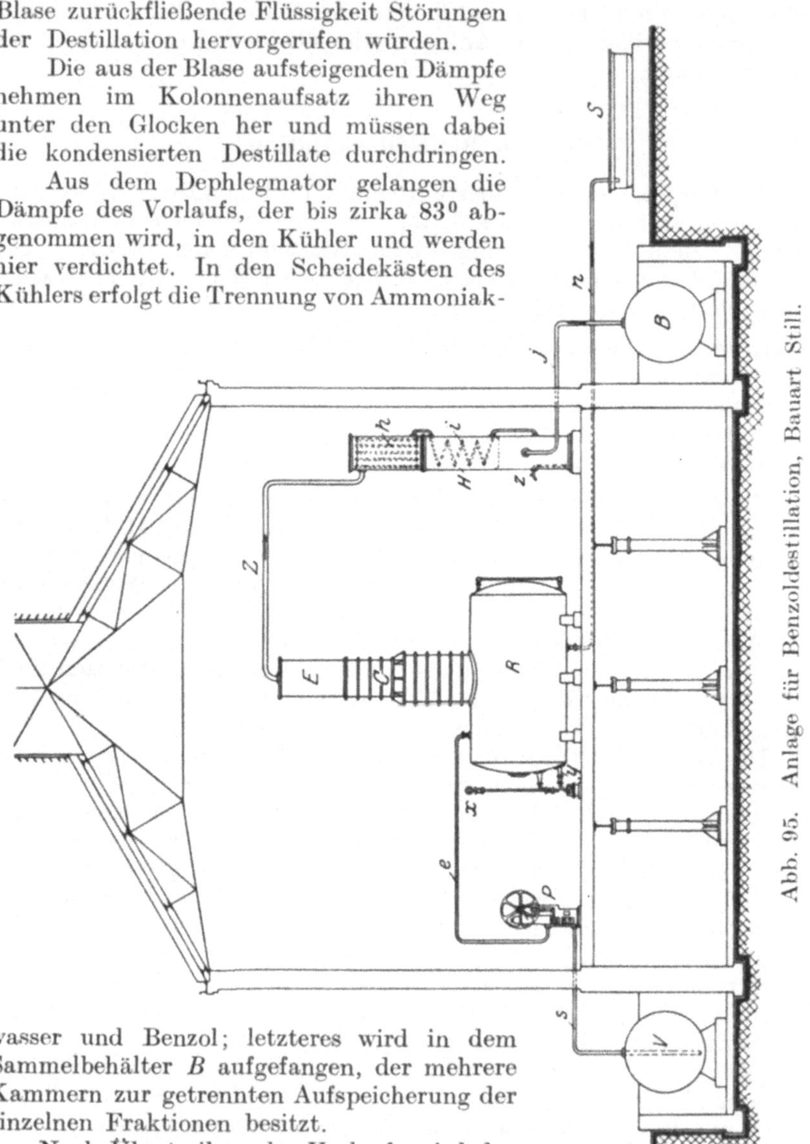

Abb. 95. Anlage für Benzoldestillation, Bauart Still.

wasser und Benzol; letzteres wird in dem Sammelbehälter *B* aufgefangen, der mehrere Kammern zur getrennten Aufspeicherung der einzelnen Fraktionen besitzt.

Nach Übertreiben des Vorlaufs wird das Kühlwasser im Dephlegmator auf 50—60⁰ erwärmt; die Temperatur steigt langsam auf 100⁰, und es geht ein Produkt über, welches man 90er Rohbenzol nennt. Ist das 90er Benzol überdestilliert, so werden die Ventile der Dampfschlangen ganz geöffnet; gleichzeitig führt man direkten Dampf in die Blase ein.

Der Dephlegmator wird durch Ablassen des Wassers ganz außer Betrieb gesetzt. Das jetzt übergehende Destillat ist ein Gemisch von Toluol und Xylol, entspricht den Temperaturen von 100—120⁰ und wird in einer besonderen Kammer aufgefangen. Schließlich geht bei einer Temperatur von 120—160⁰ das Lösungsbenzol über. Der Rückstand in der Blase besteht hauptsächlich aus Öl und Naphthalin; er wird in Pfannen abgelassen, in denen das Naphthalin beim Erkalten auskristallisiert. Man läßt das Öl ab und benutzt es wieder als Waschöl, während das Naphthalin zur Teerdestillation gelangt, um dort mit dem Teer destilliert zu werden.

Der Zeitpunkt für die Unterbrechung der einzelnen Fraktionen wird nicht nach der Angabe des Thermometers, sondern im Laboratorium durch Ermittlung der Siedetemperatur von Proben bestimmt, die von Zeit zu Zeit genommen werden.

100 ccm der Probe werden in einem Kupferkolben von bestimmter Größe unter genau festgelegten Bedingungen bis auf 100⁰ erhitzt und die entweichenden Dämpfe in einem Liebigschen Kühler verdichtet (S. 104). Gehen von diesen 100 ccm bei 100⁰ 90% über, dann spricht man von 90 prozentigem Rohbenzol. Auch die höheren Fraktionen werden diesen Proben unterworfen. Sollen die Rohprodukte den gestellten Anforderungen genügen, so müssen bei der Erwärmung von 100 ccm übertreten je 90 ccm

$$
\begin{aligned}
\text{Toluol} &\;.\;.\;.\;.\;.\;.\;.\;.\;.\;.\;. & 100—120⁰ \\
\text{Xylol} &\;.\;.\;.\;.\;.\;.\;.\;.\;.\;.\;. & 120—140⁰ \\
\text{Lösungsbenzol} &\;.\;.\;.\;.\;.\;.\;.\; & 140—160⁰.
\end{aligned}
$$

85. Die Reinigung der Benzolkohlenwasserstoffe.

Die 90er Rohprodukte enthalten noch verunreinigende Fremdstoffe, welche hauptsächlich aus sauren Ölen (Phenolen) und Pyridinbasen bestehen. Durch Waschen der Benzolkohlenwasserstoffe mit konz. Schwefelsäure, Wasser und Natronlauge und nachfolgende fraktionierte Destillation der gewaschenen Produkte gewinnt man die 90er Reinbenzole.

Nach *C. Still* verfährt man dabei folgendermaßen (Abb. 96): Mit Hilfe einer Pumpe gelangt eine bestimmte Menge Rohbenzol durch Leitung *a* in den Rührapparat *S*, welcher unten einen trichterförmigen Ansatz hat und mit Blei oder säurefesten Steinen ausgekleidet ist. Nachdem die Schwefelsäuremenge aus dem Basengehalt des Rohbenzols berechnet worden ist, läßt man dieselbe aus dem Behälter *G* durch Leitung *m* mittels Druckluft in ein Meßgefäß heben, von wo sie dem Rührwerk *S* unmittelbar zufließen kann.

Die Waschung mit Säure ist nach 20—30 Minuten beendet, wobei die Pyridinbasen von der Säure aufgenommen wurden. Man läßt den Inhalt des Rührapparates zur Ruhe kommen und leitet die Pyridinschwefelsäure durch den Abfluß *f* und *g* fort. Das Benzol wird gewöhnlich erst mit etwa 2% Wasser nachgewaschen, wodurch alle sauren

Bestandteile beim Ablassen entfernt werden. Durch die nun folgende
Behandlung mit Natronlauge werden die zurückgebliebenen Säurereste
neutralisiert und die Phenole von derselben aufgenommen. Die Lauge
gelangt aus dem Behälter L ebenfalls mit Hilfe von Druckluft durch
die Leitung n in das Meßgefäß N und fließt von hier dem Rührwerk
zu. Man läßt den Inhalt des Rührwerkes nach kräftigem Schütteln

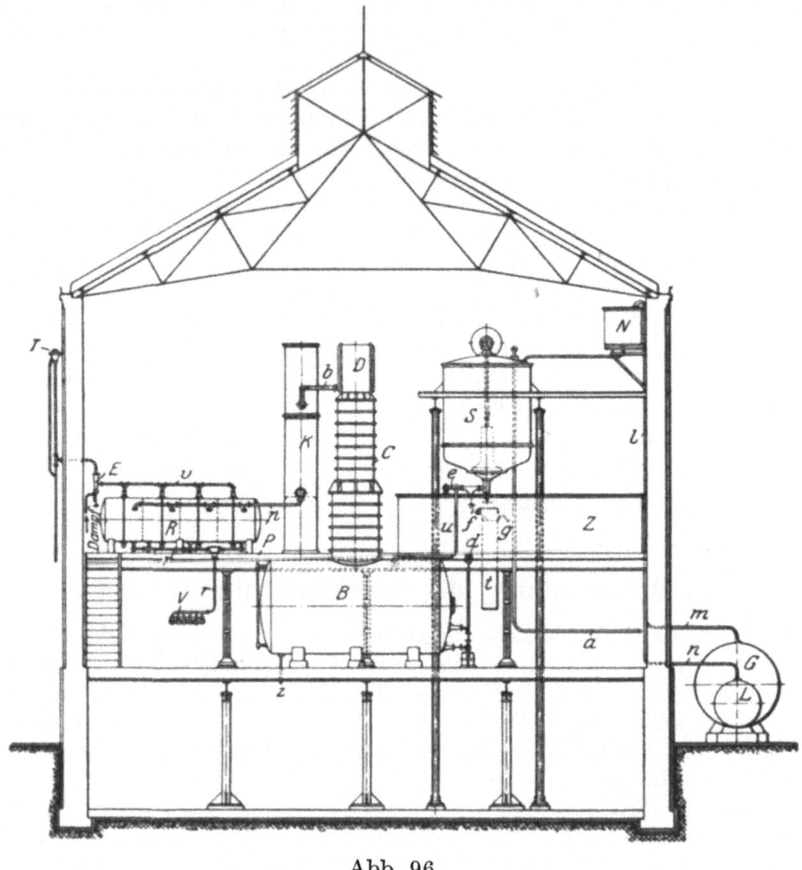

Abb. 96.

sich absetzen und zieht die verbrauchte Lauge bei f in den Topf t
ab; dieser ist als Flüssigkeitsscheider ausgebildet, so daß etwa mit-
geführtes Benzol abgeschieden werden kann. Eine Nachwaschung
mit reinem Wasser ist nicht geradezu erforderlich.

Aus dem Rührwerk S führt man die gewaschenen Benzole durch
die Leitung u unmittelbar in die Destillierblase B oder durch den Abfluß e dem erhöht auf der Bühne P angeordneten Zwischenbehälter Z
zwecks Ansammlung genügender Mengen zu. Die Reindestillierblase B

ist im wesentlichen gleich der Rektifizierblase für die Benzolvorprodukte gebaut. Durch den Dephlegmator D erfolgt eine scharfe Fraktionierung der abziehenden Dämpfe, welche durch die Leitung b in den Kühler K gelangen, welcher dem Rohproduktenkühler entspricht. Reinbenzol und Reintoluol z. B. lassen sich auf diese Weise ohne Schwierigkeit so herstellen, daß bis zu 95 % innerhalb 0,5⁰ Siedegrenzen überdestillieren. Die Destillation erfolgt zunächst nur mit indirekter Dampfheizung, welche bei den höher siedenden Produkten durch Vakuumdestillation unterstützt wird.

Die gewonnenen Destillate verlassen den Kühler durch Leitung p und gelangen zur vorläufigen Aufspeicherung in den in mehrere Kammern geteilten Rezipienten R. Mittels der Leitung r und dem Verteilungsstück v, von dem aus eine Anzahl Leitungen nach den verschiedenen Sammelbehältern für die fertigen Reinprodukte führen, geschieht die Wegleitung der gereinigten Benzolkohlenwasserstoffe.

86. Trockenreinigung des Gases.

Zur Trockenreinigung bedient man sich zweier hintereinandergeschalteter eiserner Kästen von 2,5 m Länge, 1,7 m Breite und 1,2 m Höhe, in denen auf ⊤-Eisen vier wagerechte Lagen Holzhorden angeordnet sind, welche die Reinigungsmasse (Raseneisenerz) in etwa 10 bis 12 cm Höhe tragen (Abb. 97). Die Kästen werden durch einen Deckel mit hydraulischer Abdichtung verschlossen. Das zu reinigende, von den Ammoniak- bzw. Benzolwäschern kommende Gas wird durch einen Stutzen, dem zum Schutze gegen Verschüttung durch herabfallendes Rasen-

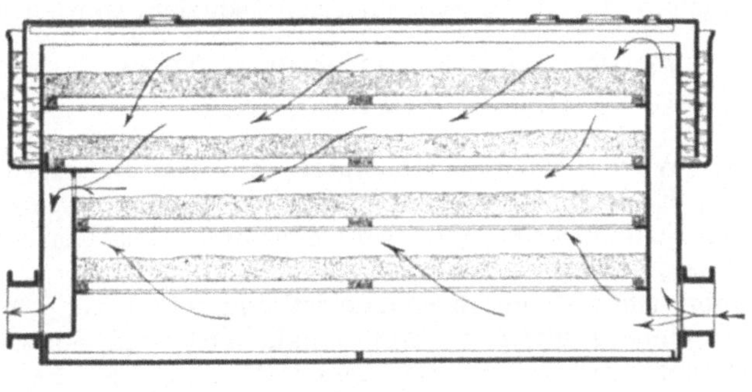

Abb. 97.

eisenerz eine unten offene Haube vorgelagert ist, unter die Horden des ersten Kastens gedrückt. Es durchstreicht in aufsteigender Richtung die Reinigungsmasse, stößt unter den mit Preßschrauben befestigten Deckel und fällt durch einen Kanal nach unten zum Austrittsstutzen, um durch ein Übergangsrohr zum zweiten Kasten zu gelangen, in dem sich der Vorgang wiederholt.

Nach erfolgter Reinigung gelangen die Gase in einen Gasometer, um den Fernleitungen zur Versorgung der Städte mit Leuchtgas oder den Gasmaschinen der Zeche zugeführt zu werden.

Die Reinigungsmasse der Kästen wird in Zwischenräumen von je vier Wochen erneuert, derart, daß nach Ablauf von je zwei Wochen ein Kasten mit frischem Raseneisenerz beschickt wird. Die ausgebrauchte, d. h. mit Schwefel, Zyan, Teer und anderen Bestandteile des Gases gesättigte Masse wird an der Luft ausgebreitet, angefeuchtet und zeitweise umgeschaufelt, bis kein Schwefelgeruch mehr bemerkbar ist. Der chemische Vorgang der Sättigung und Wiederbelebung (Regeneration) der sogenannten Lamingschen Masse in bezug auf Schwefel wird durch folgende Gleichungen wiedergegeben:

$$Fe_2(OH)_6 + 3H_2S = Fe_2S_3 + 6H_2O$$
$$Fe_2S_3 + 3O + 3H_2O = Fe_2(OH)_6 + 3S \, .$$

Der Schwefelwasserstoff des Gases bildet also mit dem Eisenoxydhydrat Schwefeleisen und Wasser. Bei der Wiederbelebung der Masse spaltet der Sauerstoff der Luft den Schwefel des Schwefeleisens unter Wärmeentwicklung ab, um an seine Stelle tretend im Verein mit Wasser Eisenoxydhydrat zurückzubilden. Die wiederbelebte Masse kann ohne weiteres von neuem zur Absorption von Schwefelwasserstoff benutzt werden, bis sie nach etwa halbjähriger Benutzung infolge zu reichen Gehalts an Schwefel und Verarmung an Eisenoxydhydrat zur Reinigung des Gases nicht mehr geeignet ist.

Die Reinigungsmasse nimmt auch Zyanwasserstoff aus dem Gase auf, indem Eisenzyanür $Fe(CN)_2$, sogenanntes Berlinerweiß, entsteht, nachdem ein kleiner Teil der Masse durch Schwefelwasserstoff zunächst zu Eisenoxydulhydrat bzw. Schwefeleisen reduziert worden ist:

$$Fe(OH)_2 + 2HCN = Fe(CN)_2 + 2H_2O;$$
$$FeS + 2HCN = Fe(CN)_2 + H_2S.$$

Bei der Wiederbelebung der Masse geht das Berlinerweiß unter Abgabe von Eisen in eine blaue Doppelverbindung, das sogenannte Berlinerblau $Fe_7(CN)_{18}$ über, die sich weder unter dem Einfluß der Luft noch des Gases verändert.

Die gebrauchte Reinigungsmasse ist von schmutzig-grüner Farbe und besitzt einen zugleich an Ammoniak, Teer und Schwefelverbindungen erinnernden Geruch; man gewinnt daraus den Schwefel, das Berlinerblau, Ammoniak und Rhodan.

Die Verbrennungsgase der Abhitzeöfen enthalten noch große Wärmemengen, welche zum Heizen ganzer Kesselbatterien ausgenutzt werden. Die unter die Dampfkessel gehende Abhitze hat eine Temperatur von etwa 1050^0; durch ihre Verwendung zur Dampferzeugung ergibt sich eine bedeutende Ersparnis nicht nur für die Nebenproduktenanlage, sondern auch für die Zeche.

87. Die Destillation des Teers.

Dieselbe Kohle liefert je nach Art der Erhitzung der Kohle und
der Destillationsprodukte außerordentlich schwankende Mengen Teer
(z. B. 0,7 — 12%). Nach *O. Simmersbach* beträgt das Ausbringen
der Kokereien an Teer in

Westfalen . . . . 3,0—3,5 %
Saar . . . . 3,9—4,0 %
Oberschlesien . . . . . . 2,7—3,5 %

Der in der Kondensation durch Kühlung und oftmaliges Stoßen
des Gases gewonnene Teer wird in gewaltigen, in einer Grube liegenden
Behältern gesammelt. Er besitzt ungefähr 5—6% Wasser, welches
vor der eigentlichen Destillation beseitigt werden muß, da der Teer

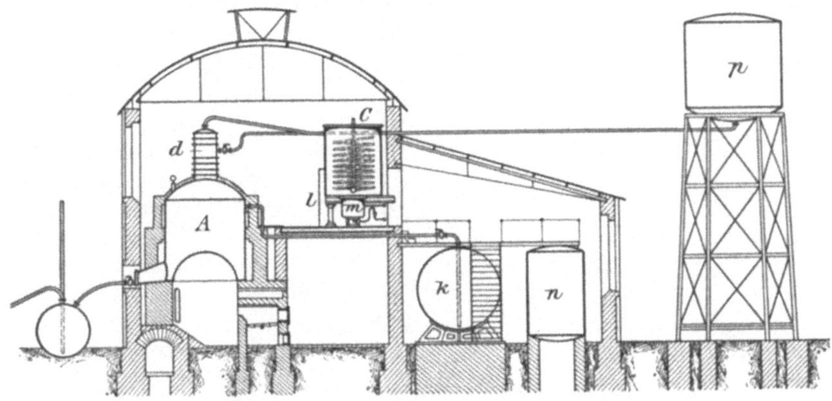

Abb. 98.

sonst stark zum Schäumen und Überkochen neigt. Früher verfuhr man
derart, daß der Teer zunächst mit kleiner Flamme in einer Blase erhitzt
wurde, um das Wasser und mit diesem auch das Ammoniak zu ver-
treiben; erst nach erfolgter Entwässerung wurde mit stärkerer Flamme
destilliert, wobei Leicht-, Mittel-, Schwer- und Anthrazenöl übergingen,
während Teerpech als Rückstand in der Blase verblieb. Heute geschieht
Entwässerung und Destillation des Teers in den meisten Fällen in
voneinander getrennten Apparaten, von denen der eine nur den Zweck
der Entwässerung verfolgt, während der andere, eine stehende oder
liegende Blase, der Destillation dient.

Der Teer gelangt mit Hilfe einer Pumpe in einen Hochbehälter,
in dem sich schon ein Teil des Wassers ausscheidet, und von da in
einen Behälter, der mit einer Heizschlange versehen ist. Durch diese
wird z. B. der Abdampf von den Maschinen geleitet, der den Teer
dünnflüssiger macht und auf etwa 100⁰ vorwärmt. Mit dieser Temperatur fließt nun der Teer beständig einem Abtreibeapparat A (Abb. 98)
zu, der in gleicher Weise wie die Apparate zur Destillation des Waschöls
eingerichtet ist. Indem der Teer von Boden zu Boden der Kolonne, in

deren Zwischenstück er eintritt, durch Überlaufstutzen abfließt, wird er in allen Teilen so erwärmt, daß das Wasser und ein Teil der leicht flüchtigen Öle überdestilliert. Wasser und Leichtöl entweichen in Dampfform durch eine an den Deckel des Abtreibers angebracht Rohrleitung nach dem Kühler c, durch den sie verdichtet werden. Das Kondensat gelangt vom Kühler in einen Scheidekasten m, aus dem Wasser und Öl getrennt nach Ammoniakgrube und Benzolkessel k abfließen. Der entwässerte Teer läuft unten aus dem Abtreibeapparat in einen größeren Behälter, aus dem er in die einzelnen Blasen befördert wird.

Die Teerblasen sind Kessel aus Eisenblech, welche durch eine Gasfeuerung erhitzt werden. Die Abb. 99 gibt Form und Abmessungen einer solchen Blase wieder. Der große Behälter ist zweckmäßig bis zum Deckel eingemauert. Die Heizgase der Feuerung werden behufs guter Ausnutzung bis zu zwei Drittel um die Blase geführt und dann zum Fuchs geleitet. Die stehende Blase hat zylindrische Form mit gewölbtem Deckel und tief nach innen ge-

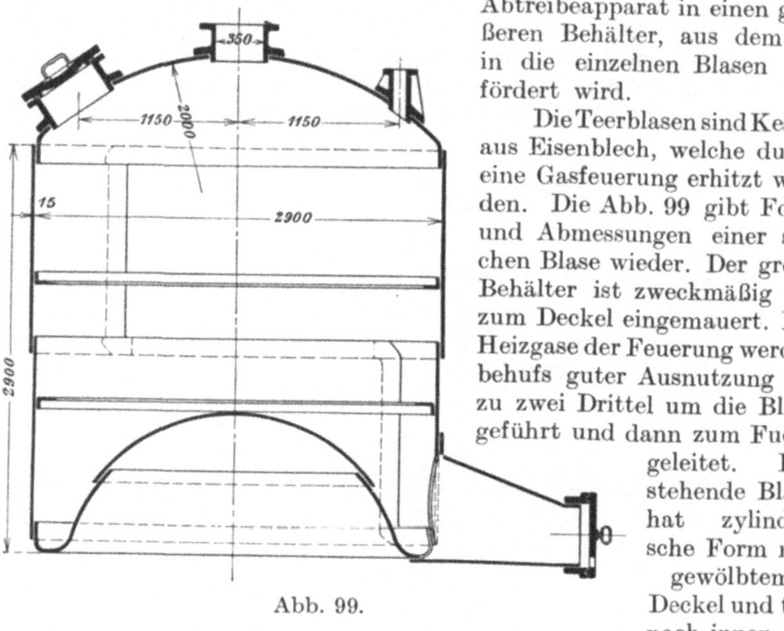

Abb. 99.

wölbtem Boden. Im Deckel ist ein Mannloch angebracht, um die Blase von hier aus befahren zu können, was auch am Boden durch den Ablaßstutzen möglich ist, da derselbe einen Durchmesser von 40 cm hat. Eine Öffnung des Deckels mit angeschlossenem Stutzen nimmt den sogenannten Destillationshelm zum Austritt der Destillate auf; weitere Stutzen dienen als Füllöffnung und zum Befestigen des Thermometers. Außerdem ist ein Sicherheitsventil und ein Überlaufrohr vorhanden; das erstere soll sich beim Überkochen des Teers selbsttätig öffnen. Während des Füllens der Blase wird schon mit dem Anheizen begonnen, wobei der Überlaufstutzen zunächst noch offen bleibt, damit etwa zu viel eingefüllter Teer in den Vorratsbehälter zurückfließen kann.

Da der Boden der Destillierblase die erste Hitze erhält, so kann sich auf demselben leicht Koks absetzen. Um die damit verbundene Gefahr des Durchbrennens zu verhüten, hat man über dem Boden der Blase eine Spinne angebracht, aus deren feinen Öffnungen überhitzter Wasserdampf von etwa 220° ausströmt. Der Wasserdampf

wird durch eine Öffnung im Deckel mittels Dampfrohres der Verteilungs-
spinne, einem achtarmigen Kranze aus Röhren mit feinen Öffnungen,
zugeführt.

Da der Dampf eine weit geringere Temperatur als die von den
Feuergasen bestrichene Kanalfläche besitzt, so übt er eine kühlende
Wirkung aus; auch wirbelt er den Teer in der Blase durcheinander, so
daß die zugeführte Wärme sich gleichmäßig über den ganzen Inhalt
der Blase verteilt.

Da schließlich die Öle des Teers die Eigenschaft haben, weit unterhalb ihres Siedepunktes bei Gegenwart von Wasserdampf zu verdampfen, so trägt derselbe wesentlich zum leichteren Übergang
der Teeröle bei (Seite 26). Bei dem Gebrauch von Wasserdampf
muß jedoch vorsichtig verfahren werden, da sich sonst Kondenswasser bildet, welches beim Zutritt zum heißen Teer leicht zu Explosionen Anlaß gibt.

Die sich in der Blase bildenden Dämpfe gelangen durch den Helm
in einen Kühler, welcher von unten nach oben von Wasser durchströmt
wird. Die Kühlschlange selbst steht mit einer Dampfleitung in Verbindung, um bei eintretenden Verstopfungen Dampf durchleiten zu
können; namentlich das Naphthalin, dessen Erstarrungspunkt bei 79°
liegt, neigt dazu. Da diese Gefahr um so größer ist, je kälter das Kühlwasser zur Verwendung kommt und je weiter die Destillation fortschreitet, so hat man auch ein Dampfrohr in den Kühler eingebaut,
durch welches das Kühlwasser erwärmt werden kann. Letzteres wird
beim Überdestillieren des Schweröls und Anthrazenöls fast ganz abgestellt.

Die beim Beginn der Destillation erscheinenden kleinen Mengen
von Kohlensäure und Schwefelwasserstoff entweichen durch ein Dunstrohr in das Freie.

Durch Einführung der Vakuumdestillation (S. 17) ließ sich
der Betrieb der Anlage einfacher und erfolgreicher durchführen, da der
Teer bei niedrigerer Temperatur zerlegt wurde, so daß ein Verkoken
des zurückbleibenden Peches nicht mehr zu befürchten war. Am Aus-
gange des Kühlers angebrachte Wechselvorlagen, die durch Hähne
damit verbunden sind, ermöglichen es, die Destillate diesem oder jenem
Auffangkessel ohne Unterbrechung der Luftverdünnung zu übergeben.

Die Destillate werden gewöhnlich in vier Fraktionen nach den
spezifischen Gewichten abgenommen, die mit Hilfe von Aräometern
von Zeit zu Zeit an Proben bestimmt werden, welche man durch den
Probehahn der Vorlage abläßt.

Das erste Produkt der Destillation ist das Leichtöl mit einem
spez. Gewicht von 0,9; mit diesem Öle sind die noch im Teer gebliebenen,
kleineren Mengen Wasser übergegangen. Nach ihrer Verdichtung im
Kühler gelangen Leichtöl und Wasser in einen Scheidekasten, aus dem
ersteres dem Leichtölbehälter, und letzteres der Ammoniakgrube zugeleitet wird.

Die zweite Fraktion ist das Mittelöl von dunkelbrauner Farbe
mit einem spez. Gewicht von 1,0; es enthält vorzugsweise Naphthalin.

Das Mittelöl gelangt durch die Wechselvorlagen in Auffangekessel und wird von dort in die Naphthalinpfannen geleitet. Mit fortschreitender Abkühlung des Mittelöles kristallisiert das Naphthalin je nach der Jahreszeit schneller oder langsamer (4—10 Tage) aus und wird durch Abfließenlassen des Mittelöles von diesem getrennt. Die noch ölhaltigen zusammenhängenden Kristallmassen des Naphthalins von gelblichbrauner Farbe werden in Zentrifugen vollständig trocken geschleudert, d. h. von dem anhaftenden Öl befreit; das Naphthalin wird auf Lager genommen und ist zum Versand fertig. Das vom Naphthalin befreite Öl findet als Waschöl bei der Benzolgewinnung weitere Verwendung.

Das Schweröl mit einem spez. Gewicht von 1,04 bildet das dritte Produkt der Destillation. Es ist ebenfalls naphthalinhaltig und wird deshalb auch zur Naphthalinausscheidung in Kühlpfannen geleitet. Das Schweröl kommt als Imprägnieröl in den Handel.

Als letzte Fraktion wird das hoch siedende Anthrazenöl gewonnen; es sieht gelblichgrün aus und hat ein spez. Gewicht von 1,1. Es enthält vorwiegend Anthrazen, welches ebenfalls durch Auskristallisieren vom Öle getrennt wird. Das vom Anthrazen befreite Öl dient auch zum Imprägnieren von Holz wie das Schweröl und kommt unter dem Namen Karbolineum in den Handel. Zur vollständigen Trennung von Anthrazen und Öl bringt man die ölhaltige Kristallmasse in Filterpressen, deren Tücher das Öl durchlassen, während sie das Anthrazen in versandfähigem Zustande zurückhalten. Folgende Zusammenstellung gibt einen Überblick über Siedegrenzen und spez. Gewichte der vier Fraktionen:

	spez. Gew.	Siedepunkte
Leichtöl	0,9	80—180 ^{0}
Mittelöl	1,0	180—240 ^{0}
Schweröl	1,04	240—300 ^{0}
Anthrazenöl . .	1,1	300—360 ^{0}

Sobald ungefähr zwei Drittel der Anthrazenöle übergegangen sind, wird das Feuer unter der Blase abgestellt, da man sonst mit einer Zersetzung größerer Mengen bituminöser Anteile des Peches unter Bildung von Koks rechnen muß. Der Pechrückstand kühlt in der Blase bis auf etwa 250 ^{0}, wird dann zur weiteren Abkühlung durch einen Pechkühler aus Schmiedeeisen geschickt, wobei die sich entwickelnden Teerdämpfe durch ein Dunstrohr in den Kamin entweichen, und in die Pechgruben oder -pfannen abgelassen. Hier erkaltet das Pech vollends, wird mittels Hacke losgehauen und kommt zur Verladung, um unter anderen als Bindemittel bei der Brikettierung der Steinkohle verwandt zu werden.

Steinkohlenpech ist eine glänzend schwarze Masse von muscheligem Bruch. In feinverteiltem Zustande, als Staub, greift es die Haut und Augen stark an, so daß sich die Arbeiter Gesicht und Augen durch

Lehmmaske und Brillen schützen. Dient das Pech zur Steinkohlenbrikettierung, so soll der Erweichungspunkt nicht unter 60⁰ und nicht über 75⁰ liegen. Der Erweichungspunkt hängt von der Endtemperatur in der Teerblase ab. Hat man zu hoch erhitzt, also zu lange abdestilliert, so liegt der Erweichungspunkt zu hoch, das Pech ist spröde (Hartpech) und wegen zu geringen Gehaltes an Bitumen zur Brikettbereitung ungeeignet. Pech mit dem richtigen Bitumengehalt kann man nun dadurch herstellen, daß man das letzte Destillat aus der Teerblase nur so weit abnimmt, daß eine Probe der zurückbleibenden Masse einen zwischen 60 und 75⁰ liegenden Erweichungspunkt aufweist. Die Pecharbeiter bedienen sich der Mundprobe, um Aufschluß über die Brauchbarkeit des Peches zum Brikettieren zu erhalten. Ein Stück Pech wird so lange in den Mund genommen, bis es seine Temperatur angenommen hat. Läßt es sich dann kauen, ohne an den Zähnen zu kleben, so hat es den richtigen Erweichungspunkt; derselbe liegt zu hoch, das Pech ist zu spröde, wenn es dabei zerspringt.

Im Laboratorium wird der Erweichungspunkt nach der Methode von Kraemer-Sarnow bestimmt.

Das Pech dient außer zum Brikettieren zu mancherlei anderen Zwecken; Hartpech, in Teeröl gelöst, wird als Dachlack verwandt. Mit Füllmaterialien, wie Kreide, Schwerspat usw., vermischt, stellt es ein brauchbares Material zur Straßenpflasterung und -asphaltierung dar.

Eine längere Betriebsperiode der Destillation von Teeren verschiedener Koksofenanlagen des Ruhrgebietes zeigte nach A. Spilker folgendes Ergebnis:

Spez. Gewicht	1,145 — 1,191
Wasser	2,69 %
Leichtöl	1,38 %
Mittelöl	3,46 %
Schweröl	9,93 %
Anthrazenöl	24,76 %
Pech	56,44 %
Verlust	1,34 %
	100,00

88. Das Kokereigas.

Aus einer Tonne Steinkohle erhält man rund 300 cbm Reingas; dabei ist, von der Kennel- und Bogheadkohle abgesehen, die bedeutend mehr Gas ergeben, der Unterschied in der Ausbeute an Gas bei den verschiedenen Kohlensorten nicht sehr groß. Dagegen schwankt die Zusammensetzung des Gases ganz erheblich; nach A. Spilker z. B. die von vier verschiedenen Kohlenarten innerhalb folgender Grenzen:

Schwere Kohlenwasserstoffe	2,5 — 3,9 %
Kohlenoxyd	3,9 — 9,2 %
Wasserstoff	53,4 — 65,4 %
Methan	30,0 — 34,0 %
Stickstoff	0,9 — 2,7 %

Bei zu hoher Temperatur der Destillationskammern, oder bei zu langem Verweilen darin, werden die Kohlenwasserstoffe des Gases zersetzt. Benzol, Äthylen und Methan werden unter Freiwerden von Kohlenstoff und Wasserstoff nach folgenden Gleichungen zerlegt:

$$C_6 H_6 = 6C + 3H_2; \quad C_2 H_4 = 2C + 2H_2; \quad CH_4 = C + 2H_2.$$

Daher darf man weder die Öfen zu heiß gehen, noch das Gas zu lange darin verweilen lassen, wenn man ein leucht- und heizkräftiges Gas erzeugen will. Denn Benzol und Äthylen sind die eigentlichen Lichtgeber des Gases, auch ist der Heizwert des Methans fast 65 % höher als der des Wasserstoffs. 1 cbm CH_4 liefert 9527 Kalorien, wenn es zu Kohlensäure und flüssigem Wasser verbrannt wird, während 1 cbm H_2 beim Verbrennen zu flüssigem Wasser nur 3052 Kalorien erbringt.

Durch ständige Überwachung des Destillationsvorganges in bezug auf Temperatur und Gasdruck der Öfen läßt sich diese Zersetzung der Kohlenwasserstoffe einschränken. Das Gas wird abgesaugt, wobei man in den Kammern der Öfen zur Vermeidung des Eindringens von Luft noch einen geringen Überdruck läßt.

Daß diese Zersetzungen wirklich stattfinden, beweisen die Abscheidungen von Kohlenstoff in den feuerfesten Steinen der Koksöfen und ihren Rohrleitungen sowie das Auftreten der sogenannten Kokshaare.

Die Ofenwände sind natürlich auf der Oberfläche der Kammerseite frei von Zersetzungs-Kohlenstoff, da nach dem Drücken des garen Koks hinlänglich Luft durch die glühenden Kammern streicht, deren Sauerstoff etwa ausgeschiedenen Kohlenstoff sofort zu Kohlensäure verbrennt. Über eine gewisse Tiefe hinaus ist jedoch der Kohlenstoff der zerstörenden Wirkung des Sauerstoffs entzogen. Er scheidet sich aus dem Gase nach und nach ab und macht die Steine, namentlich des Bodens, mit der Zeit vollständig graphitisch, so daß sie den elektrischen Strom schon bei gewöhnlicher Temperatur leiten.

Infolge Bildung von Retortenkohle erfahren in manchen Kokereien die Steigrohre, welche das Gas zur Vorlage ableiten, eine immer größer werdende Querschnittsverengung, welche durch Ausklopfen oder Ausbrennen der Kohle wieder beseitigt wird. Diese Kohlenform ist mit nur wenig Asche ziemlich rein, sehr hart, schwer zu bearbeiten und ein guter Leiter der Elektrizität. Ihre Dichte beträgt annähernd 2; danach sowie nach ihrem Verhalten, besonders der Langsamkeit der chemischen Umsetzungen, kommt die Retortenkohle dem Graphit sehr nahe. Das Kokereigas hat einen oberen Heizwert von 4500—5500 Kalorien; es ist so heizkräftig, daß man hier und da daran denkt, das Koksofengas der Eisen- und Stahlindustrie vollständig zur Verfügung zu stellen, während die Beheizung der Koksöfen durch weniger heizkräftiges Generator- oder Gichtgas erfolgen soll, die dann, wie die Luft, in Regeneratoren vorgewärmt werden müssen.

Der Luftbedarf für 1 cbm eines Gases mit 58% H_2, 30% CH_4, 6% CO, 2% C_2H_4, 1% CO_2, 3% N_2 ergibt sich aus den Verbrennungsgleichungen wie folgt:

$$2H_2 + O_2 = 2H_2O; \qquad 0{,}58 \times 0{,}5 = 0{,}29 \text{ cbm } O_2$$
$$CH_4 + 2O_2 = 2H_2O + CO_2; \qquad 0{,}30 \times 2 = 0{,}60 \text{ cbm } O_2$$
$$2CO + O_2 = 2CO_2; \qquad 0{,}06 \times 0{,}5 = 0{,}03 \text{ cbm } O_2$$
$$C_2H_4 + 3O_2 = 2H_2O + 2CO_2; \qquad 0{,}02 \times 3 = 0{,}06 \text{ cbm } O_2$$
$$\overline{ 0{,}98 \text{ cbm } O_2}$$

0,98 cbm O_2 entsprechen $3{,}76 \times 0{,}98 \qquad = 3{,}685$ cbm N_2

1 cbm dieses Gases erfordert $\qquad\qquad = 4{,}665$ cbm Luft

oder unter Zurechnung von 10% Luftüberschuß rund 5 cbm Luft.

Im bestimmten Verhältnis mit Luft gemischt, **explodiert** **Kokereigas** bei Zündung; die Explosionsgrenzen sind von der Zusammensetzung des Gases wie auch von anderen Umständen, z. B. Weite der Rohrleitung, Temperatur, abhängig. Für unser Zahlenbeispiel müssen wir das Maximum der Explosion bei einem gewissen Luftüberschuß annehmen, so daß das Mischungsverhältnis von Gas und Luft etwa 1 : 4,75 ist. Für die im Kokereibetrieb vorhandenen Bedingungen umfaßt der Explosionsbereich etwa Mischungen von Luft mit $8-20\%$ Gas bei einer Zündungstemperatur von $550-700^0$, wenn man nahezu trockenes Gas in Betracht zieht; da neben der Zusammensetzung des Gases, seiner Temperatur, der Menge der angesaugten Luft auch der Wasserdampfgehalt des Gases starke Schwankungen erfährt, so erscheint auch die Explosionsmöglichkeit als ein unsicherer Faktor.

An Verbrennungsprodukten werden erzeugt:

1. Wasserdampf $\quad . \quad . \quad 2H_2O = 2H_2 \quad = 0{,}58$ cbm
$$2H_2O = CH_4 \quad = 0{.}60 \text{ cbm}$$
$$2H_2O = C_2H_4 = 0{,}04 \text{ cbm}$$

2. Kohlensäure $\quad . \quad . \quad . \quad CO_2 = CH_4 \quad = 0{,}30$ cbm
$$2CO_2 = 2CO \quad = 0{,}06 \text{ cbm}$$
$$2CO_2 = C_2H_4 = 0{,}04 \text{ cbm}$$
$$\overline{ 1{,}62 \text{ cbm } H_2O + CO_2}$$

3. Stickstoff $\quad . \quad . \quad . \quad . \quad . \quad . \quad . \quad . \quad . \quad 3{,}685$ cbm N_2

4. Luftüberschuß $\quad . \quad . \quad . \quad . \quad . \quad . \quad . \quad \left\{ \begin{array}{l} 0{,}368 \text{ cbm } N_2 \\ 0{,}098 \text{ cbm } O_2 \end{array} \right.$
$$\overline{ 5{,}771 \text{ cbm } H_2O + CO_2 + N_2 + O_2}$$

Das **Abhitze-** oder **Rauchgas** setzt sich also zusammen aus:

$$H_2O \text{ (Dampf)} = 1{,}220 \text{ cbm} = 21{,}14\%$$
$$CO_2 = 0{,}400 \text{ cbm} = 6{,}93\%$$
$$N_2 = 4{,}053 \text{ cbm} = 70{,}23\%$$
$$O_2 = 0{,}098 \text{ cbm} = 1{,}70\%$$
$$\overline{5{,}771 \text{ cbm} \quad 100{,}00\%}$$

Beim **Inbetriebsetzen** einer neuen Ofenbatterie liegt Explosionsgefahr in erhöhtem Maße beim Anschluß der Öfen an die Nebenproduktengewinnung vor, da die ganze Apparatur mit Luft gefüllt ist. Das zuerst gewonnene Gas kommt daher für die Beheizung der Öfen noch nicht in Frage, da es zum Ausspülen der Luft aus den Apparaten der Nebengewinnung benutzt wird. Erst wenn kleinere Mengen des Gases, die z. B. mittels Schweinsblase entnommen werden, sich ohne Verpuffen verbrennen lassen, oder eine Gasanalyse die Luftreinheit des Gases bewiesen hat, wird es den Düsen der Öfen zugeführt. Auch durch Undichtigkeiten der Sauggasleitung und der an diese angeschlossenen Apparate (z. B. Scheidegefäß und Rohr zum Ableiten der von der Schwefelsäure des Sättigers ausgetriebenen Kohlensäure, Blausäure usw. in die Rohgasleitung) können explosible Gemische entstehen.

Die Absaugung der Füllgase gibt zu Explosionen Anlaß, da durch Undichtheiten in der Leitung noch Luft zutreten kann. Für den Betrieb der Füllgasabsaugung bietet nach W. Schröder die Zeit des Garstehens bis zur beendeten Ofenentleerung die meisten Explosionsmöglichkeiten, weil das Gas am Ende der Garungszeit außerordentlich viel Wasserstoff (bis 70 %) enthält, dessen Explosionsbereich weit größer als das des neu entwickelten Gases während des Füllens und Planierens ist.

Dr. Otto führt die Füllgase durch eine zweite Rohrleitung mit Explosionsklappen, die während des Füllens mit der Ofenkammer verbunden wird, durch den natürlichen Zug des Rauchgaskamins ins Freie.

H. Koppers verbindet das Steigrohr während des Füllens mit dem Rauchkanal, durch welchen er zur Vermeidung einer Explosion gleichzeitig aus den Heizzügen kohlensäure- und stickstofffreie Verbrennungsgase saugt. Der Rauchkanal verläuft in der Längsrichtung der Batterie und steht über jeder Ofenzwischenwand mit den Heizzügen durch zwei Düsen in Verbindung.

E. J, Collin hat zur Beseitigung der schädlichen Füllgase einen Kanal unter der Ofendecke vorgesehen, der durch seine Lage dauernd so stark erhitzt ist, daß die brennbaren Gase beim Einströmen sofort zur Entzündung kommen. Die Verbindung von Steigrohr und Kanal geschieht durch einen am Steigrohr angeschlossenen Krümmer.

Bevor also die Misch- und Füllgase abgeleitet werden können, sind die Deckel von Steigrohr und Füllgasleitung abzunehmen, und die beiden Öffnungen durch ein Rohrstück miteinander zu verbinden. *R. Wilhelm* vermeidet diese zeitraubende und nicht ganz ungefährliche Art der Gasumführung dadurch, daß er an jedes Steigrohr ein Dreiwegeventil anschließt, in das die Teervorlage und die Absaugeleitung einmünden. Nach dieser Neuerung sind also die zur Kokskammer, zur Teervorlage und zur Absaugeleitung führenden Rohre miteinander verbunden, aber einzeln abschließbar.

Die Berechnung des Gases in cbm pro Stunde geschieht nach folgender Formel:

$$= \frac{\text{Zahl der Öfen} \times \text{Ofenfüllung} \times \text{Anzahl cbm pro Tonne}}{\text{Garungszeit}}$$

$$\text{z. B.} = \frac{65 \times 6{,}5 \times 300}{28} = 4527 \text{ cbm Gas.}$$

Die Berechnung der Garungszeit:

$$= \frac{\text{Zahl der Öfen} \times 24}{\text{gedrückte Öfen}}$$

$$\text{z. B.} = \frac{65 \times 24}{52} = 30 \text{ Stunden.}$$

Bestimmung des Heizwertes.

1. Durch Kalorimeter nach *Junkers* (Abb. 100). Das zu untersuchende Kokereigas (Leuchtgas) wird mit Hilfe eines Bunsenbrenners in der Verbrennungskammer des Kalorimeters verbrannt und die dabei entstehende Wärme an einen ständig fließenden Wasserstrom abgegeben. Durch Messung des Gasverbrauches am Gasmesser, der Temperatur des zufließenden und des abfließenden Wassers mittels genauer Thermometer sowie der Wassermenge, welche während des Versuchs erwärmt worden ist, durch Auffangen im Meßgefäß läßt sich der Heizwert berechnen:

Der Heizwert eines Liters Gas ergibt sich aus

$$H = \frac{\text{Wassermenge} \times \text{Temperaturerhöhung}}{\text{Litermenge des Gases.}}$$

Der so erhaltene „obere" Heizwert enthält auch diejenige Wärmemenge, welche bei der Verdichtung des in den Verbrennungsgasen enthaltenen Wasserdampfes frei geworden ist. Durch Auffangen des Kondenwassers, welches durch ein Röhrchen am Boden des Kalorimeters abfließt, in einem kleinen Meßgefäß, erhält man die Anzahl der von 1 l verbrannten Gases aufgefangenen Kubikzentimeter, welche mit 600 multipliziert die zur Ermittlung des „unteren" Heizwertes vom oberen Heizwert abzuziehende Zahl angibt. Für Kokereigas (Leuchtgas) kann man den unteren Heizwert um etwa 10 % geringer als den oberen annehmen.

Das Junkerkalorimeter ist auch für ununterbrochene und selbsttätige Messung mit Thermoelementen und schreibendem Galvanometer eingerichtet und von den Kokereien gern benutzt, die Überschußgas als Leuchtgas an die Gemeinden abgeben. Abb. 101 gibt die Zusammenstellung der in einem Schrank untergebrachten Apparatur wieder

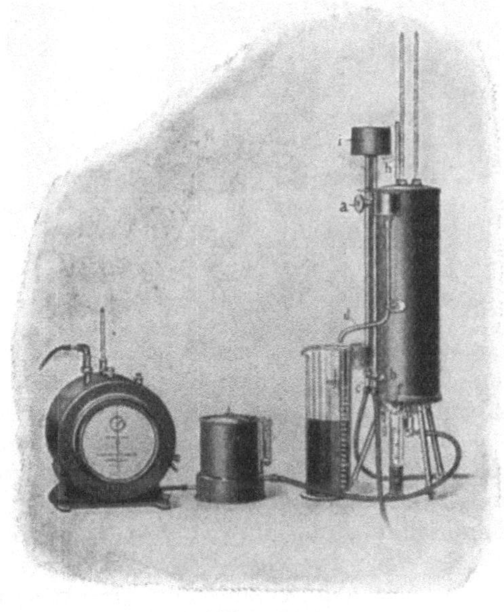

Abb. 100.

13*

2. **Durch Union-Kalorimeter nach Dr. *Dommer* (Karlsruhe).** Einer abgemessenen Gasmenge im Kalorimeter wird so viel Luft beigemischt, daß die Verbrennung nach der Zündung durch einen kräftigen elektrischen Funken sofort und restlos vor sich geht (Abb. 102). Als Vergleichsgas dient Knallgas (S. 40), das jeweils im Apparat selbst durch Elektrolyse erzeugt wird und einen oberen Heizwert von 2020 Kalorien pro Kubikmeter besitzt. Beide Verbrennungen, also die des Versuchsgases und

Abb. 101.

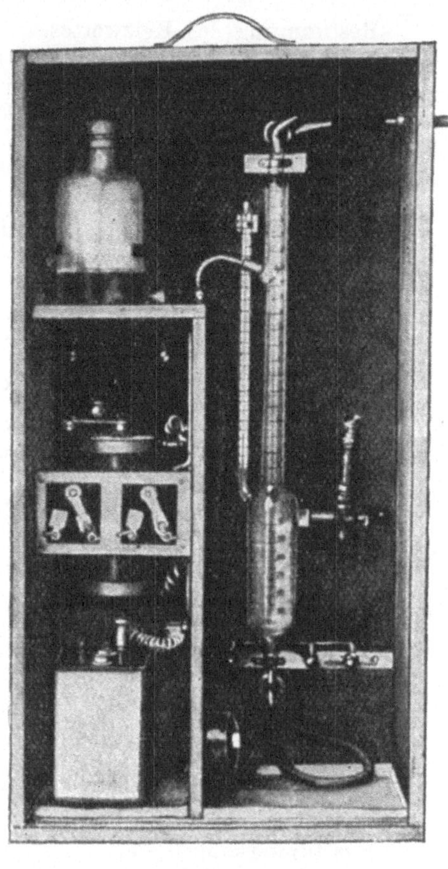

Abb. 102.

des Vergleichsgases werden nacheinander ausgeführt, um die Einflüsse des Luftdruckes, der Zimmertemperatur sowie der Wasserdampfsättigung aufzuheben, die ja für beide Versuche dieselben sind.

Die durch die Explosion entstehende Wärme bewirkt eine dem Heizwert entsprechende Ausdehnung von Petroleum als Meßflüssigkeit, welche an der Millimeterskala einer Kapillare abgelesen wird. Man erhält dann ohne Korrektur den oberen Heizwert des trockenen Gases.

3. Aus der chemischen Analyse des Gases, indem man die erhaltenen Werte in die Verbandsformel (S. 115) einsetzt.

89. Leuchtgasanalyse.

Die Hempelsche Gasbürette besteht aus der Meßröhre A (Abb. 103) und der Niveauröhre B, die auf Eisenfüßen befestigt und durch einen Schlauch miteinander verbunden sind. Die Meßröhre ist in 100 ccm, diese wiederum sind in $^1/_5$ ccm eingeteilt; oben verjüngt sich die Meßröhre zu einem kapillaren Rohr mit durchbohrtem Hahn bzw. dickwandigem Schlauch mit Quetschhahn. Durch Senken und Heben der Niveauröhre erhält man die zum Ansaugen bzw. Austreiben des Gases bei f erforderlichen Druckunterschiede.

Zum Abmessen von 100 ccm Gas gießt man zunächst destilliertes Wasser von Zimmertemperatur in das Niveaurohr, bis beide Röhren bis über die Hälfte damit angefüllt sind. Durch Heben der Niveauröhre füllt man die Meßröhre und die Kapillarröhre mit Wasser[1]), verbindet diese durch einen dickwandigen Schlauch mit der Gasleitung und entnimmt durch Senken der Niveauröhre etwas mehr als 100 ccm Gas, schließt den Hahn und stellt das Niveaurohr auf den Tisch. Nach etwa 5 Minuten quetscht man den Verbindungsschlauch, nachdem man die Augen in gleiche Höhe mit der unteren Marke 100 bzw. 0 gebracht hat, in der Nähe seines Zusammentreffens mit dem seitlichen Stutzen der Meßröhre mit den Fingern zusammen, bis der untere Meniskus des Sperrwassers genau auf der Marke steht, dreht

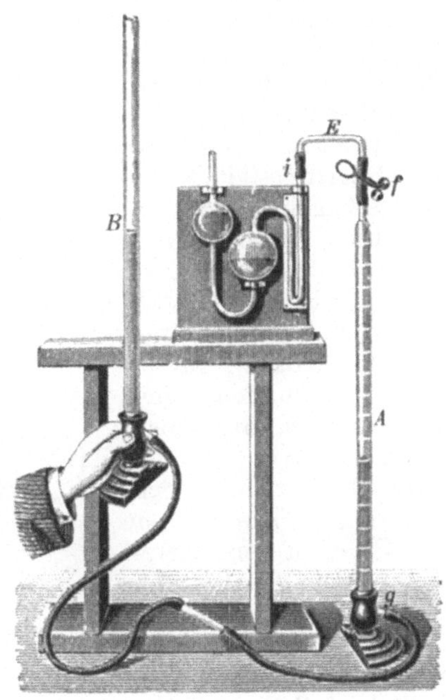

Abb. 103.

den Hahn der Kapillarröhre um 180°, so daß der Überschuß des Gases entweichen kann. Das abgeschlossene Gas steht nun unter den herrschenden Druck- und Temperaturverhältnissen, d. h. bringt man den unteren Meniskus im Niveaurohr und im Meßrohr auf gleiche Höhe und in Augeshöhe, wobei man die Bürette nur mit Hilfe des Eisenfußes handhabt, so hat sich der untere Meniskus im Meßrohr auf 100 bzw. 0 eingestellt.

Die einfache Hempelsche Gaspipette besteht aus zwei miteinander durch ein gebogenes Rohr verbundenen Glaskugeln, von welchen die vordere größere ein U-förmig gebogenes, angeschmolzenes Kapillarrohr besitzt, dieses ist etwa 2 cm vom freien Ende mit einem durch-

---

[1]) Als Sperrflüssigkeit benutze man immer Wasser, das mit dem zu untersuchenden Gase gesättigt ist.

bohrten Hahn versehen. Die Gaspipette wird durch das offene Rohr der kleineren Glaskugel mit der Absorptionsflüssigkeit, z. B. Kalilauge, beschickt derart, daß das Kapillarrohr gefüllt ist, die kleinere Kugel der Pipette dagegen nahezu leer bleibt.

Die Phosphorpipette besitzt statt der vorderen Kugel ein zylindrisches Gefäß, welches unten einen verschließbaren Tubus zum Einfüllen der Phosphorstangen hat; die Phosphorstangen sind von Wasser umgeben, welches das Kapillarrohr vollständig und die Kugel zum kleinen Teil ausfüllt. Absorptionsflüssigkeiten, die wie salzsaures Kupferchlorür durch den Sauerstoff der Luft verändert werden, verwendet man in zusammengesetzten Gaspipetten, die außer den beiden Kugeln der einfachen Gaspipette noch ein zweites, mit Wasser als Sperrflüssigkeit gefülltes Kugelpaar besitzen.

Die Explosionspipette besteht aus zwei starkwandigen Glaskugeln, die durch einen starken Schlauch miteinander verbunden sind. Die vordere, auf einem eisernen Stativ befestigte Kugel besitzt außer dem U-förmigen Kapillarrohr mit Hahn in dem oberen Teil zwei Platindrähte eingeschmolzen, die innen 1—2 mm voneinander entfernt sind und beim Ge-

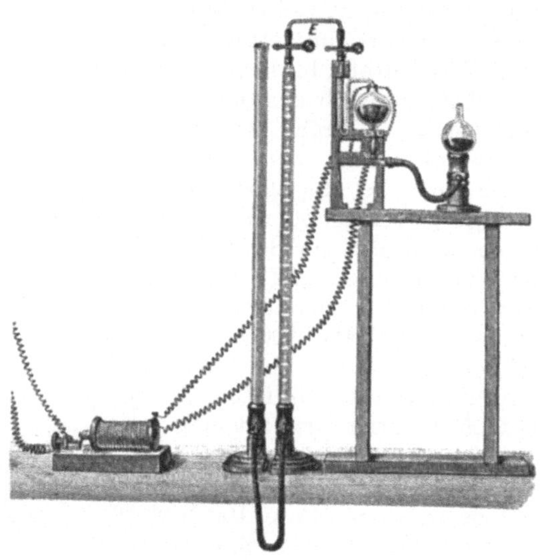

Abb. 104.

brauch der Pipette einen Induktionsfunken zur Zündung des Gemisches von Luft und Methan usw. überspringen lassen. Zum Einhängen der Leitungsdrähte des Induktionsapparates sind die Platindrähte außen zu Ösen umgebogen. Die zweite Kugel ruht in einem schweren eisernen Fuße. Die Explosionspipette ist mit so viel Quecksilber versehen, daß dieses beim Heben der Niveaukugel die Explosionskugel mit der Kapillare vollständig mit Quecksilber anfüllt. Durch Tiefstellen des Niveaugefäßes vor der Explosion erniedrigt man zweckmäßig den Gasdruck derselben und vermeidet so die Zertrümmerung der Pipette. Die Verbindung der Meßbürette mit den Gaspipetten erfolgt durch ein zweimal gebogenes Kapillarröhrchen, das zwei kurze dickwandige Kapillarschläuche trägt und mit Wasser gefüllt ist. Abb. 104 zeigt den Anschluß der Gasbürette an die Explosionspipette durch das Kapillarröhrchen *E*.

Vor jedem Ablesen des Gasvolumens muß man drei Minuten warten, damit das an den Wänden der Meßröhre haftende Wasser zusammenlaufen kann. Die Absorptionspipetten müssen in einer bestimmten Reihenfolge angewendet werden, z. B. für ein Gemisch von Kohlendioxyd, schweren Kohlenwasserstoffen, Sauerstoff, Kohlenoxyd, Wasserstoff, Methan und Stickstoff (Leuchtgas, Kokereigas) folgendermaßen:

1. Kalipipette zur Bestimmung des Kohlendioxyds.
2. Brompipette zur Bestimmung der schweren Kohlenwasserstoffe; erst nach Beseitigung der Bromdämpfe durch Kalilauge darf abgelesen werden.
3. Phosphorpipette zur Ermittlung des Sauerstoffs.
4. Kohlenoxydpipette mit salzsaurer Kupferchlorürlösung; erst nach Beseitigung der Salzsäuredämpfe durch Kalilauge darf das Gasvolumen gemessen werden.
5. Explosionspipette zur Bestimmung von Wasserstoff und Methan durch gemeinsame Verbrennung, nachdem man von dem Gasrest etwa 10—15 ccm abgemessen und diese mit Luft auf annähernd 100 ccm gemischt hat.

Beispiel.

Abgemessenes Gas	100,0 ccm	1,0 ccm CO_2
Nach Absorption mit $Na\,OH$ . . .	99,0 ccm	2,5 ccm schwere Kohlenw.
,, ,, ,, Bromwasser	96,5 ccm	
,, ,, ,, Phosphor .	96,0 ccm	0,5 ccm O_2
,, ,, ,, Kupferchlorür	90,5 ccm	5,5 ccm CO.

Vom Gasrest abgemessen	15,0 ccm	84,8 ccm Luft
Gesamtvolumen	99,8 ccm	24,5 ccm Kontraktion
Nach der Explosion	75,3 ccm	
Nach Absorption mit $Na\,OH$ . . .	70,3 ccm	5,0 ccm CO_2.

Aus der Kontraktion und Absorption der CO_2 berechnen sich die Gehalte von CH_4 und H_2 zu:

$$CH_4 = \frac{5 \times 90,5}{15} = 30,2 \text{ ccm } CH_4.$$

Da die Kontraktion für Methan $= 2 \times 5 = 10$ ccm beträgt, so ist die für Wasserstoff $24,5 - 10 = 14,5$ ccm.

Demnach ist H im Gasrest $= \dfrac{14,5 \times 2}{3} = 9,7$ ccm, also im Gesamtvolumen $= \dfrac{9,7 \times 90,5}{15} = 58,5$ ccm CH_4, Stickstoff $= 90,5 - (30,2 + 58,5) = 1,8$ ccm N.

Das Leuchtgas (Kokereigas) enthält:

1,0 % Kohlendioxyd
2,5 % schwere Kohlenwasserstoffe
0,5 % Sauerstoff
5,5 % Kohlenoxyd
30,2 % Methan
58,5 % Wasserstoff
1,8 % Stickstoff
─────────
100,0 %

Nach demselben Gang erfolgt die Analyse der Rauch- und Brandgase, wenn außer Kohlensäure, Sauerstoff und Stickstoff auch Kohlenoxyd, schwere Kohlenwasserstoffe und Methan darin bestimmt werden sollen. Man wählt den abgemessenen Gasrest etwas größer und setzt ihm außer Luft auch Knallgas in abgemessenen Mengen hinzu, da das Gemisch des Gasrestes mit Luft allein meist nicht explodiert.

Die „gasanalytischen Übungen" von Dr. Hartwig Franzen, Leipzig 1907, sind als Hilfsbuch für gasanalytische Arbeiten empfehlenswert; sie geben auch Auskunft über die Handhabung der Buntebürette.

90. Steinkohlenkoks.

Der in der Kokerei erzeugte Koks (Hüttenkoks oder Zechenkoks) bildet prismatische, harte und metallglänzende Stücke, deren äußere Schicht meist blumenkohlähnlich gestaltet ist.

Der Gaskoks der Gasanstalten stellt meist kleinere Stücke von unregelmäßiger Form und dunkler Farbe dar.

In chemischer Hinsicht unterscheiden sich diese beiden Koksarten wenig voneinander; im allgemeinen enthält der Hüttenkoks mehr Kohlenstoff und weniger Wasserstoff und Sauerstoff + Stickstoff als der Gaskoks.

Folgende Zahlentafel umfaßt die Mittelwerte der prozentualen chemischen Zusammensetzung aus einer Reihe von Koks Schlesiens, des Ruhr- und Saargebietes sowie von Gaskoks verschiedener Städte; die Umrechnung auf Reinkoks (asche- und wasserfrei) ergibt für Kohlenstoff fast gleiche Werte:

| | 100 Teile Koks enthalten | | | | | | Rein-koks | 100 Teile Reinkoks enthalten | | | |
	C Teile	H Teile	$O+N$ Teile	S Teile	H_2O Teile	Asche Teile	Teile	C Teile	H Teile	$O+N$ Teile	S Teile
Hüttenkoks	87,25	0,49	1,62	1,10	0,81	8,73	90,36	96,45	0,54	1,79	1,22
Gaskoks	85,80	0,84	1,72	0,79	0,80	10,05	89,15	96,24	0,94	1,93	0,89

Hüttenkoks muß große Festigkeit gegen Druck und Zerreibung besitzen, damit er unter der auf ihm ruhenden Last im Hochofen nicht zerbricht bzw. auf dem Transport und auf dem Wege von der Gicht nach den Windformen des Hochofens nicht zerrieben wird. Nach *Simmersbach* schwanken die Werte für Druckfestigkeit von Koks verschiedener Bezirke und Herstellung zwischen 100—240 kg/qcm.

Die wirkliche Dichte des Koks (luftfrei) ist etwa 1,5—2,0, die scheinbare Dichte des Koks (lufthaltig) ungefähr 0,7—1,1. Dieser Unterschied zwischen wirklicher und scheinbarer Dichte des Koks hängt von der Zahl und Größe der Poren ab, welche erforderlich sind, um eine ausgiebige Reduktion der vor den Windformen erzeugten Kohlensäure zu Kohlenoxyd mit Hilfe des glühenden Kohlenstoffs zu gewährleisten.

Nach *Simmersbach* muß man an Gießerei- und Hochofenkoks folgende Anforderungen stellen:

Asche . . . . 8—9 %
Wasser . . . . 5 %
Schwefel . . . . 1—1,25 % } als Maximum.
Staub . . . . 6 %
Porenraum . . . . 40—50 %
100 kg Druckfestigkeit pro qcm als Minimum.

Nach seinem Aschengehalt teilt man den Ruhrkoks in drei Klassen ein, nämlich in

I. Klasse . . . unter 10 % Asche
II. ,, . . . 10—12 % ,,
III. ,, . . . über 12 %.

Diese Einteilung bezieht sich nur auf den Stückkoks und nicht auf den Abfallkoks. Dieser wird durch ein Brechwerk (Stachelwalzenbrecher) weiter zerkleinert und mittels Spiralsiebtrommel nach verschiedenen Korngrößen getrennt, wobei man z. B. folgende Klassierung erhält:

Brechkoks   I (Knabbelkoks) Korngröße zwischen 80 und 120 mm
,,   II (Kleinkoks)   ,,   ,,   55 ,, 80 ,,
,,   III   ,,   ,,   30 ,, 55 ,,
,,   IV (Perlkoks   ,,   ,,   15 bis 30 ,,
Koksasche   ,,   unter   15 ,,

Je nach Abgang des Brechkoks werden nicht nur die Abfälle, sondern auch ganze Brände gebrochen. Die Koksasche dient meist mit anderen minderwertigen Brennstoffen vermengt zum Beheizen von Dampfkesseln.

Der Heizwert des Hüttenkoks beträgt 7000—8000 Kalorien; mit der theoretisch benötigten Luftmenge verbrannt, entwickelt Koks ungefähr 2400°.

Der Gaskoks ist zerreiblicher und weniger druck- und sturzfest und leichter entzündlich und brennbar; daher dient der Gaskoks vor allem als Brennstoff der Zentralheizungen und — am besten mit Magerkohle gemischt — der Dauerbrandöfen. Eine weitere Anwendung finden beide Koksarten als Betriebsstoff der Generatoren zur Erzeugung von Kraftgas, als Füllmaterial für Wasch- und Absorptionstürme in der chemischen Großindustrie sowie als Filter bei der Wasserreinigung.

Ähnlich der Beurteilung von Stahl und Eisen aus der Brucherscheinung, die aber leicht zu Irrtümern Anlaß gibt, da das Aussehen des Bruches oft von der Art und Weise seiner Entstehung abhängt, kann man auch unter Umständen die Güte von Koks prüfen. *A. Thau* führt folgende Merkmale für hohen Aschengehalt an:

1. Unreinigkeiten von unverbrennbaren Stoffen im Bruchstück;
2. dunkles, sandiges Äußeres ohne großen Porenreichtum;
3. auffallend hohes Gewicht;
4. metallisch glänzendes Aussehen der Porenwände im Bruchstück.

Merkmale für einen hohen Gehalt an flüchtigen Bestandteilen sind:

1. Klangbarer Fall auf einen harten Gegenstand;
2. schwarzes, glanzloses Aussehen;
3. kleine blauschwarze Flecken im Bruchstück von unverkohlter Kohle;
4. dicke Stücke, die keine Stielformen haben und leicht zerfallen;
5. tiefschwarzes Inneres der Poren und Teerglanz der Ränder.

Als Hilfsmittel für die Begutachtung des Koks nach dem Aussehen dient ihm die Lupe, mit der er z. B. mit Wasser erfüllte Poren feststellt.

Literatur.

Bertelsmann, W.   Lehrbuch der Leuchtgasindustrie.   Stuttgart 1911.
Dürre, F. F. Die neueren Koksöfen. Leipzig 1892.
Haarmann, O., Über die Nebenproduktenindustrie der Steinkohle, Dresden 1906,
Hinrichsen, F. W., und Taczak, S. Die Chemie der Kohle. Leipzig 1916.
Koppers Mitteilungen, Essen 1919/21.
Simmersbach, O. Grundlagen der Kokschemie. Berlin 1904.
Spilker, A. Kokerei und Teerprodukte der Steinkohle. Halle 1920.
Still, C. Kritische Streifzüge durch das technische Gebiet der Koksofenindustrie „Glückauf 1908, 1911 und 1916.

Physik und Chemie. Leitfaden für Bergschulen von Dr. **H. Winter.** Mit 114 Textfiguren und einer farbigen Tafel. 1920.   Preis M. 20.—

Aus den zahlreichen Besprechungen:

Mit dem Geschick des Pädagogen, der weiß, was seine Schüler brauchen, um dem Unterricht folgen und auf Grund des in der Fachschule Gelernten weiter arbeiten zu können, schält Dr. Winter aus den umfangreichen Disziplinen Physik und Chemie das Notwendigste heraus, stellt es textlich und bildlich anschaulich dar und erreicht somit den Zweck, dem das vorliegende Buch dienen soll, vollständig. Mechanik, Wärmelehre, Magnetismus Elektrizität und Optik von der Physik — Kohlenstoff und seine wichtigsten Verbindungen, einige Metalle, vor allen aber Brennstoffe, feste, flüssige und gasförmige, aus der Chemie — sind die Hauptkapitel. Ein zuverlässiges Sachregister für jedes der beiden Gebiete erhöht den Wert des guten Buches.

Das Technische Blatt der Frankfurter Zeitung.

Der Verfasser, Lehrer an der Bergschule zu Bochum und Leiter des dortigen berggewerkschaftlichen Laboratoriums, hat das Buch auf Grund der in dieser Stellung sowie seiner vorangegangenen Tätigkeit als Assistent und Privatdozent an der Berliner Bergakademie verfaßt. Dadurch ist sein Charakter als der eines knapp gehaltenen Leitfadens bestimmt, dem in allen Teilen die Erläuterung und Ergänzung durch den Lehrvortrag vorbehalten bleibt. Diese Beschränkung ermöglicht, daß, obwohl jedem der beiden Teile nur 70 bis 80 Seiten gewidmet sind, alle Gebiete der Physik und Chemie in einem Umfange zu berücksichtigen, der den Bedürfnissen des Bergschülers vollkommen genügt und dem Drange nach weitergehenden Studien die Wege weist. Das Buch ist mit 114 Textfiguren und einer farbigen Tafel ausgestattet; Papier, Druck und Einband, Dinge, die heute nicht übergangen werden können, sind sehr gut.

Zeitschrift d. Oberschlesischen Berg- und Hüttenmännichen Vereins.

Leitfaden der Hüttenkunde für Maschinentech=niker. Von Dipl.-Ing. **K. Sauer.** Mit 81 Textfiguren. 1920. Preis M. 9.—

Lehrbuch der Bergbaukunde mit besonderer Berücksichtigung des Steinkohlenbergbaues. Von Professor **F. Heise** (Bochum) und Professor **F. Herbst** (Essen).   In 2 Bänden.

I. Band : Vierte, verbesserte und vermehrte Auflage. Mit 568 Textfiguren und einer farbigen Tafel. 1921.   Gebunden Preis M. 110.—

II. Band : Dritte und vierte vollständig umgearbeitete Auflage.

Erscheint im Herbst 1922.

Kurzer Leitfaden der Bergbaukunde. Von Professor **F. Heise** (Bochum) und Professor **F. Herbst** (Essen).   Zweite, verbesserte Auflage. Mit 341 Textfiguren. 1921.   Preis M. 36.—

Der Grubenausbau. Ein Lehrbuch von Bergingenieur **Hans Bansen** (Tarnowitz). Zweite, vermehrte und verbesserte Auflage. Mit 498 Textabbildungen. 1909.   Gebunden Preis M. 8.—

Hierzu Teuerungszuschläge

Einführung in die Markscheidekunde mit besonderer Berücksichtigung des Steinkohlenbergbaues von Dr. **L. Mintrop,** Bochum. Zweite, verbesserte Auflage. Unveränderter Neudruck. Mit 191 Figuren und 5 mehrfarbigen Tafeln in Steindruck. 1920. Gebunden Preis M. 42.—

Beobachtungsbuch für markscheiderische Messungen. Herausgegeben von **G. Schulte** und **W. Löhr,** Markscheider der Westfäl. Berggewerkschaftskasse und ord. Lehrer an der Bergschule zu Bochum. Vierte, verbesserte und vermehrte Auflage. Mit 18 Textfiguren und 15 ausführlichen Messungsbeispielen nebst Erläuterungen. Erscheint in Sommer 1922

Die Formstoffe der Eisen- und Stahlgießerei. Ihr Wesen, ihre Prüfung und Aufbereitung. Von Ingenieur **Carl Irresberger,** Gießereidirektor a. D. Mit 241 Textabbildungen. 1920. Preis M. 24.—

Das schmiedbare Eisen. Konstitution und Eigenschaften. Von Professor Dr.-Ing. **Paul Oberhoffer** (Breslau). Zweite Auflage. In Vorbereitung.

Die Herstellung des Tempergusses und die Theorie des Glühfrischens nebst Abriß über die Anlage von Tempergießereien. Handbuch für den Praktiker und Studierenden von Dr.-Ing. **Engelbert Leber.** Mit 213 Textabbildungen und auf 13 Tafeln. 1919. Preis M. 28.—; gebunden M. 31.—

Kurzer Leitfaden der Elektrotechnik für Unterricht und Praxis in allgemeinverständlicher Darstellung. Von Ingenier **Rud. Krause.** Vierte, verbesserte Auflage, herausgegeben von Professor **H. Vieweger.** Mit 375 Textfiguren. 1920. Gebunden Preis M. 20.—

Planimetrie mit einem Abriß über die Kegelschnitte. Ein Lehr- und Übungsbuch zum Gebrauche an technischen Mittelschulen. Von Dr. **Adolf Heß,** Professor am kantonalen Technikum in Winterthur. Zweite Auflage. Mit 207 Textfiguren. 1920. Preis M. 6.60

Trigonometrie für Maschinenbauer und Elektrotechniker. Ein Lehr- und Aufgabenbuch für den Unterricht und zum Selbststudium. Von Dr. **Adolf Heß,** Professor am kantonalen Technikum in Winterthur. Vierte, unveränderte Auflage. Mit 112 Textfiguren. 1922. Preis M. 20.—

Mathematisch-technische Zahlentafeln. Genehmigt zum Gebrauch bei den Reifeprüfungen an den höheren Maschinenbauschulen, Hüttenschulen und anderen Fachschulen für die Metallindustrie durch Ministerialerlaß vom 14. Oktober 1919. Zusammengestellt von Dipl.-Ing. **H. Bohde,** Professor Dr. **J. Freyberg,** Dipl.-Ing. Professor **L. Geusen,** Oberlehrern an den Staatl. Vereinigten Maschinenbauschulen in Dortmund. Dritte Auflage. 1920. Preis M. 2.60

Hierzu Teuerungszuschläge